化学工业出版社"十四五"普通高等教育规划

高等院校智能制造人才培养系列教材

U0161059

智能数控机床与编程

于杰　韩伟娜　李志杰　主编
郝增亮　李渊志　李国锋　副主编

Intelligent CNC Machine Tool and Programming

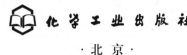

化学工业出版社

·北京·

内 容 简 介

作为智能制造的核心要素，数控机床和数控系统的智能化水平是实现智能制造单元、智能生产线、智能车间乃至智能工厂的基础支撑和保障。本书围绕数控系统和数控机床的智能化，梳理了智能制造关键使能技术脉络，从数控系统、数控机床、加工工艺三个维度呈现智能化的特征和关键技术实现，以质量控制和效率提升为知识应用目标，重点阐述智能化技术与数控内核深度融合的方案、技术和措施。具体内容包括：智能数控系统的体系结构和实现方案、智能数控机床的结构配置、数控机床面向智能化的高性能技术、数控加工工艺及其智能化措施、智能数控机床加工程序编制（涵盖 FANUC 和 SIEMENS 两大系统）、智能制造加工过程监测、柔性制造应用等。

本书面向工程应用，注重现代数控机床发展的新理念、新结构和新方法，对智能机床应用与编程方面的教学和研究有一定的参考价值，在一定程度上解决了目前智能机床相关教材不足的问题，为智能制造相关工程能力培养提供了教学资源支持。

本书可作为高等院校机械工程、智能制造工程相关专业的教学用书，也可供从事智能制造领域工作的研究人员与工程技术人员参考。

图书在版编目（CIP）数据

智能数控机床与编程/于杰，韩伟娜，李志杰主编.
—北京：化学工业出版社，2024.4
高等院校智能制造人才培养系列教材
ISBN 978-7-122-44707-4

Ⅰ．①智…　Ⅱ．①于…　②韩…　③李…　Ⅲ．①数控机床-操作-高等学校-教材②数控机床-程序设计-高等学校-教材　Ⅳ．①TG659

中国国家版本馆 CIP 数据核字（2024）第 007434 号

责任编辑：张海丽	文字编辑：张　宇　袁　宁	
责任校对：宋　玮	装帧设计：韩　飞	

出版发行：化学工业出版社（北京市东城区青年湖南街 13 号　邮政编码 100011）
印　　装：大厂聚鑫印刷有限责任公司
787mm×1092mm　1/16　印张 18¾　字数 450 千字　2024 年 4 月北京第 1 版第 1 次印刷

购书咨询：010-64518888　　　　　　　　售后服务：010-64518899
网　　址：http://www.cip.com.cn
凡购买本书，如有缺损质量问题，本社销售中心负责调换。

定　　价：69.00 元

版权所有　违者必究

高等院校智能制造人才培养系列教材
建设委员会

主任委员：

罗学科　　郑清春　　李康举　　郎红旗

委员（按姓氏笔画排序）：

门玉琢	王进峰	王志军	王丽君	田　禾
朱加雷	刘　东	刘峰斌	杜艳平	杨建伟
张　毅	张东升	张烈平	张峻霞	陈继文
罗文翠	郑　刚	赵　元	赵　亮	赵卫兵
胡光忠	袁夫彩	黄　民	曹建树	戚厚军
韩伟娜				

序

　　党的二十大报告指出，要建设现代化产业体系，坚持把发展经济的着力点放在实体经济上，推进新型工业化，加快建设制造强国、质量强国、航天强国、交通强国、网络强国、数字中国。实施产业基础再造工程和重大技术装备攻关工程，支持专精特新企业发展，推动制造业高端化、智能化、绿色化发展。推动战略性新兴产业融合集群发展，构建新一代信息技术、人工智能、生物技术、新能源、新材料、高端装备、绿色环保等一批新的增长引擎。其中，制造强国、高端装备等重点工作都与智能制造相关，可以说，智能制造是我国从制造大国转向制造强国、构建中国制造业全球优势的主要路径。

　　制造业是一个国家的立国之本、强国之基，历来是世界各主要工业国高度重视和发展的重要领域。改革开放以来，我国综合国力得到稳步提升，到 2011 年中国工业总产值全球第一，分别是美国、德国、日本的 120%、346% 和 235%。党的十八大以来，我国进入了新时代，发展的格局更为宏大，"一带一路"倡议和制造强国战略使我国工业正在实现从大到强的转变。我国不但建立了全球最为齐全的工业体系，而且在许多重大装备领域取得突破，特别是在三代核电、特高压输电、特大型水电站、大型炼化工、油气长输管线、大型矿山采掘与炼矿综采重点工程建设项目、重大成套装备、高端装备、航空航天等领域取得了丰硕成果，补齐了短板，打破了国外垄断，解决了许多"卡脖子"难题，为推动重大技术装备高质量发展，实现我国高水平科技自立自强奠定了坚实基础。进入新时代的十年，制造业增加值从 2012 年的 16.98 万亿元增加到 2021 年的 31.4 万亿元，占全球比重从 20%左右提高到近 30%；500 种主要工业产品中，我国有四成以上产量位居世界第一；建成全球规模最大、技术领先的网络基础设施……一个个亮眼的数据，一项项提气的成就，勾勒出十年间大国制造的非凡足迹，标志着我国迎来从"制造大国""网络大国"向"制造强国""网络强国"的历史性跨越。

　　最早提出智能制造概念的是美国人 P.K.Wright，他在其 1988 年出版的专著 *Manufacturing Intelligence*（《制造智能》）中，把智能制造定义为"通过集成知识工程、制造软件系统、机器人视觉和机器人控制来对制造技工们的技能与专家知识进行建模，以使智能机器能够在没有人工干预的情况下进行小批量生产"。当然，因为智能制造仍处在发展阶段，各种定义层出不穷，国内外有不同专家给出了不同的定义，但智能机器、智能传感、智能算法、智能设计、解决制造过程中不确定问题的智能方法、智能维护是智能制造的核心关键词。

从人才培养的角度而言，实现智能制造还任重道远，人才紧缺的局面很难在短时间内扭转，相关高校师资力量也不足。据不完全统计，近五年来，全国有 300 多所高校开办了智能制造专业，其中既有双一流高校，也有许多地方院校和民办高校，人才培养定位、课程体系、教材建设、实践环节都面临一系列问题，严重制约着我国智能制造业未来的长远发展。在此情况下，如何培养出适应不同行业、不同岗位要求的智能制造专业人才，是许多开设该专业的高校面临的首要任务。

智能制造的特点决定了其人才培养模式区别于其他传统工科：首先，智能制造是跨专业的，其所涉及的知识几乎与所有工科门类有关；其次，智能制造是跨行业的，其核心技术不仅覆盖所有制造行业，也适用于某些非制造行业。因此，智能制造人才培养既要考虑本校专业特色，又不能脱离社会对智能制造人才的需求，既要遵循教育的基本规律，又要创新教育体系和教学方法。在课程设置中要充分考虑以下因素：

- 考虑不同类型学校的定位和特色；
- 考虑学生已有知识基础和结构；
- 考虑适应某些行业需求，如流程制造，离散制造，混合制造等；
- 考虑适应不同生产模式，如多品种、小批量生产、大批量生产等；
- 考虑让学生了解智能制造相关前沿技术；
- 考虑兼顾应用型、技能型、研究型岗位需求等。

改革开放 40 多年来，我国的高等教育突飞猛进，高等教育的毛入学率从 1978 年的 1.55%提高到 2021 年的 57.8%，进入了普及化教育阶段，这就意味着高等教育担负的历史使命、受教育的对象都发生了深刻的变化。面对地方应用型高校生源差异化大，因材施教，做好智能制造应用型人才培养，解决高校智能制造应用型人才培养的教材需求就是本系列教材的使命和定位。

要解决好这个问题，首先要有一个好的定位，有一个明确的认识，这套教材定位于智能制造应用人才培养需求，就是要解决应用型人才培养的知识体系如何构造，智能制造应用型人才的课程内容如何搭建。我们知道，应用型高校学生培养的主要目的是为应用型学科专业的学生打牢一定的理论功底，为培养德才兼备、五育并举的应用型人才服务，因此在课程体系、基础课程、专业教育、实践能力培养上与传统综合性大学和"双一流"学校比较应有不同的侧重，应更着眼于学生的实用性需求，应培养满足社会对应用技术人才的需求，满足社会实际生产和社会实际发展的需求，更要考虑这些学校学生的实际，也就是要面向社会发展需求，为社会各行各业培养"适销对路"的专业人才。因此，在人才培养的过程中，对实践环节的要求更高，要非常注重理论和实践相结合。据此，在应用型人才培养模式的构建上，从培养方案、课程体系、教学内容、教学方式、教材建设上都应注重应用型人才培养的规律，这正是我们编写这套智能制造相关专业教材的目的。

这套教材的突出特色有以下几点：

① 定位于应用型。这套教材不仅有适应智能制造应用型人才培养的专业主干课程和选修课程教

材，还有基于机械类专业向智能制造转型的专业基础课教材，专业基础课教材的编写中以应用为导向，突出理论的应用价值。在编写中引入现代教学方法和手段，结合教学软件和工业仿真软件，使理论教学更为生动化、具象化，努力实现理论课程通向专业教学的桥梁作用。例如，在制图课程中较多地使用工业界成熟设计软件，使学生掌握比较扎实的软件设计能力；在工程力学教学中引入有限元软件，实现设计计算的有限元化；在机械设计中引入模块化设计的概念；在控制工程中引入MATLAB 仿真和计算机编程内容，实现基础教学内容的更新和对专业教育的支撑，凸显应用型人才培养模式的特点。

② 专业教材突出实用性、模块化、柔性化。智能制造技术是利用先进的制造技术，以及数字化、网络化、智能化等知识和控制理论来解决制造过程中不确定和非固定模式的问题，使得制造过程具有智能的技术，它的特点是综合性和知识内涵的丰富性以及知识本身的创新性。因此，在教材建设上与以前传统的知识技术技能模式应有大的区别，更应注重对学生理念、意识、认知、思维方式和系统解决问题能力的培养。同时考虑到各行业、各地和各校发展阶段和实际办学水平的不同，希望这套教材尽可能为各校合理选择教学内容提供一个模块化、积木式结构，并在实际编写中尽量提供项目化案例，以便学校根据具体情况做柔性化选择。

③ 本系列教材注重数字资源建设，更多地采用多媒体的互动方式，如配套课件、教学视频、测试题等，使教材呈现形式多样化，数字内容更为丰富。

由于编写时间紧张，智能制造技术日新月异，编写人员专业水平有限，书中难免有不当之处，敬请读者及时批评指正。

高等院校智能制造人才培养系列教材建设委员会

前 言

制造业是立国之本、兴国之器、强国之基。在国际制造业新一轮竞争中，智能制造是核心发展方向。智能数控机床是智能制造设备层最基本和最核心的组成要素，以柔性加工生产线对零件进行智能化加工成为新一代制造业的主要特征。

为了适应智能制造的发展，数控机床及数控系统在体系结构和功能方面均产生了一系列创新变革。社会对掌握相关技术和技能的人才的需求剧增，同时对相关教材的需求也非常迫切。

本教材调研了有关企业对智能制造人才的能力和技能的需求，在参考了相关教材和大量国内外文献的基础上，对编写大纲和主要内容进行了研究和规划。教材定位明确，面向应用型本科，以智能制造人才需求为导向，以提高学习者专业技能为目标，聚焦智能数控机床，从数控系统、数控机床和加工工艺三个维度展现智能赋能制造的关键技术，对智能数控系统、智能数控机床、智能数控编程等内容进行了系统阐述。教材内容以"系统—机床—应用（工艺与编程）"为主线，以智能加工为核心主题，在注重知识体系完整性的前提下，凸显"理论够用、方法适用、例子实用"的特色，有助于读者全面深入地学习并掌握智能数控机床与编程的相关理论知识和技能。

全书分为 8 章。第 1 章为绪论，简要介绍了智能制造的三种范式、智能数控系统的发展趋势和智能数控机床的概念与特征。第 2 章分析了智能数控系统的实施要求，介绍了智能数控系统的体系结构、实施方案和数据访问。第 3 章通过与传统封闭式数控系统的对比，介绍了数控机床及其 HCPS模型，从机床功能、结构配置、主轴单元、进给驱动等方面阐述了智能数控机床的特征。第 4 章从数控机床高性能技术的角度介绍了数控机床的智能化措施，包括数控机床误差补偿技术、数控机床振动抑制技术、智能数控机床大数据技术和智能数控机床的互联通信。第 5 章围绕数控加工工艺，讲解了数控加工工艺基础、数控加工工艺设计、数控加工夹具、数控加工刀具以及数控加工工艺智能优化措施。第 6 章核心是数控机床加工程序编制，分别讲解了数控加工编程基础、数控车削程序编制、数控铣削与加工中心程序编制以及数控加工自动编程，对比 FANUC 和 SIEMENS 系统，讲解编程指令，编程示例均给出两种系统格式的程序，便于读者对比学习。第 6 章还特别介绍了SIEMENS 系统的智能工步编程，便于读者体会智能编程思想和流程。在自动编程部分，除了介绍目前通用的 CAM 软件编程方法，还介绍了基于工艺孪生思想的自动编程方式，便于读者体会智能理念在自动编程中的体现。第 7 章围绕智能制造加工过程监测，介绍相关传感器功能，重点讲解了加工过程中的刀具监测和热特性检测方案，以及智能制造中非常重要的在机测量方法。第 8 章围绕柔性制造介绍了柔性制造单元概念，讲解了柔性制造中的物流系统、信息系统、网络通信和监控系统以及机器人工作单元的基础知识。柔性制造在理念和技术方法等方面与智能制造很相似，本章内容便于读者从应用层面体会智能制造的实质。

本书由北华航天工业学院于杰拟定大纲并负责全书的统稿与定稿。具体编写分工如下：第 1 章由北华航天工业学院韩伟娜编写；第 2~4 章由北华航天工业学院于杰编写；第 5 章由北华航天工业学院于杰、李志杰编写；第 6 章由北华航天工业学院于杰、郝增亮编写；第 7 章由北华航天工业学院于杰、韩伟娜编写；第 8 章由北华航天工业学院李志杰编写；廊坊精雕数控机床制造有限公司李渊志、李国锋、杨宾参与了第 6、7 章部分内容的编写。

为方便教师使用和学生学习，本书制作了配套课件，并提供演示视频和各章思考题的参考答案，供使用者参考。读者可扫描封底或每章首的二维码下载本教材配套电子资源。

本书在撰写过程中参考了国内外一些专家学者的研究成果，在此表示衷心的感谢。智能制造技术目前仍处于发展阶段，许多理论、方法与技术还在不断完善，加之编者水平有限，书中难免存在疏漏或不妥之处，恳请各位专家与读者给予批评和指正。如有宝贵建议请发送邮件至 yujie@nciae.edu.cn，以便本教材后期修订完善。

编者

2023 年 8 月

扫码获取本书资源

目 录

第5章　数控加工工艺及其智能化　　105

第6章　智能数控机床加工程序编制　　159

第7章 智能制造加工过程监测 246

第8章 柔性制造应用 266

参考文献 281

第1章

绪　论

扫码获取本书资源

本章思维导图

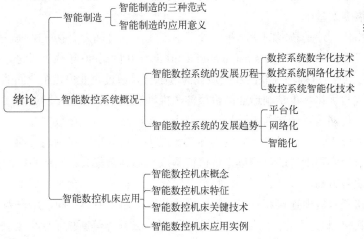

本章学习目标

（1）了解智能制造的三种范式；
（2）掌握智能数控机床的概念和特征；
（3）了解智能数控机床关键技术的应用；
（4）了解国内外数控系统在智能化方面的成果。

1.1　智能制造

智能制造（intelligent manufacturing，IM）以新一代信息技术为基础，贯穿设计、生产、管理、服务等制造活动各个环节，是具有信息深度自感知、智慧优化自决策、精准控制自执行等功能的先进制造过程、系统与模式的总称。智能制造是新一轮工业革命的核心技术，是中国制造强国战略、美国工业互联网和德国工业 4.0 的主攻方向。智能制造技术是制造技术与数字技术、智能技术及新一代信息技术的融合，是面向产品全生命周期的具有信息感知、优化决策、执行控制功能的制造系统。

1.1.1 智能制造的三种范式

智能制造的演进发展可以归纳为三种基本范式，分别为：数字化制造、数字化网络化制造、数字化网络化智能化制造。

数字化制造是智能制造的第一个基本范式，也可称为第一代智能制造。数字化制造是在数字化技术和制造技术融合的背景下，通过对产品信息、工艺信息和资源信息进行数字化描述、分析、决策和控制，快速生产出满足用户要求的产品。数字化制造的主要特征表现为：在产品方面，数字技术在产品中得到广泛应用；在制造方面，大量应用数字化装备；生产过程方面，集成和优化运行成为突出特点。20 世纪 80 年代以来，中国企业逐步推广应用数字化制造，推进设计、制造、管理过程的数字化，推广数字化控制系统和制造装备，取得了巨大的技术进步。近年来，各地大力推进"数字化改造"，推动企业信息化建设，建立了一大批数字化生产线、数字化车间、数字化工厂，众多企业完成了数字化制造升级，中国数字化制造迈入新的发展阶段，为智能制造发展夯实基础。

数字化网络化制造是智能制造的第二种基本范式，也可称为"互联网+制造"，或第二代智能制造，可对应于国际上推行的 smart manufacturing。20 世纪 90 年代末以来，互联网技术逐步成熟，中国"互联网+"推动互联网和制造业深度融合，通过企业内、企业间的协同，通过各种社会资源的集成与优化，重塑制造业的价值链，推动制造业从数字化制造发展到数字化网络化制造阶段。数字化网络化制造的主要特征表现为：在产品方面，在数字技术应用的基础上，网络技术得到普遍应用，产品设计、研发等环节实现协同与共享；在制造方面，在实现厂内集成的基础上，进一步实现制造的供应链、价值链集成和端到端集成，制造系统的数据流、信息流实现连通；在服务方面，设计、制造、物流、销售与维护等产品全生命周期业务与用户、企业等主体通过网络平台实现连接和交互，制造模式从以产品为中心走向以用户为中心。

随着"互联网+制造"的大力推进，工业互联网、云计算等新技术应用于制造领域，一批数字化制造基础较好的企业成功实现数字化网络化升级，成为数字化网络化制造的示范企业；大量还未完成数字化制造的企业，则采用并行推进数字化制造和"互联网+制造"的技术路线，完成了数字化制造的"补课"，同时跨越到"互联网+制造"阶段，实现了企业的优化升级。

数字化网络化智能化制造是智能制造的第三种基本范式，也可称为新一代智能制造，可对应于国际上推行的 intelligent manufacturing。近年来，在互联网、云计算、大数据和物联网等新一代信息技术快速发展形成群体性突破的背景下，新一代人工智能技术实现了战略性突破。新一代人工智能技术与先进制造技术深度融合，形成新一代智能制造。新一代智能制造为制造业的设计、制造、服务等各环节及其集成带来根本性变革，深刻影响和改变产品的社会形态、生产方式、服务模式，极大推动了社会生产力的发展。新一代智能制造将为制造业带来革命性变化，是制造业未来发展的核心驱动力。

1.1.2 智能制造的应用意义

智能制造面向产品全生命周期，以新一代信息技术为基础，以制造系统为载体，通过动态适应制造环境的变化，实现质量、成本及交货期等目标的优化，在不同类型的工业生产中，利于优化制造系统结构，提高生产效率与制造质量。

当前，以航空航天为代表的国防与国民经济高端产品对智能制造有迫切需求。以航空发动机为例，其零部件结构复杂、加工难度大、加工精度要求高，此外，大量难加工材料被广泛应用其中，如用于起落架、机匣、叶轮叶片等零部件的高强钢、高温合金和钛合金。这些零件的加工制造水平直接影响航空发动机的产品质量和加工效率。除航空发动机外，大量的航空航天零部件，如火箭舱段、卫星承力筒、飞机机身与机翼等，还涉及复合材料加工。由于航空航天产品高精度、高可靠性及高柔性的制造特点，制造模式有必要从数字化、网络化向智能化转型，急需发展智能装备和智能数控系统，实现航空航天产品的智能加工，以满足产品在质量、效率、可靠性与柔性等方面不断增长的加工需求。

随着汽车工业规模化、自动化、专业化水平的提升，关键零部件（如发动机、变速箱、高压油泵驱动单元、轮毂单元、汽车底盘）的加工要求越来越严格，加工过程需具备智能控制功能，如智能故障诊断、智能远程监控等。随着新能源汽车的普及，车身结构向高强度轻量化方向发展，铝合金、镁合金等轻质材料广泛应用，零部件加工对可靠性、精度稳定性和工艺适应性提出了很高的要求，生产过程对质量提升、工艺优化、生产管理等方面提出了智能化功能要求，以满足多样化的客户需求，提升产品竞争力。

随着电子产业的飞速发展，3C 产品（计算机、通信和消费类电子产品）快速兴起。3C 产品日趋精微化，智能手机、裸眼 3D 及曲面屏等产品对制造过程提出了更高的技术及工艺要求。行业关键零部件对结构强度和制造精度要求越来越高。为满足 3C 产品的加工品质要求，提高生产效率与灵活性，3C 产品制造企业积极利用智能制造装备，提升产品制造的自动化与智能化程度，以提高生产质量和效率、降低成本。

综上，智能制造是装备行业、终端用户和科研院所改革创新、研发新产品、突破新技术的有效支撑，将在国民经济市场需求和国家战略发展需求中发挥重要作用。

1.2 智能数控系统概况

1.2.1 智能数控系统的发展历程

智能数控系统是智能制造推进和发展的重点方向。数控系统是智能制造的核心要素，其智能化水平是实现智能制造装备、柔性制造单元、智能生产线、智能车间、智能工厂的基础支撑和保障。对应智能制造演进发展的三种基本范式，数控系统的发展可以分为三个阶段：数控系统数字化、数控系统网络化、数控系统智能化。

（1）数控系统数字化技术

数控系统的数字化技术主要是用数控系统替代人的体力劳动和少部分脑力劳动，以实现对数控装备的高效精确控制，提高数控装备的可靠性、加工质量和效率，缩短生产周期，满足制造业高质量发展的要求。随着对制造精度、效率、成本控制等方面的要求不断提高，数控系统必须具有全闭环、高速高精、多轴联动与多通道、误差补偿等高端功能。

国内外数控系统企业针对数控系统的数字化技术进行了广泛实践。

发那科（FANUC）的 0i 系列数控系统具有先进伺服技术，能进行纳米级的精密运算，可完成超精密加工，显著提高加工轮廓的精度与质量。三菱的 M800/M80 系列数控系统，具有渐开线插补功能，能创建平滑高精的渐开线轨迹，通过高精度控制功能，有效抑制机械振动，缩短加工时间，平滑加工轨迹，实现高速高精加工。

西门子（SIEMENS）SINUMERIK 840Dsl 系列数控系统采用模块化结构设计，软硬件的灵活搭配可满足多种设备及生产环境的需求。其 CAD/CAM 解决方案集成了完整的铣削技术，其数控核心部分使用标准开发工具完成指定的系统循环和功能宏。

国产华中数控 HNC-848D 具有五轴联动、高速高精、多轴多通道控制、双轴同步控制等数字化技术核心功能，具有五轴 RTCP（rotation tool center point，刀尖跟随）功能和纳米插补功能。

北京精雕 JD50 数控系统采用开放式体系架构（图 1-1），具有超强的计算能力，支持 PLC、宏程序，以及外部功能调用等系统扩展功能。插补运算周期为 10μs，系统最小编程单位为 0.1μm，可执行螺距补偿、半径补偿、刀具位置补偿等功能，可执行三维多轴半径补偿和多轴工件位置补偿，支持三轴曲线、曲面变形补偿以及五轴曲线、曲面变形补偿。配合北京精雕自主研发的 CAD/CAM 软件（Surf Mill 系列），将 CAD/CAM 技术、数控加工、测量技术融为一体，JD50 可执行三维造型、多轴定位加工、在机测量与智能修正、四轴旋转加工、曲面造型与模型修补等功能，扩展了数控系统的加工范围，提高了产品加工质量与效率。配备 JD50 数控系统的 JDGR400、JDGR200V 等系列五轴高速加工中心和 JDLVM400P 高光加工机，主轴最高转速可达 28000~36000r/min，具有 0.1μm 进给和 1μm 切削能力，加工的高光产品表面粗糙度 Ra 可达 20nm（图 1-2）。

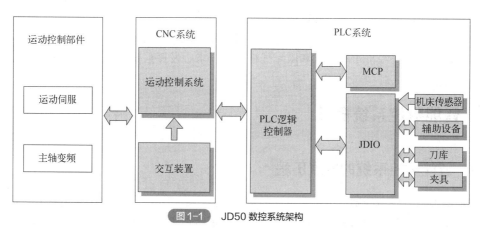

图 1-1　JD50 数控系统架构

数控系统的数字化技术主要体现于利用高速高精、多轴多通道等数控系统高级功能保证零件加工的精度和效率。目前，数字化阶段中涉及的现场总线、二次开发、高速高精、多轴多通道等关键技术的发展已经相对成熟，可用来替代人的体力劳动和部分脑力劳动，控制设备高效、精确地完成加工任务。

 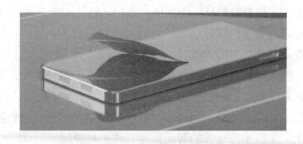

图1-2 JD50 数控系统加工的产品

（2）数控系统网络化技术

计算机技术及信息通信技术与数控技术的融合，促进数控技术向网络化方向发展。与数字化技术相比，数控系统网络化技术主要体现在：利用网络化信息技术及智能传感技术增强系统及设备的感知能力和互联互通能力，将人的部分感知及知识赋予型脑力劳动交由数控系统完成，实现对制造信息的纵向整合，提高设备利用率和制造效率。

数控系统网络化的基础是统一标准的接口，系统中的各个功能模块可通过接口和通信协议实现连接。当前，数控系统网络化的一个重要方面是互联互通协议。美国机械制造技术协会（AMT）提出了 MT-Connect 协议，用于机床等数控设备的互联互通。德国机床制造商协会（VDW）制定了德国版的数控机床互联通信协议 Umati。中国机床工具工业协会（CMTBA）提出了 NC-Link 协议，用于数控机床及其他智能化制造设备的互联互通。

当前，国外主流数控系统都具有一定的网络化功能。马扎克（Mazak）的 MAZATROL Smooth 系列数控系统采用标准网络接口，使单机和柔性制造系统都能利用网络与刀具管理系统进行数据共享。马扎克利用 IoT 技术，基于 MT-Connect 协议建立智能工厂，可收集来自不同生产车间、单元、设备的数据，实现实时生产管理与远程监控，实现技术、销售、生产及管理部门之间的信息共享。

发那科 0i 系列数控系统可通过以太网及现场网络收集周边设备的控制和传感信息，实现多种周边设备的连接，实现信息可视化和工厂内机床的可视化。图1-3 所示为发那科的 FIELD 系统，利用物联网和大数据，可对数控设备进行监控和分析，通过计算机或移动终端可实时查看设备的工作状态、生产信息、诊断信息及保养计划，避免停机的发生；利用网络还可进行机床故障的远程诊断，提高企业的服务效率。

图1-3 发那科 FIELD 系统

西门子 SINUMERIK 808D、828D 及 840Dsl 系列数控系统，采用视频显示技术和手机 SMS 技术，支持对数控机床的监控与维护。通过基于云的物联网系统 Mind Sphere，可获得大量的工业应用与数字化服务资源，企业可便捷访问各类设备终端，获得预防性维护、能源数据管理以及资源优化等方面的服务。

国产数控系统企业在网络化方面进行了积极实践，取得了一定的研究和实践成果。华中数控开发了数控系统云管家 iNC-Cloud，如图 1-4 所示，打造了面向数控机床/系统用户的网络化和智能化服务平台。利用华中数控云管家，可通过大数据智能分析、数据统计、数据可视化等技术，实现生产过程的智能监控、维护与管理。

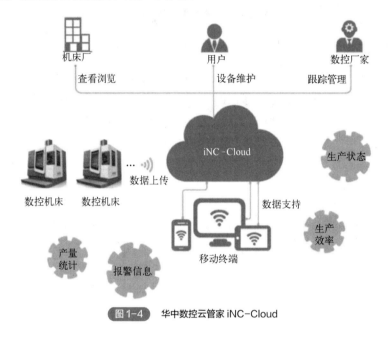

图1-4 华中数控云管家 iNC-Cloud

沈阳机床的 i5 智能数控系统有效集成了工业化（industry）、信息化（information）、网络化（internet）、智能化（intelligence）和集成化（integration）（简称 i5）。i5 可与 iSESOL（i-Smart Engineering and Services Online）云制造平台高效集成。所有的 i5 智能设备均可通过 iPort 协议接入 iSESOL 网络，非 i5 的设备（如 OPC-UA 终端或者 MT-Connect 终端）则可通过 iPort 网关接入 iSESOL 网络。

北京精雕 JD50 数控系统提供基于 TCP/IP 的网络通信接口（图 1-5），可实现机床状态的联网监控、加工文件的远程传输、机床的远程控制等功能，为工厂的自动化生产管理提供支持。

JD50 数控系统提供 RS-232、RS-485 和 RS-422 三种串行总线接口。需要与 JD50 数控系统 CNC 或 PLC 交换数据或命令的设备，可以通过系统的串行总线进行连接。JD50 系统的 CAN 总线接受支持 CAN Open 协议的设备接入。JD50 系统支持具备 Ethernet 网络通信功能的设备接入系统。

总之，网络化数控系统可以把孤岛式的加工单元集成到同一个系统中，可实现各种加工设备、子系统、应用软件等的集成，通过互联和互操作实现资源的集中利用。网络化数控技术不仅可以提高数控设备的生产效率及加工质量，还可以对设备进行远程监控和诊断，并通过制造资源共享，缩短产品研发、制造周期，提高企业快速响应市场变化的能力。

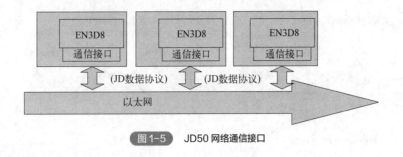

图1-5　JD50 网络通信接口

（3）数控系统智能化技术

随着移动互联网、大数据、云计算、物联网等技术飞速发展，以具备生成、积累和运用知识能力为主要特征的新一代人工智能技术不断取得令人瞩目的成果。新一代人工智能技术与先进制造技术深度融合，成为新一轮工业革命的核心驱动力，为数控系统实现真正意义的智能奠定基础。数控系统的智能化主要表现为众多的智能化功能，主要体现在质量提升、工艺优化、健康保障和生产管理四方面。智能数控系统可通过自主感知获取与制造过程和环境相关的数据，通过自主学习生成知识，通过运用所生成的知识进行自主优化与决策、自主控制与执行，实现制造过程的优质、高效、安全、可靠和低耗的多目标运行。

目前，日本、德国等国家在数控系统的智能化技术方面取得了一定的进展。

德玛吉 CELOS 数控系统采用多点触控智能化人机界面（图 1-6），具有从设计、规划到生产、监测和服务的 CELOS 应用程序，可实现智能化刀具管理、数据文件管理、状态监测及远程诊断等智能化功能。通过利用传感器对机床状态及工艺大数据进行实时采集，并在云端对大数据进行分析处理，CELOS 系统实现了远程监控、健康保障、工艺优化等智能化功能。

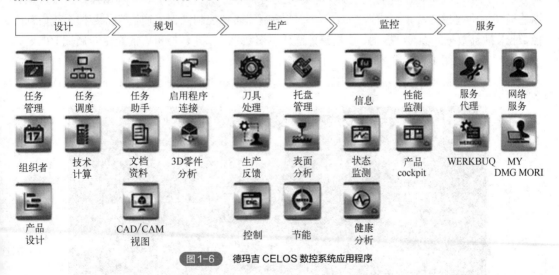

图1-6　德玛吉 CELOS 数控系统应用程序

发那科的 0i 系列数控系统具备多项智能化功能，如图 1-7 所示。系统针对进给轴，可实现智能加减速控制、智能反向间隙补偿、智能机床前端点控制等功能；针对主轴，可进行智能刚性攻螺纹、智能温度控制、智能主轴负载控制等操作。

国产数控系统在智能化技术方面也取得了一定的成果。沈阳机床 i5 智能数控系统具有智能误差校正、智能诊断、智能主轴控制等多项智能化功能。

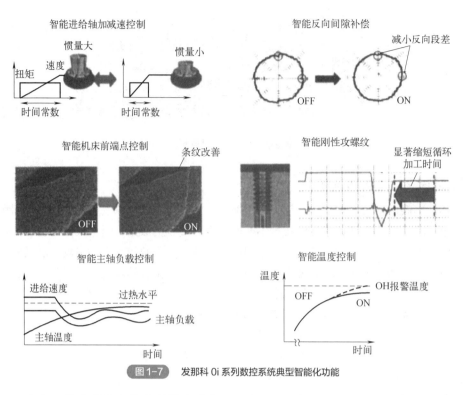

图1-7 发那科 Oi 系列数控系统典型智能化功能

2018 年初，华中数控和华中科技大学推出了华中 9 型智能数控系统（iNC）。华中 9 型 iNC 提供机床指令域的大数据访问接口、机床全生命周期数字孪生的数据管理接口和大数据人工智能算法库，可对机床等设备的大数据按指令域进行关联分析和深度学习，利用理论建模、大数据建模和混合建模方法，形成数控加工的最优控制策略和控制知识。通过汇集数控系统内部电控数据，插补数据和温度、振动、视觉等外部传感器数据，构建数控机床的全生命周期 HCPS 模型和数字孪生（图1-8），具有自主感知与连接、自主学习与建模、自主优化与决策、自主控制与执行四大智能特点，在质量提升、工艺优化、健康保障和生产管理方面提供众多智能化功能。

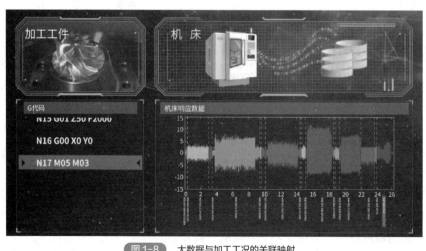

图1-8 大数据与加工工况的关联映射

总之，数控系统的智能化应用水平和效果还处于初级阶段，利用人工智能、物联网、大数据等新一代信息技术，实现了智能化监控与诊断、智能化误差补偿和智能化信息管理等功能。开发功能强大的软硬件设备与平台，有助于实现数控加工全生命周期的智能化技术支持与服务。

1.2.2 智能数控系统的发展趋势

数控系统智能化技术已经发展二十多年，取得了一定的研究成果和实践效果。但大部分技术只是实现了一定程度的感知、分析、反馈和控制功能，其技术水平和应用效果仍处于智能化发展的初级阶段。作为"智能+"的典型范例，智能数控系统除具有传统数字化阶段的典型特征外，更重要的是具有平台化、网络化和智能化特征。

（1）平台化

平台化的工作主要体现在两个方面。

一方面，是建立大数据处理的技术平台。数控系统智能化的基础在于数据的感知，包括数据的采集、汇聚、分析和应用。为此，国内外企业相继推出大数据处理平台：如通用电气公司（GE）推出的面向制造业的工业互联网平台 Predix；华中数控推出的数控系统云服务平台，包含基于 IEC61131-3 的数控系统二次开发平台，提供标准化开发和工艺模块集成方法，提供跨语言/跨平台的二次开发接口和指令域大数据访问接口等功能。

另一方面，是建立智能 APP 开发与应用平台。当前，不同领域、不同类型的制造装备对应其技术特点有特定的智能化 APP；未来，可通过智能数控技术和 APP 开发与应用平台，吸引大批第三方用户，深度参与数控系统智能 APP 的开发、应用与验证，形成数控加工智能化技术的共创与共享的开发模式和 APP 应用商店式的商业模式，最终创造用户需要的，高度定制化的，扩展灵活、功能强大的智能 APP，打造智能数控系统的创新发展和成果转化与推广应用的创新平台。

（2）网络化

数控系统网络化发展的目的是构建不同层次的网络结构，包括数控系统内部的现场总线（如 EtherCAT、NCUC-Bus 等）和数控机床之间互联互通的外部通信协议（如 OPC-UA、MT-Connect、Umati、NC-Link 等）。现场总线将伺服驱动及 I/O 数据采集到数控装置，通信协议则可以将智能装备内部电控数据和传感器数据实时传输到车间大数据中心，与工厂的设计、生产和管理系统实现信息共享。

未来，网络化技术与数控系统的融合将进一步加强，将更加便捷地实现数控加工信息从设备到产线、车间、工厂等层面的纵向集成。国外诸多企业进行了数字化车间网络管理系统的开发，如西门子的开放式制造环境（open manufacturing environments）、海德汉的智联工厂、马扎克的智能生产控制中心（CPC）等。国内华中数控通过 NC-Link 协议实现数控机床及相关智能化设备的互联互通，通过智能数控系统网络化平台提供网络管理服务。

新一代通信技术（如 5G）的高速、低延时等特性在工业领域呈现出广阔的应用前景。例如，诺基亚提出基于 5G 和物联网、机器人等技术的智能工厂 Box 2.0 概念，并在诺基亚智能工厂完成全球首个 5G 实际工业应用测试；高通和西门子在德国纽伦堡西门子汽车测试中心演示了真实工业环境中，利用 5G、西门子 SIMATIC 控制系统和 I/O 设备实现 AGV 的自动引导。未来，基于新一代通信技术，数控系统将在实时控制、视频监控与机器视觉、云化机器人等方面迎来新的发展机遇和技术增长点。

（3）智能化

随着人工智能技术与先进制造技术的融合程度不断提高，新一代人工智能技术在数控系统中的应用，是赋予数控系统智能的重要途径。目前，国内外主流数控系统中都在逐步增加多项智能化功能。

数控系统智能化的另一个表现就是 CNC 和 CAD/CAM 的融合。早期数控系统的编程是基于 G/M 代码标准（ISO 6983-1），CNC 与 CAD/CAM 之间缺乏信息沟通。随着 STEP-NC 标准（ISO 14649）的出现，打通了 CNC 与 CAD/CAM 之间的信息交换通道，实现了 CAD/CAM 与 CNC 数据的双向流动。未来，基于 STEP-NC 的控制器可根据加工内容自主决策与执行加工策略，为智能数控加工的实现奠定基础。

智能化的发展是一个循序渐进的过程，数控系统从"互联网+"到"智能+"是明确的发展方向。未来，数控系统的智能化将从部分功能的智能化到软硬件平台的智能化，最终实现数控系统的整体智能化。人工智能技术将通过数据的累积和知识的生成与运用，为数控加工赋予真正意义的智能。

1.3　智能数控机床应用

1.3.1　智能数控机床概念

数控机床是制造业的"工作母机"，随着大数据、云计算和新一代人工智能技术的突破，数控机床正从数字化机床向智能化机床方向发展。智能数控机床是智能制造的关键装备，是新一代智能制造的主体，是智能制造的技术前提和物质基础。

传统数控机床按照 G/M 代码指令驱动机床部件，实现刀具与工件的相对运动，对机床实际

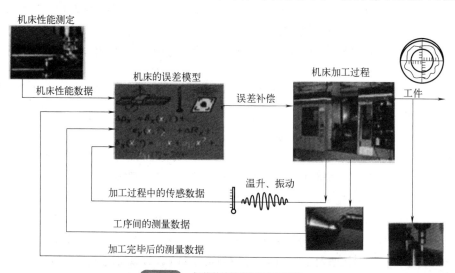

图1-9　智能数控机床闭环加工系统

工作状态并无感知和反馈。机床工作时，在切削力、惯性力、摩擦力以及内部和环境热载荷的作用下，产生变形和振动，导致刀具的实际轨迹偏离理论路径，影响了加工精度和表面质量。

对比传统数控机床，智能数控机床是能够对制造过程做出决定的机床。智能数控机床借助温度、加速度和位移等传感器监测机床和环境的变化，实时进行调节和控制，优化切削用量，抑制或消除振动，补偿热变形，是基于模型的闭环加工系统（图1-9）。

智能数控机床能够处理各类信息，对各类信息进行储存、分析、处理、判断、调节、优化、控制，可自行分析众多与机床、加工状态、环境有关的信息及其他因素，并能够自行采取应对措施来保证最优化加工。智能数控机床能够监控、诊断和修正在生产过程中出现的各类偏差，并且能为生产的优化提供方案。智能数控机床具有自动抑制振动、减少热变形、防止干涉、自动调节润滑油量、减少噪声等功能，可提高机床的加工精度、效率，大大减少人在管理机床方面的工作量。

1.3.2　智能数控机床特征

智能数控机床本体是高性能的机床装备，主要性能特征包括：重复定位精度、动/静刚度、主轴转动平稳性、插补精度、平均无故障时间等。通过智能传感技术使机床能够自主感知加工条件的变化，如利用温度传感器感知环境温度、利用加速度传感器感知工件振动、利用视觉传感器感知是否出现断刀，进一步对机床运行过程中的数据进行实时采集与分类处理，形成机床运行大数据。通过机器学习、云计算等技术实现故障自诊断并给出智能决策，最终实现智能抑振、智能热屏蔽、智能安全、智能监控等功能，使机床具有自适应、自诊断、自决策的特征。

智能数控机床的特征主要表现在智能化加工技术、智能化状态监控与维护技术、智能化驱动技术、智能化误差补偿技术和网络通信技术等几个方面。

① 加工过程自适应控制技术。通过监测主轴电机和进给电机的功率、电流、电压等信息，辨识出刀具的受力、磨损以及破损状态，通过补偿使机床处于加工的稳定状态；机床应具备热误差补偿系统和几何误差补偿系统，减小各加工主机在机床运行过程中所产生的热变形对零件加工精度的影响；机床应能够实时修调加工参数（主轴转速、进给速度）和加工指令，使设备处于最佳运行状态，以提高加工精度、降低工件表面粗糙度、提高设备运行的安全性。

② 加工参数的智能优化。结合 CAD/CAM 技术、刀具参数、机床参数及被加工材料性能参数，根据零件加工的一般规律、特殊工艺经验，用现代智能方法，构造基于专家系统或基于模型的加工参数智能优化与选择系统，综合优化得到刀具轨迹和切削参数，提高编程效率和加工工艺水平，缩短生产准备时间，使加工系统始终处于较合理和较经济的工作状态。

③ 智能化交流伺服驱动装置。它是能自动识别负载，并自动调整参数的智能化伺服系统，包括智能主轴交流驱动装置和智能化进给伺服装置。这种驱动装置能自动识别电机及负载的转动惯量，并自动对控制系统参数进行优化和调整，使驱动系统获得最佳运行性能。

④ 智能化状态监控与维护技术，包括振动检测及抑制，刀具监测，故障自诊断、自修复，故障回放及智能化维护系统等。为了保证工件表面质量、提高生产率、降低生产成本，智能加工中心应实施金属切削过程中刀具磨损、破损状态的在线实时监测。

⑤ 智能故障诊断与自修复技术。智能故障诊断技术能够根据已有的故障信息，应用现代智能方法，实现故障快速准确定位。智能故障自修复技术能够根据诊断出的故障原因和部位，自动排除故障或指导故障的排除技术。利用智能故障诊断与自修复技术，加工中心可实现故障的

自诊断、自排除、自恢复、自调节。此外，智能数控机床应能够完整记录系统的各种信息，对数控机床发生的各种错误和事故进行回放和仿真，用以确定错误引起的原因，积累生产经验。

⑥ 网络通信技术。智能数控机床的一个重要特征是网络通信。网络化特征使数控机床从加工设备进化到工厂网络的终端，使机床具有远程访问与监控功能，同时能够实现单台加工中心与生产线其他设备、库房、车间、刀具/夹具库等的信息传输。作为工厂网络的一个节点，智能数控机床能够进行生产数据自动采集，实现机床与机床、机床与各级管理系统的实时通信，使生产透明化，使机床融入企业的组织和管理。数控机床的智能化和网络化为实现制造资源社会共享、构建异地虚拟云工厂创造了条件。

1.3.3 智能数控机床关键技术

智能数控机床关键技术体现在两方面：一方面是数控机床智能化技术，另一方面是大数据采集与分析技术。

数控机床智能化技术以传统数控技术为支撑，通过开放式数控系统架构，体现扩展性、互换性及操作性等技术优势，通过机床状态控制、加工过程监测、伺服驱动及网络接口等模块，体现机床的智能化水平。数控机床智能化技术系统构成如图1-10所示。

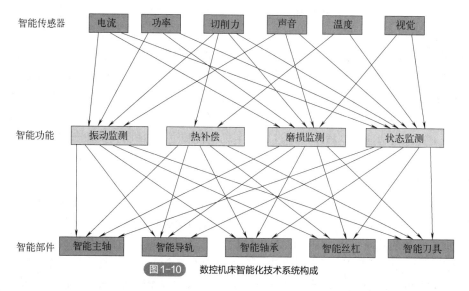

图1-10 数控机床智能化技术系统构成

数控机床在运行过程中需要采集力矩、电流、温度、振动等各类数据，通过数据采集来管理和优化加工过程，所以需要利用大数据采集与分析技术，优化数据分析过程，建立加工过程与相关数据的合理关联，为相应的决策提供可靠性依据，最大化减少人为因素的影响，实现加工过程的智能化管理。

1.3.4 智能数控机床实例

（1）i5 智能机床

i5 智能机床是由沈阳机床股份有限公司自主研发的新一代智能化数控机床。i5 智能机床基于信息驱动技术，以互联网为载体，作为基于互联网的智能终端实现了操作、编程、维护和管理的智能化。i5 智能机床支持特征编程、图形诊断、在线加工过程仿真等功能，还实现了操作智能化、编程智能化、维护智能化和管理智能化，如图 1-11 所示。

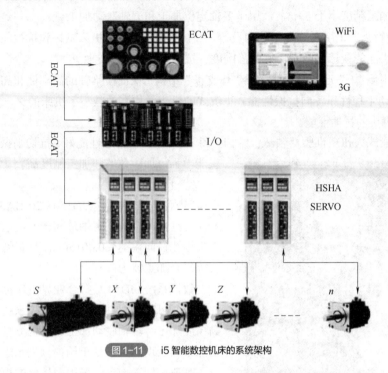

图1-11　i5 智能数控机床的系统架构

依托网络，i5 智能机床不仅能够与其他机床实现互联，还是一个能够生成车间管理数据并与有关部门进行数据交换的网络终端，通过制造过程的数据透明，实现制造过程和生产管理的无缝连接，实现了设备、生产计划、设计、制造、供应链、人力、财务、销售、库存等一系列生产和管理环节的资源整合与信息互联。

i5 智能机床在开放式系统平台的基础上，以智能、互联为依托，以用户为中心，通过图形引导、三维仿真、工艺支持、特征编程、图形诊断等功能模块为客户应用带来便利，通过操作智能化、编程智能化、维修智能化和管理智能化体现数控机床的智能。

i5 的具体智能化表现包括：

① 操作智能化：可通过触摸屏操作系统。机床加工状态的数据能实时同步到手机或平板电脑，用户不论在哪里都可以对设备进行操作、管理、监控，实时传递和交换机床的加工信息。

② 在线工艺仿真：能够实时模拟机床的加工状态，实现工艺经验的数据积累，而且可以通过网络快速响应用户的工艺支持请求。

③ 智能诊断：传统数控系统反馈的是代码，而 i5 数控系统反馈的是事件，能够替代人查找代码，帮助操作者判断问题所在，为维护人员提供数据进行故障分析。

④ 智能车间管理：i5 数控系统与车间管理系统高度集成，记录机床运行的信息，包括使用时间、加工进度、能源消耗等，为车间管理人员提供订单和计划完成情况的分析。

（2）北京精雕高速五轴加工中心 JDGR400T

北京精雕 JDGR 系列加工中心支持全闭环五轴联动，打破了国外五轴数控机床对我国精密加工领域的长期垄断，使国产五轴数控机床的加工精度达到国际一流水平。

JDGR400T 是精密型高速加工中心，配备新一代北京精雕 JD50 数控系统，具备"0.1μm 进给，1μm 切削，纳米级表面效果"的加工能力，硬材料镜面抛光加工表面粗糙度 Ra 可达到 5nm，典型零件的加工精度小于 5μm，适用于多轴定位加工和五轴联动加工。

① 结构特点。采用对称龙门结构设计，综合考虑热平衡、机床减振和抗振能力等因素，有效应对热源引起的变形，具有良好的静刚度、抗振性能和热稳定性。

机头采用倒"L"形的三导轨横梁"体支撑"结构，保证横梁轴的高刚性和高稳定性，提高了 X 轴的运动平稳性和各向抗振性能。下沉式的机头结构有效减小了机床的 Z 向力矩，提高了 Z 轴刚性和机头的抗振性能。

采用摇篮式大扭矩直驱双轴转台结构（图 1-12），整机动态性能好、抗切削振动能力强、负重能力强、加工效率和加工精度高。

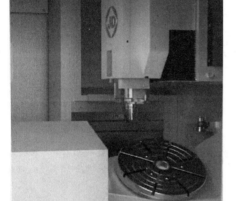

图 1-12　摇篮式大扭矩直驱转台

② 特色功能。

精密高速电主轴：JD150S-20-HA50 采用 HSK-A50 刀具接口形式，主轴最高转速可达 20000r/min，主轴锥孔径向跳动≤0.0015mm，具备铣、磨、钻、镗、攻等复合加工能力。

数控系统：JD50 是符合业界主流标准的开放型数控系统，可与国际主流的高端数控系统兼容，在高速高精度加工、多轴联动加工、在机测量和智能修正等功能方面表现出色，处于国内领先水平。

高速旋转工作台：采用一体化的摇篮式结构，直驱电机驱动，定位精度达 8″，重复定位精度达 5″，精度高，稳定性强。

多技术集成：采用北京精雕独创的在机测量与智能修正技术，完美实现了加工过程的制检合一，创新性地将 DT 编程技术、RTCP 技术和在机测量技术集成于 JD50 数控系统和北京精雕 CAD/CAM 系统，确保了五轴加工工艺高效、稳定实现。

补偿功能：JD50 数控系统具备丰富的机床空间误差补偿，动态误差补偿，刀具的五轴半径

图 1-13　JD50 误差补偿示例

补偿、圆角误差补偿，工件的位置误差补偿、变形误差补偿等补偿功能和指令（图1-13），同时支持一定的热误差补偿功能，控制由环境温度变化和部件运转发热造成的机床热误差对加工精度的影响，对于提升加工精度具有重要作用。

质量管控：该加工中心配合北京精雕自主研发的在机检测系统，可实现工件的精确摆正对位、几何特征测量、形位误差评测、关键工序质量管控等功能，提高了首件加工或单件加工的成功率。

本章小结

本章介绍了智能制造演进发展的三种基本范式，分别为数字化制造、数字化网络化制造、数字化网络化智能化制造；梳理了智能数控系统的发展历程，即数控系统数字化、网络化和智能化阶段，并介绍了三个阶段的关键技术特征；总结了智能数控系统在平台化、网络化和智能化方面的发展趋势；介绍了智能数控机床的概念和特征，列举了两个机床产品实例。

 思考题

（1）简要说明智能制造的三种范式及其主要特征。
（2）智能制造的应用意义有哪些？
（3）举例说明数控系统的数字化技术、网络化技术、智能化技术在应用中的体现。
（4）智能数控机床相比传统数控机床有哪些不同？
（5）智能数控机床的主要特征有哪些？
（6）举例说明智能数控机床的智能化表现。

第 2 章

智能数控系统

 **本章思维导图**

扫码获取本书资源

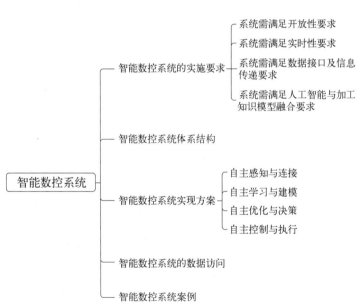

 **本章学习目标**

（1）掌握智能数控系统的实施要求；

（2）了解智能数控系统的体系结构；

（3）掌握智能数控系统的实现方案；

（4）联系实际了解智能数控系统的数据访问方式。

智能数控系统具有模拟、延伸、扩展的拟人智能特征，如自学习、自适应、自组织、自寻优、自修复等。智能化在数控系统中最初的应用体现在人机交互方面，如自动编程系统，后来发展到数控加工过程中，通过对影响加工精度和效率的物理量进行检测、特征提取、模型控制，快速做出实现最优目标的智能决策，对主轴转速、切削深度、进给速度等工艺参数进行实时控制，使机床的加工过程处于最优状态。

2.1 智能数控系统的实施要求

智能数控系统应该能够自我识别并与制造体系中的其他系统进行通信，能够自主对加工过程进行监控和优化，能够对加工操作的结果进行检查和评价，能够根据所积累的加工经验对未来的加工进行优化。为此，智能数控系统应满足以下基本要求。

2.1.1 系统需满足开放性要求

传统的数控系统大多采用封闭式体系结构，系统的软硬件结构、交互方式各不相同，系统之间的不兼容严重制约了系统的功能扩展。智能数控系统的软硬件模块是需要机床制造商和用户针对机床的不同应用而自行添加的，这就要求数控系统的架构具有开放性，能够在原有系统内灵活增加智能模块。

新增加的智能模块和算法要发挥其智能，需要与传统数控系统功能模块进行交互和集成。例如，系统能够自动感知内部状态与外部环境，快速做出最优决策，进而对主轴转速、进给速度、切削深度等加工参数进行实时调整，这就需要各模块之间能够通过统一的通信接口实现信息的交互和操作，并且各功能模块的编写和组织须遵循接口与功能相分离的原则，满足数控系统软硬件模块化、可扩展、可互换的开放性要求。

因此，开放式体系结构是实现数控系统智能化的基础。

2.1.2 系统需满足实时性要求

数控系统是一种典型的实时多任务系统，数控系统必须在规定的时间内完成控制任务的处理以及对外部事件的响应。数控系统的很多任务，如加减速运算、插补运算及位置控制等，都是实时性很强的任务，如果不能在规定周期内完成插补计算或位置控制任务，加工过程就会出现断续和停顿，从而影响工件加工质量并减少刀具使用寿命。对于用户通过操作面板发出的急停指令，必须在给定的最短时间内做出响应，否则就会危及设备和人身安全。

实时性要求系统具有合格的时间响应特性。除了要求系统具有确定性（即在固定的时间里完成规定任务的能力），还要求系统具有可预测的线程同步机制和多线程优先级调度器。智能控制过程中，通过与检测系统相互配合，数控系统对生产现场的工艺参数进行采集、监视和记录，并实时将采集到的外部加工参数传入数控装置，实现在线控制，以适应切削过程中各因素的变化，从而提高机床的加工效率及工件的加工精度。

因此，要实现在线智能控制，系统必须满足实时性要求。

2.1.3 系统需满足数据接口及信息传递要求

传统数控加工中，通常将大量的优化行为放在 CAD/CAPP/CAM 中加以解决，最后生成优化的加工指令序列，传送至 CNC 执行。CNC 作为制造过程的加工执行模块，在工作过程中要面对加工现场复杂多变的加工资源（机床、刀具、夹具、伺服电机等）与不确定性的加工工况（刀具磨损或破损、颤振、工艺系统变形、机床本身精度对工件加工的影响等）。因此，仅依靠 CAX 中的优化行为无法满足动态多变的加工现场需求。

　　然而，传统数控加工一直采用 G/M 代码指令系统，其信息携带量不足，且通用性不强，具体表现在：G/M 代码仅提供点和线的位置信息，不能表达工件特征信息，即数控系统不知道正在加工什么样的工件或什么样的特征；使用 C/M 代码只能按照预先编制好的程序进行顺序加工，不能根据实际加工状况实时调整加工策略和加工顺序；G/M 代码文件在不同的数控系统间不兼容，代码通用性下降，针对不同的数控系统，CAM 必须编写不同的后置处理程序。

　　由于 G/M 代码只能实现单向信息传递，使用 G/M 代码作为上层 CAX 与执行层 CNC 的数据接口，不仅流失了大量的有用信息，而且无法实现双向数据交换，使得 CNC 变成加工现场的信息孤岛，更是成为数控系统智能化的瓶颈。

　　为此，一种兼容于 STEP（the standard for the exchange of product model data）标准的编程接口被推出，命名为 STEP-NC。STEP-NC 以面向对象的数据模型为基础，包含了零件的几何信息和制造信息，信息不但更加完整而且可以双向传递。STEP-NC 只定义了制造特征和工步等通用信息，而没有严格的刀具路径信息，使得数控系统具备了自主决策能力，所生成的数控程序也能够在不同的加工设备间通用。

　　STEP-NC 为数控系统提供了产品信息和加工信息传输的载体，使得 CAD/CAM 系统能够与 CNC 系统集成，为数控系统的智能化提供了实现基础。

2.1.4 系统需满足人工智能与加工知识模型融合要求

　　人工智能技术（如专家系统、模糊控制、人工神经网络、遗传算法等）研究的不断深入，将推动数控系统智能化水平不断提高。目前，数控系统的智能控制正在从单因子约束型的智能控制向过程综合因素优化的智能控制发展，由管理信息和技术信息离线的智能化向过程在线实时智能控制发展，由程序设定型智能控制向自主联想型智能控制发展。

　　传统的数控系统利用数据流驱动系统正常工作，但缺乏足够的"智力"。其原因是数控系统掌握的相关知识太少，很难在现场加工过程中做出聪明决策。制造过程中充斥着各种各样的大量知识，而这些知识的表达、存储方式又千差万别。例如，手册形式的工艺规划准则、说明书形式的机床参数、电子文档形式的数控系统相关参数，以及国家标准形式的数控加工刀具等。这些相关加工知识都是数控系统实现智能化必备的，需要一种有效的知识表达和组织形式，将所有的知识组织为易于数控系统统一管理和使用的加工知识库。

　　因此，数控系统智能水平的高低取决于人工智能技术的发展程度以及加工知识库的完备程度。

2.2 智能数控系统体系结构

　　相比传统数控系统，智能数控系统不仅具备自感知、自学习、自决策、自执行的能力，且不再仅仅服务于单台机床，而是通过云端与移动终端，实现多机床互联互通的管理。图 2-1 所

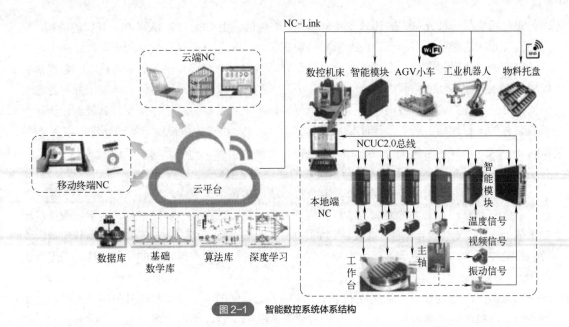

图 2-1　智能数控系统体系结构

示的智能数控系统的体系结构体现了数字化、网络化、平台化三方面的特征。

数字化：通过对数控机床全生命周期的指令域数据进行完整采集和存储，形成数控机床的数字孪生，可建立物理空间机床和 Cyber 空间数字机床的闭环，实现对机床历史行为的追溯、机床运行状态的监测、机床性能的预测、机床设计的优化及机床集群的群体智能。

网络化：通过构建不同层次的网络结构，实现全面网络化。网络结构包括数控系统内部的现场总线（NCUC-Bus）和数控机床之间互联互通的外部协议（NC-Link）。现场总线 NCUC-Bus将伺服驱动及 I/O 从站的毫秒级采样周期的电控数据进行汇聚，伺服驱动模块则由原来的执行器变成切削负载和加工精度的感知器；外部协议 NC-Link 将智能机床的内部电控数据和传感器数据实时汇聚到车间大数据中心，实现与工厂的设计、生产和管理系统的信息共享。

平台化：提供多样化的硬件平台和开放式的软件平台。其中，硬件平台将提供数控装置、边缘计算模块等多样化的平台；软件平台将提供大数据访问接口及服务，提供数控装置、边缘计算模块、移动终端的二次开发环境，提供大数据管理、分析平台，提供用户应用软件（APP）的运行平台。通过平台的开放，形成共享、共创、共研的新模式，建立 APP-store 的新生态。

数控装置是数控系统的中枢核心，数控装置的硬件平台是整个数控系统的基础。其功能一方面是从驱动模块、I/O 从站及云端获取反馈的实时数据或事件数据；另一方面，是向驱动模块、I/O 从站发出运动控制指令，并将数控系统全生命周期的实时数据上传云端。所以，在智能数控系统中，数控装置不仅是控制的核心，也是智能化功能的主要载体。为了在数控装置端实现 APP 的开发与部署，扩展数控装置的智能化功能，数控装置的硬件平台除了提供控制计算所需要的存储、计算资源外，还要提供智能化功能需要的 AI 芯片、智能 APP 的运行平台。

智能数控系统中，伺服驱动模块的功能不仅限于执行数控装置的指令，还成为一个感知模块，可以感知机床运行过程的实际位置信息和负载信息，是数控系统实现智能化所需内部数据的主要来源；同时它需要具有高频数据的缓冲能力，以满足智能化功能对数据的需求。此外，伺服驱动模块自身执行指令的过程也需要智能化，在具备感知能力的基础上，执行安全驱动策略，保障机床在加工过程中得到及时、自动的防护，体现伺服驱动模块的安全智能。

　　智能模块是一种分布式的计算及存储单元，硬件上采用 CPU+FPGA+GPU/NPU 的结构，一方面具有较强的通信能力，可实现高频率的数据吞吐，另一方面具有复杂的逻辑判断能力和并行计算能力。根据智能模块在硬件平台中的位置，可分为总线级和网关级智能模块。总线级智能模块接入数控系统的总线中，负责接收和处理多种传感器、无线设备等的数据，并将处理后的数据发送给数控装置，使得智能模块的运行可以不依赖数控装置的存储及计算资源，不影响数控装置的运行性能；网关级智能模块是机器人、AGV 小车、数控机床等现场设备接入 NC-Link 的网关，不仅可实现现场设备之间的连接，而且现场设备利用无线和有线方式接入网关级智能模块，可以通过 NC-Link 实现与云平台的连接和交互。

　　图 2-1 显示，从端的角度划分，智能数控系统的体系结构包含本地端 NC、移动终端 NC、云端 NC 三部分。其中，本地端 NC 包括传统数控系统硬件平台、软件平台，为智能数控机床提供基础；云端 NC 包括基于 NC-Link 协议的数控设备互联互通，为车间产线数据传输提供支持；移动终端 NC 包括基于手机、平板电脑等设备的通信，为实现设备的线上监控与调度提供保障。

　　本地端 NC 通过数字化总线技术保证机床内外数据间的同步关系和信号的精确时序，利用网络化手段实现端对端的互联互通，从而提供开放式的平台，使用户可以通过二次开发接口访问这些数据。

　　综上，数字化、网络化和平台化的建设，构建了开放的、融合人工智能的智能数控系统，数控机床不再是独立的信息孤岛，而是能够与其他机床和车间设备实现数据、信息与知识的共享，结合人工智能方法，从大数据中主动归纳、学习、积累和运用知识实现智能加工，从而使数控机床成为真正意义的智能机床。

2.3　智能数控系统实现方案

　　智能数控系统将数控机床从被动的"动作执行者"向自主的"任务承担者"转变，数控系统的智能化涵盖四个方面的功能特征：自主感知与连接、自主学习与建模、自主优化与决策、自主控制与执行。其实现方案如图 2-2 所示。

2.3.1　自主感知与连接

　　数控机床在运行过程中，会产生大量由指令控制信号和反馈信号构成的原始电控数据，这些内部电控数据是对机床的工作任务（或工况）和运行状态的实时、定量、精确的描述。所以数控系统既是物理空间中的执行器，又是信息空间中的感知器。

　　数控系统内部电控数据是感知的主要数据来源，包括机床内部电控实时数据，如零件加工 G 代码实时插补数据（插补位置、位置跟随误差、进给速度等）、伺服和电机反馈的内部电控数据（主轴功率、主轴电流、进给轴电流等）。通过自动采集数控系统内部电控数据和来自外部传感器的数据（如温度、振动、视觉等），以及从 G 代码中提取的加工工艺数据（如切宽、切深、材料去除率等），实现数控机床的自主感知。

　　利用指令域示波器和指令域分析方法，可建立机床工况与状态数据之间的关联关系。利用指令域大数据汇聚方法采集加工过程数据，通过 NC-Link 实现机床的互联互通和大数据的汇聚，

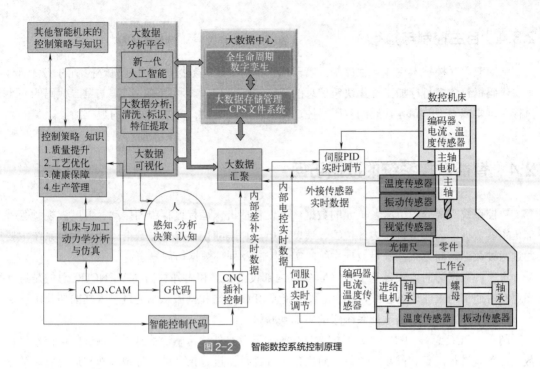

图 2-2 智能数控系统控制原理

可形成机床全生命周期大数据。

2.3.2 自主学习与建模

自主学习与建模的主要目的在于通过学习生成知识。数控加工的知识是机床在加工实践中输入与响应的规律。模型及模型内的参数是知识的载体，知识的生成需要建立模型并确定模型中的参数。基于自主感知与连接得到的数据，运用大数据平台中的人工智能算法库，通过学习生成知识。

在自主学习和建模过程中，知识的生成方法有三种：基于物理模型的机床输入/响应因果关系的理论建模；面向机床工作任务和运行状态关联关系的大数据建模；基于机床大数据建模与理论建模相结合的混合建模。自主学习与建模可建立机床空间结构模型、机床运动学模型、机床几何误差模型、热误差模型、数控加工控制模型、机床工艺系统模型、机床动力学模型等，这些模型可以与其他同型号机床共享，构建机床的数字孪生。

2.3.3 自主优化与决策

决策的前提是精准预测。当机床接受新的加工任务后，利用机床模型，预测机床响应。依据预测结果，进行质量提升、工艺优化、健康保障和生产管理等多目标迭代优化，形成最优加工决策，生成蕴含优化与决策信息的智能控制 i 代码，实现加工优化。自主优化与决策就是利用模型进行预测，然后优化决策，生成 i 代码的过程。

i 代码是实现数控机床自主优化与决策的重要手段。不同于传统的 G 代码，i 代码是与指令域对应的多目标优化加工的智能控制代码，是对特定机床的运动规划、动态精度、加工工艺、刀具管理等多目标优化控制策略的精确描述，并随着制造资源状态的变化而不断演变。

2.3.4　自主控制与执行

利用双码联控技术完成自主控制。第一代码指基于传统数控加工几何轨迹控制的 G 代码，第二代码指包含多目标加工优化决策信息的智能控制 i 代码。利用第一代码与第二代码的同步执行，可实现 G 代码和 i 代码的双码联控，完成优质、高效、安全、低耗的数控加工。

2.4　智能数控系统的数据访问

数控系统需要处理机床各单元的数据，不仅包括机床运行过程中的振动、温度、视频等外部传感器数据，还包含机床内部位置、速度、电流、跟随误差等电控数据。智能数控系统主要通过两种数据访问方式，满足数控系统的实时控制及外部数据访问需求。

第一种数据访问方式是基于 NCUC 实现内部设备互联和内外数据同步。NCUC 总线是进行高速实时通信的工业现场总线，用于将数控装置、I/O 从站和伺服从站通过以太网的拓扑串联起来，因此，NCUC 总线是数控系统级的内部互联协议。

利用 NCUC 总线的高速、实时的数据传输，可以将外部传感器数据以及内部的电控数据在数控装置端进行汇聚和同步，并统一对内部、外部数据进行指令域的标记，建立运行状态数据与工况的映射，赋予运行状态数据以对应的加工工况特征，明确运行状态数据的内涵。

NCUC 总线作为实时数据的高速通道，可以实现数控系统内部伺服从站的电控数据和从 I/O 从站接入的外部传感器数据的同步和高频采集，为大数据智能奠定了重要基础。

另外一种数据访问方式是基于 NC-Link 的同构、异构系统混联。实现智能制造的重要前提之一就是设备的互联互通。要实现同构及异构数控机床的互联互通，标准至关重要。各国对数控机床互联互通标准给予了高度重视。美国机械制造技术协会（AMT）在 2006 年提出了 MT-Connect 协议，用于机床设备的互联互通。2006 年，标准国际组织 OPC 基金会在 OPC 基础上重新发展了 OPC UA 工控互联协议。国内机床行业在数控机床互联技术上也做出了有益探索。2014 年，华中数控推出了基于机床大数据分析的智能化云服务系统平台，已在多家企业得到应用。沈阳机床集团经过多年研发，推出了 i5 数控系统，研发了 iSESOL 云服务平台。建立统一的数控机床互联互通协议标准，对提高我国数控机床的竞争力、促进我国制造业转型升级、保护国家安全等方面具有重大意义。

NC-Link 是针对数控装备 CPS 建模需求而开发的新一代 M2M（machine to machine）协议，可以将同构的数控系统装备及异构的数控系统装备进行混联，是装备级的互联通信。NC-Link 对比传统的 M2M 协议具有新的技术特点，包括：引入组合数据技术，为指令域大数据采集提供了方法，满足数控装备 CPS 建模需求；支持双向通信，不仅可用于查看机床状态，而且可用于远程控制；支持数控装备端到端安全，NC-Link 注重终端接入安全，确保全网端到端信任关系，同时对数据进行权限分层，控制非法访问，满足数据保密要求。

2.5　智能数控系统案例

沈阳机床集团的 i5 数控系统是在 PC 平台上开发的新一代开放式数控系统，也是我国第一个由机床制造商自主开发的数控系统。

i5 数控系统运用网络化和智能化制造的理念，按照机床制造商和最终用户的需求，将面向特征的编程功能和工艺支持集成到数控系统上，具有丰富的人机界面功能、三维图形辅助编程、加工仿真模拟等功能。

i5 数控系统采用 Linux 作为人机界面的操作系统，可定制用户界面图形引擎 wxWidget 及矢量渲染引擎，使用 XML 描述文件，支持 SVG 矢量图形、图元拖拽、触摸屏控等功能。人机界面整体框架采用插件和脚本对象技术，可灵活配置。通过插件支持，可实现对 CNC、I/O 和伺服等设备的动态访问，并可在此基础上设计出灵活多变的定制应用，如图 2-3 所示。借助人机界面图形引擎，用户可绘制自定义的交互界面，无须编程即可实现拖拽、滑动等触屏交互。由于系统建立在脚本对象体系之上，所有的图形元素、设备访问都可通过脚本对象来实现。

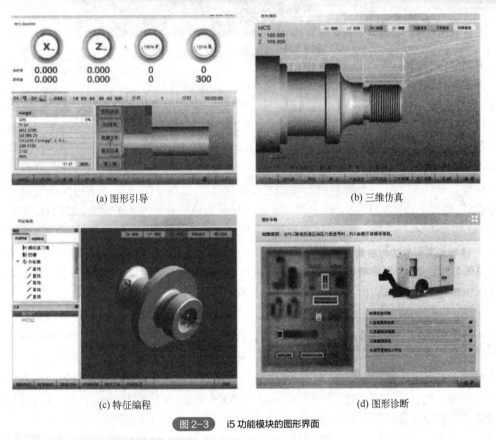

(a) 图形引导　　　　　　　　　　　　　　(b) 三维仿真

(c) 特征编程　　　　　　　　　　　　　　(d) 图形诊断

图 2-3　i5 功能模块的图形界面

i5 数控系统集成了基于特征的交互式编程功能和工艺辅助系统，可实现图形化辅助编程。如图 2-4 所示，用户导入零件的三维图形数据，数控系统会自动识别加工特征，自动生成加工程序。例如，对复杂的回转体零件，特征识别模块能将内外轮廓不同的特征，如孔、槽和外轮廓的特征自动识别出来。用户在这些特征上选择相应的加工工步，如在孔特征上选择钻孔、镗孔、螺纹加工等，通过输入或借助工艺辅助系统选择刀具和切削参数，确定加工内容和顺序，自动生成零件加工程序。

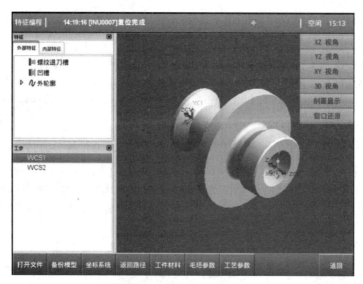

图2-4　i5 数控系统的特征编程

i5 数控系统采用国际标准化的实时以太网 EtherCAT 总线，通过 EtherCAT 总线将伺服驱动模块和 I/O 模块与数控装置（NC）连接在一起。伺服驱动模块采用 EtherCAT 总线的 SoE（Sercos over EtherCAT）运动控制协议，是基于数字总线、符合规范标准的高性能伺服控制器。每个伺服控制器都有 2 个总线接口，通过标准的 RJ45 以太网接口和其他设备组成线形结构。在每个控制周期中，数控系统核心——NC 装置发送一帧含有所有轴位置控制命令信息的报文。报文陆续到达每个伺服控制器，并同时将每个轴的实际位置反馈给 NC 装置。报文同步和出错处理由 EtherCAT 协议完成，大大减轻了 NC、伺服控制器和 I/O 模块的工作负担。i5 数控系统采用 SoftPLC 实现机床的过程逻辑控制，支持梯形图、语句表和结构化文本等编程语言，可在人机界面中实现 SoftPLC 的编程和调试，并可对伺服控制器进行配置。伺服系统支持全闭环双编码器，能够自动识别电机参数，扭矩响应时间不超过 2 ms。此外，i5 数控系统还提供了直线、圆弧以及数字示波器等图形化的仿真分析工具，用于对伺服驱动参数的优化和故障诊断等。

故障的快速查找是机床维护的重要基础。i5 数控系统采用图形化的故障辅助诊断模块，以三维图形显示机床设备相关控制信号的状态，帮助维修人员快速定位故障源。i5 数控系统基于事件的多层次智能维护支持系统，可实现远程诊断和相应功能。该模块还可提供动态性能测试、同步性能测试及综合加工误差测试等机床性能优化辅助工具，实现针对加工任务、报警、维护等信息的事件化日志管理功能。此外，系统还支持通过短信、邮件等方式的主动信息推送功能，为保障系统稳定工作、提升用户维护效率提供了新的途径，为机床的服务模式创新提供了技术支撑。

i5 数控系统与基于云制造概念的 i 平台可全面对接，使数控系统不仅是一台机床的控制器，而且是成为工厂信息化网络的一个节点。i 平台是推动沈阳机床集团全面转型为服务型制造企业的信息化云平台，i5 数控系统是这个平台智能化的中心节点。依托 i5 数控系统提供的丰富接口，可实现异地工厂车间和设备之间的双向数据交互，可为用户提供不同层次和规模的应用解决方案。如图 2-5 所示，由于 i5 数控系统和 i 平台的无缝连接，机床的加工和管理信息，如机床的操作人员状态、任务的状态、机床各个运动坐标轴的状态和坐标、工件加工已耗用的时间和需要的加工时间、机床的负荷以及所消耗的能源等，都可提供给 i 平台。通过 i 平台就可在

PC 机、平板电脑以及智能手机上获取这些信息，在车间信息系统（WIS）的屏幕上显示统计和分析的结果。WIS 系统的管理和监控指令可无障碍地传递给 i5 数控系统，从而能快速组建数字化车间。用户还可从云端下载适合自己的 APP，从而构建围绕 i5 数控系统的机床全生命周期的应用。

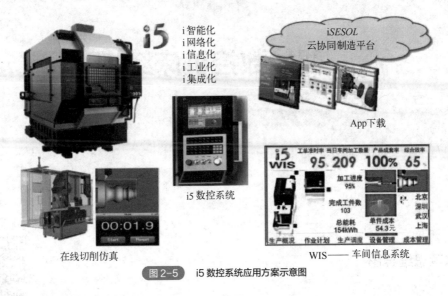

图 2-5　i5 数控系统应用方案示意图

本章小结

本章介绍了智能数控系统的实施要求，包括开放性要求、实时性要求、数据接口及信息传递要求、人工智能与加工知识模型融合要求等；介绍了智能数控系统体系结构，从数字化、网络化、平台化三方面描述体系结构的特征；从自主感知与连接、自主学习与建模、自主优化与决策、自主控制与执行四个方面描述智能数控系统实现方案的特征；介绍了智能数控系统满足实时控制及外部数据访问需求的两种数据访问方式，一是基于 NCUC 实现内部设备互联和内外数据同步，二是基于 NC-Link 的同构、异构系统混联；最后，给出了一个智能数控系统的案例。

 思考题

（1）智能数控系统需要满足哪些基本要求？

（2）数控系统的智能化涵盖哪些功能特征？

（3）智能数控系统主要的两种数据访问方式是什么？

（4）i5 智能数控系统的智能化功能有哪些？

第 3 章

智能数控机床结构

 本章思维导图

扫码获取本书资源

数控机床及其HCPS模型 —— 数控机床及其HCPS1.0模型
"互联网+"机床及其HCPS1.5模型
智能机床及其HCPS2.0模型

智能数控机床功能

智能数控机床结构配置 —— 结构配置原则
结构配置创新案例

智能数控机床结构

智能数控机床主轴单元 —— 数控机床主轴发展历程
数控机床电主轴
主轴轴承系统的配置和预紧
主轴与刀具的连接
回转轴的主轴头
主轴工况监控与智能化

智能数控机床的进给驱动 —— 直线进给驱动 —— 滚珠丝杠螺母副
齿轮齿条副
直线电动机
圆周进给驱动 —— 蜗轮蜗杆副
直接驱动回转工作台

本章学习目标

（1）掌握数控机床及其 HCPS 模型；

（2）了解智能数控机床的功能特点；

（3）掌握数控机床结构配置原则；

（4）掌握数控机床电主轴的性能与应用；

（5）掌握数控机床主轴轴承系统的配置和预紧方式；

（6）理解数控机床主轴工况监控与补偿措施；

（7）掌握数控机床直线和圆周进给形式及执行机构。

智能数控机床是新一代人工智能技术和先进制造技术深度融合的机床。它利用自主感知与连接获取与机床、加工、工况、环境有关的信息，通过自主学习与建模生成知识，并能应用这些知识进行自主优化与决策，完成自主控制与执行，利用新一代人工智能技术赋予机床学习、积累和运用知识的能力，使人和机床的关系发生了根本性变化，实现了从"授之以鱼"到"授之以渔"的根本转变。

3.1　数控机床及其 HCPS 模型

从系统构造上看，数控机床是由人、信息和机械物理系统构成，即 HCPS。依照智能制造的三个范式和机床的发展历程，机床从传统的数控机床向智能机床演化同样可以分为三个阶段：数字化+机床（numerical control machine tool，NCMT），即数控机床；互联网+数控机床（smart machine tool，SMT），即"互联网+"机床；人工智能+互联网+数控机床，（intelligent machine tool，IMT），即智能机床。

第一个阶段是数控机床。其主要特征是：在人和手动机床之间增加了数控系统，人的体力劳动交由数控系统完成。

第二个阶段是"互联网+"机床。其主要特征是：信息技术与数控机床的融合，赋予机床感知和连接能力，人的部分感知能力和部分知识赋予型脑力劳动交由数控系统完成。

第三个阶段是智能机床。其主要特征是：人工智能技术与数控机床的融合，赋予机床学习的能力，可生成并积累知识，人的知识学习型脑力劳动交由数控系统完成。

基于上述数控机床在不同阶段的发展，下面从智能化的视角，以 HCPS 模型梳理传统数控机床到智能机床的演化过程。

3.1.1　数控机床及其 HCPS1.0 模型

手动机床（manually operated machine tool，MOMT）是机床的最初形态，是人和机床物理系统的融合，两大部分组成人-物理系统（human-physical systems，HPS）。其中，物理系统是主体，加工任务是通过物理系统完成的；人（human）是主导，是物理系统的创造者和使用者，完成加工过程中所需的感知、学习认知、分析决策与控制等操作。手动机床的加工过程依靠人完成信息感知、分析、决策和操作控制，构成典型的 HPS，控制原理如图 3-1 所示。

20 世纪中叶以后，随着计算机、通信和数字控制等信息化技术的应用，制造系统进入了数字化制造（digital manufacturing）时代。数字化制造最本质的变化是在人和物理系统之间增加了一个信息系统，制造系统从原来的"人-物理"二元系统发展成为"人-信息-物理"三元系统。这里的信息系统包括软件和硬件，其主要作用是对输入的信息进行各种计算分析，并代替操作者控制物理系统完成工作任务。

数控机床是典型的"人-信息-物理系统"（HCPS），即在人和机床之间增加了一个信息系统，其控制原理如图 3-2 示。与手动机床相比，数控机床发生的本质变化是在人和机床（物理实体）

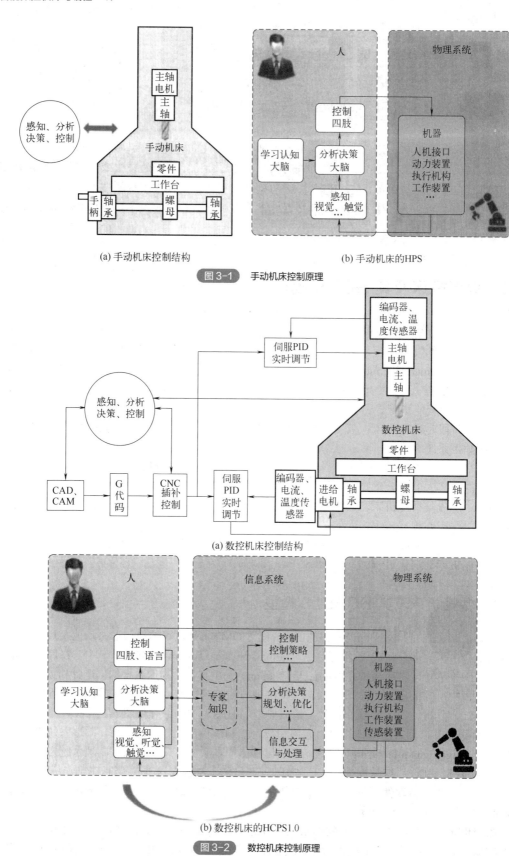

(a) 手动机床控制结构   (b) 手动机床的HPS

图 3-1　手动机床控制原理

(a) 数控机床控制结构

(b) 数控机床的HCPS1.0

图 3-2　数控机床控制原理

之间增加了数控系统。增加数控系统后，机床的计算分析、精确控制以及感知能力等都得到极大的提高。其结果是：一方面制造系统的自动化程度、工作效率、质量与稳定性以及解决复杂问题的能力等各方面均得以显著提升；另一方面人类的部分脑力劳动也可由信息系统完成，知识的传播利用以及传承效率都得以有效提高。

这个阶段的数控机床只是通过 G 代码来实现刀具、工件的轨迹控制，缺乏对机床实际加工状态（如切削力、惯性力、摩擦力、振动、热变形、环境变化等）的感知、反馈和学习建模的能力，导致实际路径可能偏离理论路径等问题，影响了加工精度、表面质量和生产效率。可见，传统数控机床的智能化程度并不高，因此，将该阶段称为 HCPS1.0，意指数控机床 HCPS 的初级发展阶段。

3.1.2 "互联网+"机床及其 HCPS1.5 模型

互联网技术的快速发展推动制造业从数字化制造向数字化网络化制造发展。数字化网络化制造本质上属于"互联网+制造"，可定义为第二代智能制造。

数字化网络化制造系统仍然是基于人、信息系统、物理系统三部分组成的 HCPS，但这三部分相对于面向数字化制造的 HCPS1.0 均发生了变化，故将其定义为 HCPS1.5。二者最大的区别在于信息系统：互联网和云平台成为信息系统的重要组成部分，既连接信息系统各部分，又连接物理系统各部分，还连接人，使得信息系统成为系统集成的工具；信息互通与协同集成优化成为信息系统的重要内容。而且，HCPS1.5 中的人已经延伸成为由网络连接起来的共同进行价值创造的群体，包括企业内部、供应链、销售服务链和客户，使制造业的产业模式从以产品为中心向以客户为中心转变，产业形态从生产型制造向生产服务型制造转变。

如图 3-3 所示，与传统数控机床相比，"互联网+"机床增加了传感器，增强了对加工状态的感知能力；应用工业互联网进行设备的连接互通，实现了机床状态数据的采集和汇聚；对采集的数据进行分析与处理，实现了对机床加工过程的实时或非实时的反馈控制。所以，HCPS1.5主要解决了数控机床感知能力不够和信息难以互通的问题。

"互联网+"机床同时具有一定的智能化水平，主要体现在：

① 网络化技术和数控机床不断融合。2006 年，美国机械制造技术协会（AMT）提出了 MT-Connect 协议，用于机床设备的互联互通。2018 年，德国机床制造商协会（VDW）基于通信规范 OPC 统一架构（UA）的信息模型，制定了数控机床互联通信协议 Umati。华中数控联合国内数控系统企业，提出数控机床互联通信协议 NC-Link，实现了制造过程中工艺参数、设备状态、业务流程、跨媒体信息以及制造过程信息流的传输。

② 制造系统向平台化发展。国外公司相继推出大数据处理的技术平台，如 GE 公司推出了面向制造业的工业互联网平台 Predix，西门子发布了开放的工业云平台 MindSphere。华中数控推出了数控系统云服务平台，为数控系统的二次开发提供了标准化模块和工艺模块集成方法。工业互联网、大数据、云计算技术为制造系统的平台化发展提供了有力支撑。

③ 智能化功能初步呈现。2006 年，日本马扎克公司展出了具有四项智能功能的数控机床，包括主动振动控制、智能热屏障、智能安全屏障、语音提示；DMG MORI 公司推出了 CELOS应用程序扩展开放环境；发那科公司开发了智能自适应控制、智能负载表、智能主轴加减速、智能热控制等智能机床控制技术；国内华中数控 HNC-8 数控系统集成了工艺参数优化、误差补偿、断刀监测、机床健康保障等智能化功能。

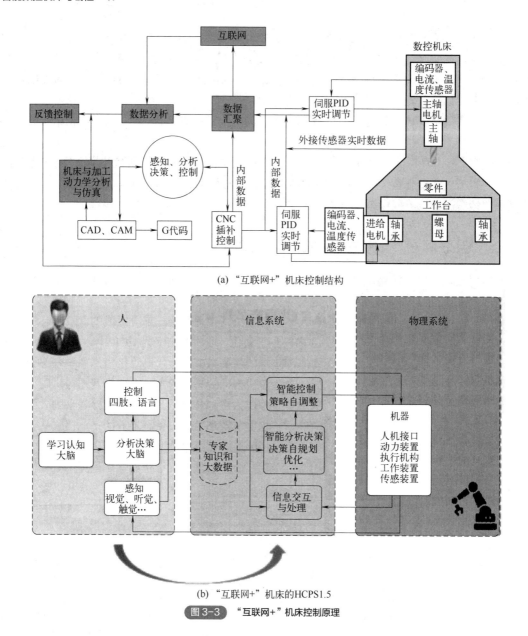

(a) "互联网+" 机床控制结构

(b) "互联网+" 机床的HCPS1.5

图 3-3   "互联网+" 机床控制原理

3.1.3   智能机床及其 HCPS2.0 模型

智能机床是在新一代信息技术的基础上，应用新一代人工智能技术和先进制造技术深度融合的机床。如图 3-4 所示，其显著特点是，利用自主感知与连接获取与机床、加工、工况、环境有关的信息，通过自主学习与建模生成知识，并能应用这些知识进行自主优化与决策，完成自主控制与执行，实现加工制造过程的优质、高效、安全、可靠和低耗的多目标优化运行。

智能机床最重要的变化是：起主导作用的信息系统增加了基于人工智能技术的学习认知部分，不仅增强了感知、决策与控制能力，而且具有学习认知和产生知识的能力；信息系统中的"知识库"由人和信息系统自身的学习认知功能共同建立，不仅包含人输入的各种知识，而且包含信息系统经过自身学习得到的知识，包括人类难以精确描述与处理的知识。更重要的是，

知识库可以在使用过程中通过学习而不断积累、不断完善、不断优化，从而使人和信息系统的
关系发生根本性变化。

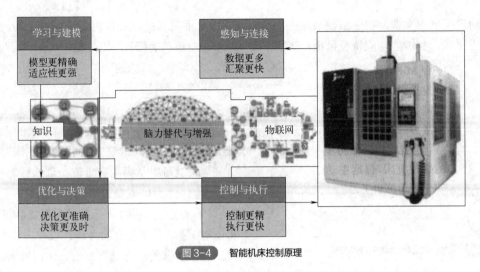

图 3-4 智能机床控制原理

相对于面向数字化网络化制造的"互联网+"机床，智能机床发生了本质性变化，所以定义
为 HCPS2.0。智能机床与其他机床在硬件、软件、交互方式、控制指令、知识获取等方面的区
别见表 3-1。

表 3-1 数控机床、"互联网+"机床与智能机床对比

参数	数控机床	"互联网+"机床	智能机床
技术/方法	NCMT	SMT	IMT
硬件	CPU	CPU	CPU+GPU 或 NPU（AI 芯片）
软件	应用软件	应用软件+云+APP 开发环境	应用软件+云+APP 开发环境+新一代人工智能
开发平台	数控系统二次开发平台	数控系统二次开发平台+数据汇聚平台	数控系统二次开发平台+数据汇聚与分析平台+新一代人工智能算法平台
信息共享	机床信息孤岛	机床+网络+云+移动终端	机床+网络+云+移动终端
数据接口	内部总线	内部总线+外部互联协议+移动互联网	内部总线+外部互联协议+移动互联网+模型级数字孪生
数据	数据	数据	大数据
机床功能	固化功能	固化功能+部分 APP	固化功能+灵活扩展的智能 APP
交互方式	机床 Local 端	Local、Cyber、Mobile 端	Local、Cyber、Mobile 端
分析方法		时域信号分析+数据模板	指令域大数据分析+新一代人工智能算法
控制指令	G 代码：加工轨迹几何描述	G 代码：加工轨迹几何描述	G 代码+智能控制 i 代码
知识	人工调节	人赋知识	自主生成知识、人-机与机-机知识融合共享

3.2 智能数控机床功能

对于不同的类型，智能数控机床的功能差别很大，而且智能化功能也是不断进化的。但从本质上来说，其智能功能特征可概括为"一个中心+三类基本功能"，如图 3-5 所示，以人为中心，实现人、计算机、机床的功能的动态交互。智能数控机床引入了人工智能技术，机器取代了人的部分学习型脑力活动并完成决策，但这并非意味着人在制造系统中的作用不重要，反而进一步突出了人的中心地位。知识工程使人类从大量脑力劳动和更多体力劳动中解放出来，人类可以从事更有价值的创造性工作。

图 3-5　智能数控机床的功能交互

在这个功能交互中，人是最不确定的因素，需要采用语音提示、自然语言识别、人工智能粗糙集和模糊集等理论和技术，建立一个具有超鲁棒性以及人、计算机、机床高度耦合和融合的动态交互界面，保证机床高效、优质运行。

人、计算机与机床（机床机械和电气部分）之间进行信息的及时传递与反馈，是体现智能的关键，人、计算机、机床的动态交互支撑了智能数控机床三类基本功能：执行阶段的智能、准备阶段的智能和维护阶段的智能。

（1）执行阶段的智能

提高加工精度和表面质量是驱动机床发展的主要动力，为此，智能数控机床应具有加工质量保障和提升功能。在执行加工任务阶段，应具有自主检测、智能诊断、自我优化加工行为、远程智能监控等能力，包括机床空间几何误差补偿、热误差补偿、运动轨迹动态误差预测与补偿、双码联控曲面高精加工、精度/表面光顺优先的数控系统参数优化等功能。

（2）准备阶段的智能

在加工任务准备阶段，智能机床应具有在不确定变化环境中自主规划工艺参数、编制加工代码、确定控制逻辑等最佳行为策略能力。工艺优化是这个阶段的重点任务，主要是根据机床自身物理属性和切削动态特性进行加工参数的自适应调整（如进给率优化、主轴转速优化等），以实现特定加工目标，如质量优先、效率优先和机床保护。工艺优化的具体功能模块包括自学习/自生长加工工艺数据库、工艺系统响应建模、智能工艺响应预测、基于切削负载的加工工艺参数评估与优化、加工振动自动检测与自适应控制等。

（3）维护阶段的智能

在机床维护阶段，智能机床应具有自主故障检测、智能维修维护、远程智能维护的功能，同时机床还应具有自学习和共享学习的能力。

机床维护可保障设备完好、安全，以实现机床的高效可靠运行。智能机床具有机床整体和部件级健康状态指示，以及健康保障功能开发工具箱，具体包括主轴/进给轴智能维护、机床健康状态检测与预测性维护、机床可靠性统计评估与预测、维修知识共享与自学习等功能。机床维护还包括机床状态监控、刀具磨损/破损智能检测、刀具寿命智能管理、刀具/夹具/工件身份ID 与状态智能管理等功能。

3.3　智能数控机床结构配置

3.3.1　结构配置原则

数控机床的许多功能部件，如电主轴、数控系统、滚珠丝杠、线性导轨等，大多数可以直接从零部件供应商采购，但是机床的运动组合、总体配置和结构件设计仍然是机床制造企业产品开发部门的核心工作。机床结构的总体配置决定了机床的用途和性能，是机床新产品特征的集中体现和创新关键。

机床结构配置的主要功能目标包括：支承完成加工的运动部件；承受加工过程的切削力或成形力；承受部件运动产生的惯性力；承受加工过程和运动副摩擦产生热量的影响。

机床结构配置面临的挑战是：保证机床结构在各种载荷和热作用下变形最小，同时又使材料和能源的消耗也最小。但是这两个目标往往是相互矛盾的，所以需要在满足机床性能要求的前提下求得两者之间的平衡。

对机床结构配置的要求是实现移动部件在 X、Y、Z 轴 3 个直线坐标上的移动以及 3 个绕轴线的转动 A、B 和 C。6 个自由度的运动组合有许多种方案。但是大多数结构配置的方案可能并不合理。从运动设计的角度，假定传动链从工件开始到刀具为止，直线运动以 L 表示，回转运动以 R 表示，具有 3 个移动轴和 2 个回转轴的五轴加工中心的运动组合共有 7 种：RRLLL、LRRLL、LLRRL、LLLRR、RLRLL、RLLRL、RLLLR。其中，最常见的运动组合有 3 种：LLLRR、RRLLL 和 RLLLR。这 3 种运动组合及其典型结构配置如图3-6 所示。

图 3-6（a）所示是动梁式龙门加工中心，其运动组合为 LLLRR。工作台不动，横梁在左右两侧立柱顶部的滑座上移动（Y 轴），主轴滑座沿横梁运动（X 轴），主轴滑枕上下移动（Z 轴），双摆铣头做 A 轴和 C 轴偏转。

图 3-6（b）所示是立式加工中心，其运动组合为 RRLLL。工件固定在 A 轴和 C 轴双摆工作台上，横梁沿左右两侧立柱移动（X 轴），主轴滑座沿 Y 轴移动，主轴滑枕沿 Z 轴上下移动。

图 3-6（c）所示是另外一种立式加工中心，其运动组合为 RLLLR。工件固定在 C 轴回转工作台上，工作台沿 X 轴移动，主轴滑座沿 Y 轴和 Z 轴移动，万能铣头可做 B 轴回转。

每种运动组合可有不同的结构配置方案。例如，动梁龙门式机床和动柱龙门式机床都属于LLLRR 运动组合；车铣复合加工和铣车复合加工大多属于 RLLLR 运动组合；A/C 轴和 B/C 轴双摆工作台属于 RRLLL 运动组合。

机床的结构配置取决于机床的具体用途，为了实现智能数控机床的高精度和高效率加工，机床结构配置应遵循如下基本原则：

① 轻量化原则。移动部件的质量尽量小（重量轻），以减少所需的驱动功率和移动时惯性力的负面影响。例如，图 3-6（a）中将大型工件安装在固定不动的工作台上，加工过程需要的

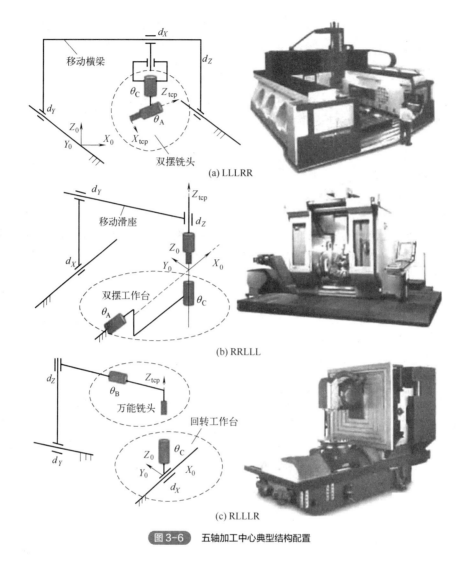

图 3-6 五轴加工中心典型结构配置

所有运动都由刀具完成，包括 X、Y、Z 轴 3 个移动坐标和 A 轴、C 轴 2 个回转坐标的运动。

② 重心驱动原则。移动部件的驱动力应该尽量配置在部件的重心轴线上，避免形成或尽量减少移动时所产生的偏转力矩。例如，图 3-6（a）和图 3-6（b）中，机床的横梁都是由两侧立柱上方的驱动装置同步驱动，形成的合力在中间。图 3-6（c）中的 X 轴和 Y 轴配置也遵循重心驱动原则。

③ 对称原则。机床结构尽量左右对称，不仅使外观协调美观，还可减少热变形的不均匀性，防止形成附加的偏转力矩。图 3-6 的所有配置方案都遵循这个原则。

④ 短悬臂原则。尽量缩短机床部件的悬伸量。从机械结构的角度看，悬伸所造成的角度误差对机床的精度是非常有害的。角度误差往往被放大成可观的线性误差。例如，当主轴悬伸为可移动时，加工系统的刚度是变化的，变形量大小也随之变化。因此，悬伸量应尽可能小。

⑤ 近路程原则。从刀具到工件经过结构件的传导路程应尽可能近，以使热传导和结构弹性回路最短化。所以，承载工件和刀具载荷的机床结构材料和结合面数越少，机床越容易达到稳定状态。

⑥ 力闭环原则。切削力和惯性力只通过一条路径传递到地基的配置，定义为力开环；通过多条路径传递到地基的配置，定义为力闭环。C 型结构通常为力开环配置，龙门式结构为力闭环配置。如图 3-7 所示，图 3-7（a）是 C 型结构，固定单立柱，工作台沿 X、Y 轴十字移动，主轴滑枕沿 Z 轴移动，属于力开环配置；图 3-7（b）是动梁动柱龙门式结构，立柱沿 X 轴方向移动，横梁沿 Z 轴方向移动，工作台固定不动，主轴部件沿 Y 轴方向移动，属于力闭环配置。

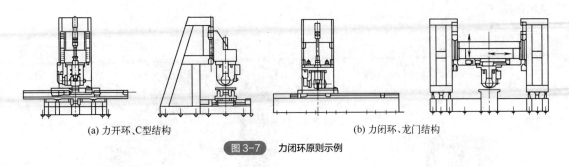

(a) 力开环、C型结构　　　　　　　　　　　　(b) 力闭环、龙门结构

图 3-7　力闭环原则示例

3.3.2　结构配置创新案例

（1）箱中箱结构配置

箱中箱（box in box）结构是机床结构设计近年来的重要发展。它的特点是采用框架式的箱形结构，将一个移动部件嵌入另一个部件的封闭框架箱中，故称之为"箱中箱"，从而达到提高刚度、减轻移动部件质量的目的。

图 3-8 所示为日本森精机（Mori Seiki）公司的箱中箱结构机床，该机床在箱中箱结构的基础上采用双丝杠同步伺服驱动、合成后驱动力与移动部件质心重合的重心驱动、回转轴电动机直接驱动、对称的八角形主轴滑枕等核心技术，显著提高了机床的动态性能和热性能。箱中箱结构配置具有明显的优点，已为众多国内外高性能数控机床所采用。

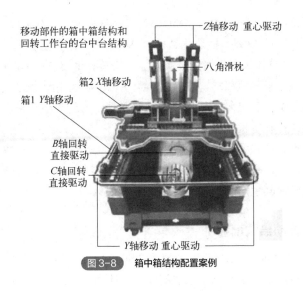

图 3-8　箱中箱结构配置案例

（2）全封闭结构配置

图 3-9 所示为瑞士 GF 公司的 HSM 系列高速加工中心的树脂混凝土 O 形封闭结构，床身、立柱和横梁由树脂混凝土浇筑成一体。树脂混凝土与灰铸铁相比，阻尼系数提高 6 倍以上，具有良好的吸振能力和稳定性，抗腐蚀性能强。整个机体的结构形状是按照受力情况设计的：上窄下宽。中间的椭圆孔便于工件通过，以便与配置在机床后面的托板交换装置衔接。X 轴和 Y 轴导轨不等高布局且距离较宽，改善了受力情况。两个移动部件、主轴部件和工作台皆采用轻量化铸铁结构。

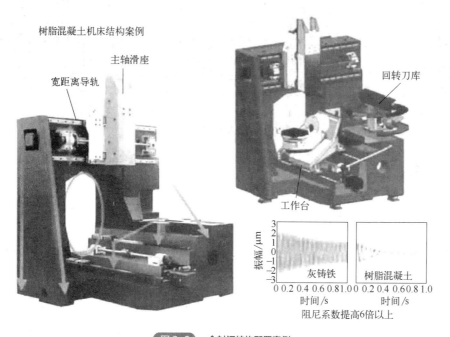

图 3-9　全封闭结构配置案例

（3）零机械传动结构配置

图 3-10 所示为德马吉森精机（DMG MORI）公司推出的新一代 DMC H linear 系列卧式精密加工中心，采用"零"机械传动、模块化结构，可根据客户需要配置成四轴或五轴加工机床。由图 3-10 可见，稳固的单体床身后侧为一倾斜面，安装有直线电机和滚动导轨（不同高度），侧面三角形的宽体立柱可沿导轨移动，上导轨面距主轴中心线的距离 H 较小，保证颠覆力矩最小化。该机床的 X 轴、Y 轴和 Z 轴皆采用直线电机驱动，回转工作台采用力矩电机直接驱动。整台机床没有诸如滚珠丝杠等机械传动部件，进给速度和加速度分别可达 100m/min 和 $10m/s^2$，动态性能好。由于没有易磨损零件，其精度保持性好，维护简单，维护成本低。所有的驱动装置皆配置在加工区域以外，对加工精度的热影响较小，且容易接近，不易被冷却液和切屑污染。与传统结构配置相比较，其生产率和加工精度提高了 25%。

（4）虚拟 X 轴传动结构配置

图 3-11 所示为德国阿尔芬（Alfing）公司的 AS600 机床结构，采用模块化配置，由 4 个模块组成：①底座和立柱，用于支撑机床运动部件，立柱为框形结构，主轴滑座可沿两侧导轨上

图 3-10　"零"机械传动结构配置案例

下移动；②回转工作台，配置于机床底座上，用于实现 B 轴运动或分度；③托板交换装置；④刀具交换装置。

　　与一般机床不同，该机床完成笛卡儿坐标 X、Y、Z 轴移动的总体配置设计颇具独特之处：没有 X 轴驱动系统，但编程方法与传统的笛卡儿坐标没有区别。由图 3-11 可见，在封闭框架的立柱中配置上下移动的滑座，实现 Y 轴运动；滑座下方的主轴滑枕可伸缩，实现 Z 轴运动；X

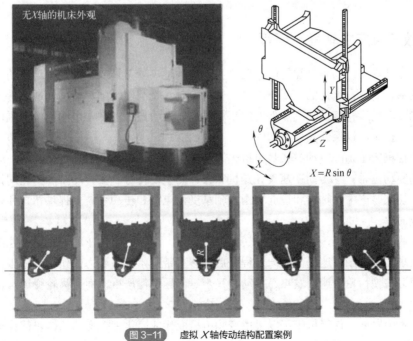

图 3-11　虚拟 X 轴传动结构配置案例

轴位移的实现与传统方法完全不一样，是虚拟的，它不是由部件的叠加移动来实现，而是由 Y 轴和主轴滑枕绕滑座中心的转角相互配合来实现，$X=R\sin\theta$，最大行程为 650mm。主轴采用同步电主轴，主轴滑枕的偏转由大功率力矩电机驱动，以保证输出功率和加速度。这种专利设计的优点是结构紧凑，占地面积小。

AS600 机床同时考虑速度和精度，所有直线和回转运动全部采用电机直接驱动方式，动态性能好，没有噪声，且磨损非常小。X、Y、Z 轴的快速移动速度为 120m/min，加速度分别为 15m/s^2、15m/s^2 和 20m/s^2。为了保证在高速运动下的动态性能，机床立柱框架和床身的结构采用复合材料，铸铁床身的内芯浇灌了一种称为 Hydropol 的无收缩混凝土和钢的混合材料，以保证卓越的静态和动态刚度。

总之，机床配置和结构设计的趋势有以下几方面：

① 机床移动部件的轻量化是高端机床的重要发展方向，可减少惯性力的负面影响，提高机床动态性能，减少驱动功率。

② 以电代机是大势所趋，可缩短机械传动链或不用机械传动机构，提高机床的动态性能，减少误差的产生。

③ 复合加工对机床结构设计影响深远，机床的运动轴数大大增加，给机床的结构配置提出了新挑战。

④ 新技术和新材料是高端机床的重要支撑。机床结构件采用创新的复合材料和复合结构，可提高机床结构的阻尼性能，增大机床加工时的稳定切削区域；采用自适应的主动阻尼装置可弥补和提高机械结构的刚度，以机电一体化的鲁棒性替代机械结构的鲁棒性。

3.4 智能数控机床主轴单元

3.4.1 数控机床主轴发展历程

从机床运动学和结构布局配置的角度来看，主轴是夹持刀具或工件的运动链的终端，是机床最关键的部件之一，承担的主要功能是：带动刀具（铣削、钻削、磨削）或工件（车削）旋转，主轴的回转精度直接反映到零件的加工精度和表面质量上；在一定的速度范围内提供切削所需的功率和扭矩，以保证高效率切削。

传统数控机床主轴的驱动方式是电机轴线和主轴轴线平行，电机通过传动带、联轴节或齿轮变速机构驱动主轴。主传动变速设计是机床设计的主要任务。在传动带和齿轮间接驱动方式的情况下，切削时产生的轴向和径向力由主轴承受，电机和传动系统仅提供扭矩和转速，匹配和维护比较简单。

随着高速加工的普及，机床主轴的转速越来越高，传统的主轴驱动方式已不能满足高速数控机床的要求。当主轴转速提高到一定程度后，传动带开始受离心力的作用而膨胀，传动效率下降。高速运转使齿轮变速箱发热、振动和噪声等问题变得严重，而且齿轮变速难以实现自动无级变速。

变频技术的发展，使得机床可以采用变频电机取代或简化齿轮变速箱，以简化机床的机械结构。电主轴的出现从根本上突破了主轴驱动在变速方式、调速范围和功率-速度特性方面的局限，有力推动了高性能数控机床的发展。

数控机床主轴部件的发展历程如图 3-12 所示。

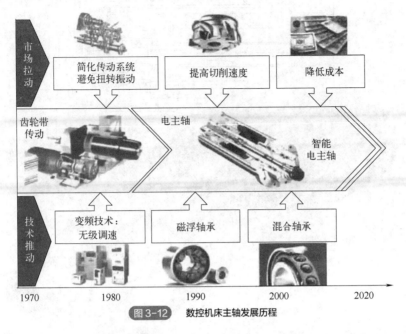

图 3-12　数控机床主轴发展历程

从市场拉动的角度，20 世纪 70 年代主要是简化机械传动系统，避免扭转振动；80 年代中期到 90 年代中期是提高切削速度，即主轴的转速；进入 21 世纪是不断降低电主轴的成本以获得进一步推广应用。

从技术推动的角度，20 世纪 70 年代主要是借助变频技术和伺服驱动技术实现无级调速，不断提高电气传动效率；80 年代中期到 90 年代中期是诸如磁浮轴承等各种新型轴承的应用；进入 21 世纪是陶瓷轴承的应用和主轴部件的智能化。

3.4.2　数控机床电主轴

电主轴是将电机的转子和主轴做成一体。中空的、直径较大的电机转子轴同时也是机床的主轴。它有足够的空间容纳刀具夹紧机构或送料机构，是一种结构复杂、功能集成的机电一体化的功能部件。典型电主轴的内部结构如图 3-13 所示。电主轴通常至少包含前后两组主轴承，以承受径向和轴向载荷，同时往往设有轴承预紧力的调整装置。轴承系统不仅决定了主轴的载荷能力，还对主轴寿命有决定性的影响。

典型的电主轴在前后两组轴承之间安装电机，由于功率体积比较大，通常需要在电机定子外周甚至轴承外圈附近设置水冷沟槽进行冷却，以防止过热。

主轴的刀具端设有密封装置，以防止切屑和冷却液进入。主轴前端的刀具接口是标准化的，如 HSK 和 BT 等。主轴内部有由夹紧爪、拉杆等组成的刀具自动交换夹紧系统，以及保证夹紧可靠的拉杆位置监控。为了给中空刀具提供冷却液，拉杆中间还需有冷却液通道。

智能数控机床的电主轴中安装有监控轴承和电机工况以及加工过程稳定性的加速度、位移和温度传感器。

电主轴在速度、精度、噪声和更换方便性方面，皆优于其他传动形式，是高端数控铣床、

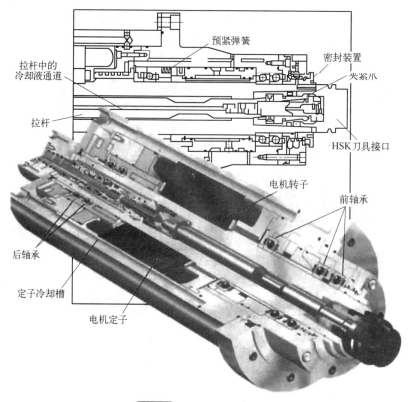

图 3-13　电主轴的内部结构

加工中心和复合加工机床的首选方案。电主轴单元与数控系统的集成如图 3-14 所示，图中虚线框内皆属于主轴单元的范畴。变频器接收数控系统的信号向电主轴供电，进行主轴转速的调节。电主轴将主轴转速、电机温度、刀具位置、轴承温度和轴向位移等信息发给数控系统和 PLC，构成一个闭环控制回路。同时，数控系统通过 PLC 控制刀具的夹紧/松开、切削液的供给以及主轴运行所需的各种介质（如冷却水、压缩空气、液压和润滑油）的供应。

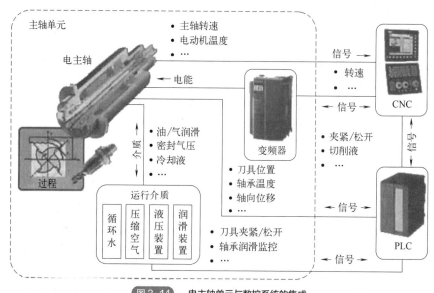

图 3-14　电主轴单元与数控系统的集成

近年来，机床电主轴的进展聚焦于电机技术、工况监控和运行经济效益。工况监控是电主轴智能化的基础，如图3-15所示。将具有多种传感器的测量环安装在主轴前轴承附近，就可以测得主轴的温度、振动等一系列运行参数，从而预防主轴的损坏，补偿其由于热变形和机械载荷所造成的轴向位置误差。

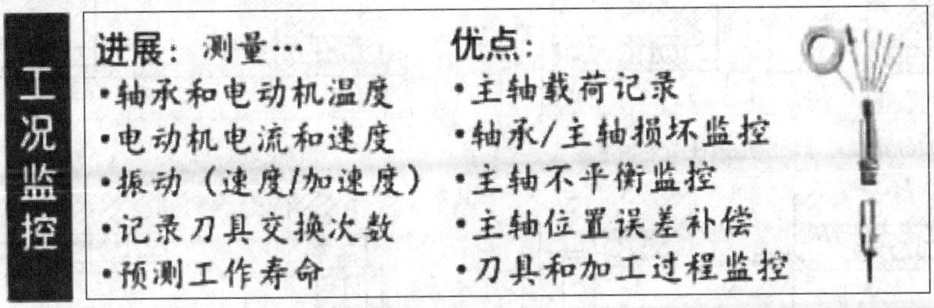

工况监控	进展：测量…	优点：
	•轴承和电动机温度	•主轴载荷记录
	•电动机电流和速度	•轴承/主轴损坏监控
	•振动（速度/加速度）	•主轴不平衡监控
	•记录刀具交换次数	•主轴位置误差补偿
	•预测工作寿命	•刀具和加工过程监控

图3-15 电主轴的工况监控

随着内置电机效率的改善、轴承润滑技术的进步以及鲁棒性的提高，主轴的运行和维修费用逐步降低。过去人们致力于提高电主轴的转速，现在更加关注高转速下的输出扭矩。随着对主轴可靠性、寿命、维修、运行费用的要求日益苛刻，工况监控就显得非常重要。

3.4.3 主轴轴承系统的配置和预紧

主轴轴承系统的类型、配置形式和预紧方法对主轴的刚度、发热和转速系数有很大的影响。主轴轴承系统常用的组合配置如图3-16所示。

图3-16（a）采用的是圆锥滚子轴承，可同时承受轴向力和径向力。其轴向和径向的刚度都较高，但发热较严重，转速系数较低，仅适用于低速大载荷的情况。

图3-16（b）采用的是圆柱滚子轴承加双列轴向球轴承，分别承受径向和轴向力。其径向刚度和轴向刚度都很大，与配置（a）相比，发热较少，转速系数较高。

图3-16（c）采用的是角接触球轴承加圆柱滚子轴承，可进一步提高转速系数并减少发热，但其轴向和径向刚度较配置（a）和（b）有所降低，适用于中等载荷和转速的主轴。

图3-16（d）采用的是角接触球轴承，前后各配置一组异向角接触球轴承，同时承受轴向力和径向力。由于力循环呈封闭O形，其径向刚度较高，轴向双向等刚度，动态位移小，转速系数较高。

图3-16（e）采用的是角接触球轴承，前后支撑各配置一组同向角接触球轴承，提高了轴向刚度和转速系数，是中小型电主轴的首选配置。

图3-16（f）采用的是角接触球轴承加圆柱滚子轴承，转速系数高但刚度较低，适用于高速轻载的主轴。

此外，陶瓷球复合轴承的转速系数最高，发热最少，为大多数高速电主轴所采用。

除了配置形式外，轴承以及整个主轴系统的性能在很大程度上受预紧方法的影响。预紧是对轴承施加一个轴向力，使滚动体与沟道的接触区产生微小的塑性变形。预紧方法主要包括两种：刚性的定位预紧和弹性的定压预紧。下面以角接触球轴承为例，说明两种定位方法的措施和特点。

定位预紧方法比较简单，图3-17显示了角接触球轴承组的定位预紧原理及预紧力对刚度的影响。最常用的方法是将一组角接触轴承背对背异向配置，此时两个轴承内圈之间有间隙，螺

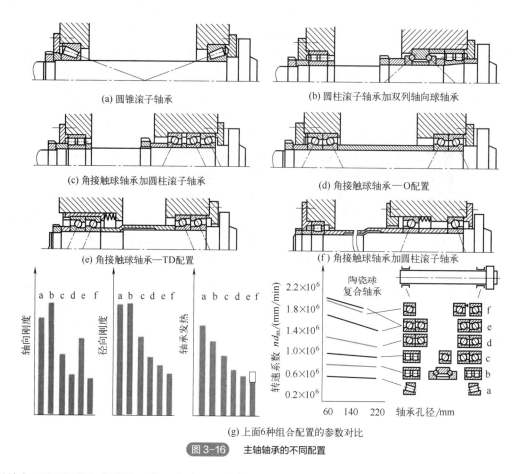

(a) 圆锥滚子轴承　　(b) 圆柱滚子轴承加双列轴向球轴承

(c) 角接触球轴承加圆柱滚子轴承　　(d) 角接触球轴承—O配置

(e) 角接触球轴承—TD配置　　(f) 角接触球轴承加圆柱滚子轴承

(g) 上面6种组合配置的参数对比

图3-16　主轴轴承的不同配置

母旋紧后间隙减少或消除，从而产生一定的预紧力。由于轴承组接触线的形状近似字母 O，故称这种形式为 O 配置。另一种预紧方法是将一组角接触轴承面对面异向配置，此时两个轴承外圈之间有间隙，螺母旋紧后间隙减少或消除，从而产生一定的预紧力。由于轴承组接触线的形状近似字母 X，故称这种形式为 X 配置。X 配置的径向和轴向刚度高于 O 配置且易于装配调整，但其转速系数低于 O 配置。

为了提高轴承系统的承载能力和扩大预紧力的调整范围，通常在两列球轴承之间加隔套或垫圈，通过改变隔套长度或垫圈厚度来调整预紧力。当轴承系统载荷较大时，为了分散载荷，还可以采用串联配置，即将一组轴承同向配置，其接触线相互平行。此时，该轴承组只能在一个方向预紧，承受一个方向的载荷，在主轴的另一端必须配置承受相反方向载荷的轴承组。

定压预紧方式的结构相对复杂，但预紧力受轴承系统的温度影响较小。轴承定压预紧主要有两种方法：弹簧预紧和液压预紧。它是借助碟形弹簧、弹性隔套或油缸对角接触球轴承的外圈施加恒定的压力，使内外圈产生相对位移。

轴承内圈发热时，其轴向和径向尺寸皆会发生变化，从而可能改变轴承预紧力的设定值。不同预紧方法对轴承温升的敏感度如图3-18所示。由图可见，3 列 O 配置的角接触球轴承内圈发热膨胀后，向左右两侧产生位移，导致预紧力明显下降；主轴一端的角接触球轴承采用碟形弹簧或弹性隔套定压预紧，发热后内圈虽然有位移，但外圈在弹簧作用下也随之产生位移，预紧力会有所变化但不明显；如果采用液压定压预紧，则可保持预紧力恒定，且预紧力大小可调；圆柱滚子轴承进行定位预紧时，其预紧方式是调整径向间隙，内圈发热膨胀后其沟道直径略有增大，导致预紧力增加。

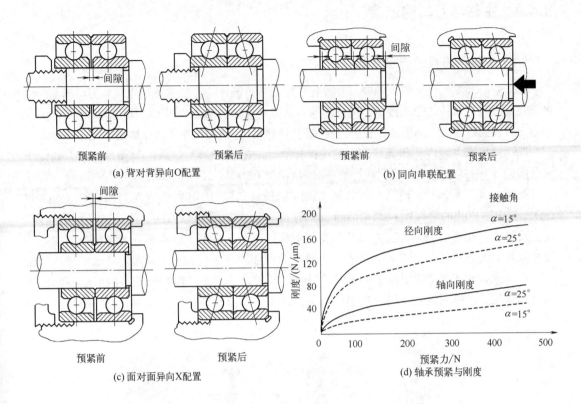

图 3-17　角接触球轴承的定位预紧

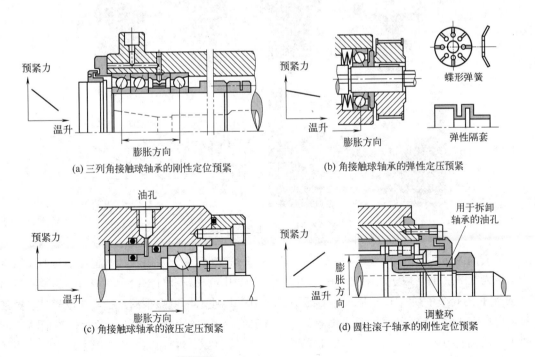

图 3-18　不同定压预紧方法的温升敏感度

3.4.4　主轴与刀具的连接

（1）主轴与刀具的连接形式

加工中心或复合机床的主轴要与各种各样的刀具系统连接，机床主轴内孔和刀具柄部的连接形式是机床与刀具之间的接口。接口的基本功能是传递切削力或扭矩，保证主轴中心与刀具中心一致，同时应具有高刚度；此外，要求能够精确、方便、可靠和快速地更换刀具。

现行的机床主轴内孔和圆锥刀柄的连接标准有：BT（日本）、CAT（美国）、ISO 和 HSK（德国），如图 3-19 所示。我国现行的标准为 GB/T 10944 系列，基本与 ISO 标准保持一致。

在镗铣加工机床中，通常使用各种 7∶24 的长锥型接口。这些长锥面刀柄（BT、CAT 和 ISO）与主轴内孔的连接是依靠两者锥面的接触，而主轴端面与刀柄之间存在一定的间隙。高速旋转时，在离心力、切削力以及热变形的作用下，主轴锥孔的大端孔径会略有膨胀，导致主轴内孔与刀柄之间的接触面减小，使刀具轴向和径向的定位精度降低，降低工件加工精度。近年来，出现一种称为"BIG-PLUS"的主轴与刀具改进接口，它能够同时保持锥面和端面的接触，以提高连接刚度，在同样切削力作用下，刀具顶端的变形明显减少，如图 3-19 所示。

图 3-19　不同标准的刀柄类型

随着高速切削的出现，德国亚琛工业大学专门为高速铣床开发了一种新型主轴与刀具的接口，称为 HSK，并形成了用于自动换刀和手动换刀、中心冷却和外部冷却、普通型和紧凑型的从 A 到 F 的 6 个系列。HSK 是一种小锥度（1∶10）的空心薄壁短锥柄。拉紧杆拉紧时，短锥径向可略有收缩，使端面和锥面同时接触，从而具有高的接触刚度：径向刚度比短锥柄高 5 倍以上，而轴向夹紧力相当于 7∶24 刀柄的 200%。尽管 HSK 接口在高速旋转时主轴内径也同样会扩张，但由于锥度小、锥面短，过盈量没有完全释放，仍然能够保持接触良好，因而转速对连接刚度影响不大。HSK 接口形式现在不仅成为德国 DIN 标准，而且被国际标准组织（ISO）

采纳，并被大多数电主轴制造商所采用。

（2）刀具的自动夹紧机构

刀具夹紧机构是机床主轴的重要组成部分，没有夹持可靠和精度高的刀具夹紧机构，是无法进行高速切削加工的。刀具夹紧机构按动力源可以分为液压、气动和手动 3 种。当自动换刀时，必须采用液压或气动的自动夹紧机构。

图 3-20 所示为德国 CyTec Systems 公司生产的 CyTwist 自动夹紧机构的工作原理。夹紧机构主要由拉杆、圆周分布的扇形块以及环绕拉杆和扇形块的滑套组成。松开刀具时滑套向右移动，夹紧扇形块松开，中间拉杆在弹簧作用下向左移动，从而使夹紧爪向内缩，即可取出或放入刀柄。当滑套右腔充油，滑套向左移动，则扇形块内缩，锥面使拉紧杆向右移动。此时，杆端的夹紧锥斜面使夹紧爪外张，压紧 HSK 刀柄的内表面，形成封闭的夹紧力作用线，使主轴内孔与刀柄的锥面和端面同时压紧。压紧后，夹紧机构处于机械自锁状态，无需额外提供夹紧力。

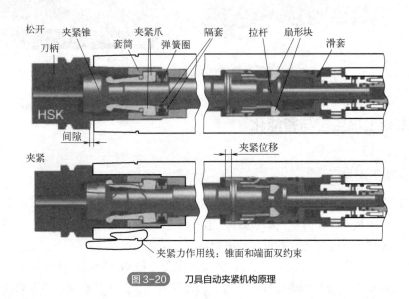

图 3-20　刀具自动夹紧机构原理

3.4.5　回转轴的主轴头

电主轴与力矩电机集成在一起，在提供切削力的同时实现 2 个或 3 个数控回转轴运动，是配置多轴数控机床的主要途径之一。实现主轴头数控回转轴的方案基本有三种，如图 3-21 所示。

第一种是 AC 轴双摆主轴头。电主轴安装在摆叉中间，由两侧的力矩电机驱动，实现 C 轴回转。摆叉顶部通过齿形盘与力矩电机连接，实现 A 轴回转。这种配置的轴向尺寸大，主要用于龙门铣床等大型机床。

第二种是 ABC 三轴主轴头。摆叉壳体上有弧形导轨，可以实现 B 轴±15° 的偏转，从而将 3 个回转轴集成在一个主轴头上。这种配置主要用于加工深凹槽零件的大型龙门铣床。

第三种是万向角度主轴头。电主轴的轴线与回转轴成 45°，结构紧凑，通常用于卧式加工中心或落地镗床。

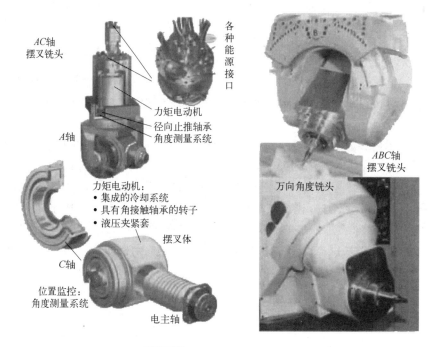

图 3-21　具有回转轴的主轴头

3.4.6　主轴工况监控与智能化

（1）主轴工况监控

数控机床主轴集成各种传感器和软件，可实现对其工作状态的监控、预警、可视化和补偿。主轴的工况监控主要有 3 个方面：振动/颤振、温度和变形。采用的传感器分别有声发射传感器、位移传感器、加速度计、测力仪和温度传感器等。

① 声发射传感器。在铣削和磨削时，如果出现受迫振动或颤振，就会发出频率较高的噪声，借助传感器拾取后进行频谱分析，就可以判断是否危害加工的质量。声发射传感器的优点是灵敏度较高，不受冷却润滑液的影响，对温度不够敏感，安装方便，工作可靠，因而应用范围较广。

图 3-22 所示为日本大隈（Okuma）公司推出的一种称为加工导航（Machining Navi）的声发射主轴工况监控系统，通过话筒拾取实际铣削加工的噪声，判断是否出现导致加工表面质量差的颤振，并将分析结果作为切削用量调整的依据。操作人员可按照屏幕提示变更主轴转速，或由系统自动选取适合最佳加工工况的主轴转速，使加工过程离开颤振区，最大限度地发挥机床和刀具潜力，提高铣削加工效率。

② 位移传感器。主轴在高速运转时，由于离心力和内置电机以及轴承发热，主轴产生轴向位移，影响加工精度，所以位移测量及其补偿是主轴工况监控的重要内容之一。主轴轴向位移检测和补偿的常用方法如图 3-23 所示。方法 1 是借助激光刀具测量仪测量刀尖点尺寸；方法 2 是借助位移传感器测量主轴端位移，这是一种直接在线测量方法，许多高端电主轴都采用这种

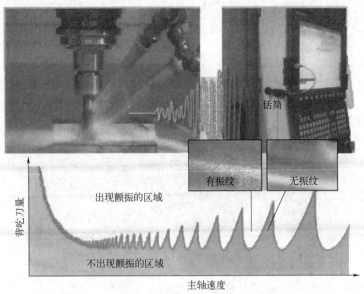

图 3-22 铣削过程的声发射监控

方法；方法 3 是测量主轴端、前轴承和主轴壳体的温度，换算出主轴端的位移，这种方法同时具有温度监控功能。

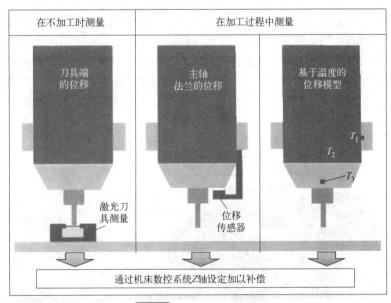

图 3-23 主轴轴向位移监控

③ 集成传感器系统。为了评价主轴的整体性能和全面工况监控，往往需要在一个主轴中集成多种传感器。图 3-24 所示为德国 Prometec 公司提供的一种集成化的主轴传感器系统和分析环。在一个环状器件内分布有 9 个传感器，称为 3SA 环。将 3SA 环置于主轴端的前轴承处，即可监测和采集 10 项有关主轴性能的数据。由图 3-24 可见，3SA 环中有 4 个电感位置传感器（SD），分别监测主轴端在 X、Y、Z 方向的位移（SD_X、SD_Y、SD_{Z1}、SD_{Z2}），分辨率为 2μm；有 3 个加速度计（BA），径 BA_X（10kHz，ICP 信号输出）、径向 BA_Y、轴向 BA_Z 分别检测不同

方向的振动；有 1 个主轴转速传感器（n），每转发出 1 个脉冲，用于监测主轴转速变化；有 1 个温度传感器（T），测量主轴端的温度；有 1 个计时器，用于记录主轴接通电源和转动的时间。

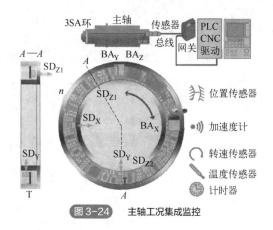

图 3-24　主轴工况集成监控

借助 3SA 环对主轴和轴承的工况监控，可检测主轴的不平衡度，或将信号传输到数控系统，补偿主轴的位置误差。全面工况监控可提高主轴的可用度和运行质量，记录主轴的载荷情况，根据主轴的实际状态决定是否进行维修。

（2）主轴主动补偿

① 刀具变形主动补偿。当使用细长刀具铣削工件时，刀具由于刚度低，非常容易变形，不仅使刀具实际切削的几何角度发生变化，而且导致振动加剧。图 3-25 所示为一种能够主动补偿刀具变形的主轴系统。铣削主轴固定在微动平台上，通过 3 个压电激振器和预紧系统与支撑座连接，构成三杆并联微动机构。当铣削加工刀具因变形而偏离理论位置时，微动平台将改变主轴的姿态，调整主轴位置，使主轴偏转微小的角度，从而保持刀具端部处于垂直位置，使切削区的工况保持不变。

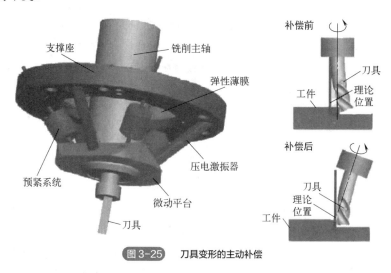

图 3-25　刀具变形的主动补偿

② 主动阻尼。为了防止加工过程出现颤振，除了提高主轴系统的动态刚度外，也可以采用主动、半主动或被动可控阻尼的办法来保证加工过程的正常进行。图 3-26 所示为一种具有主动

阻尼的主轴。图中可见，在电主轴的端部前轴承的轴承套上，安装有 2 个相互垂直的压电陶瓷激振器，其端杆作用在轴承外圈上，可根据需要向轴承施加 1kN 范围以内的力，从而改变轴承系统的阻尼。

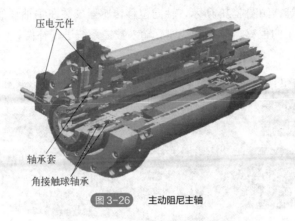

图 3-26　主动阻尼主轴

③ 主动安全。复合加工和多轴加工导致机床运动部件的空间关系复杂化，数控编程和操作失误导致干涉和碰撞的概率大为增加。统计表明，干涉和碰撞所产的过载是电主轴故障的主要原因。目前解决的主要办法是在数控编程时借助虚拟机床加工仿真来预测是否干涉或碰撞，但往往与实际情况有所出入。图 3-27 所示为一种双法兰结构的主轴防干涉碰撞系统。主轴的法兰固定在保护系统的内环上，内环位于与机床主轴头滑座相连的外环内，借助永磁铁和预紧弹簧产生所需紧固力（轴向固定力达 18kN，偏转扭矩为 2300N·m）。

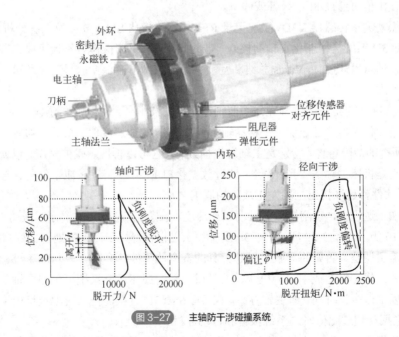

图 3-27　主轴防干涉碰撞系统

当发生干涉碰撞时，脱开力达到 20kN 或脱开扭矩达到 2500N·m，这时主轴脱离进给运动，产生负加速度，迅速停止，避免过载的发生。阻尼元件用于吸收碰撞产生的能量，轴向圆周分布的 3 个位移传感器可记录干涉碰撞时的位移值，以便在数控程序中加以更正。

（3）智能主轴实例

瑞士 GF 集团旗下的 Step-Tec 公司是专业的电主轴制造厂家，在电主轴智能化领域处于领先地位。其 intelliSTEP 智能化系统可以控制和优化电主轴的工况，如主轴端轴向位移、温度、振动、刀具拉杆位置等。如图 3-28 所示，轴向位移传感器安装在主轴端部，用于监控主轴端因离心力和热变形所产生的位移，信号经处理后输入数控系统进行补偿。

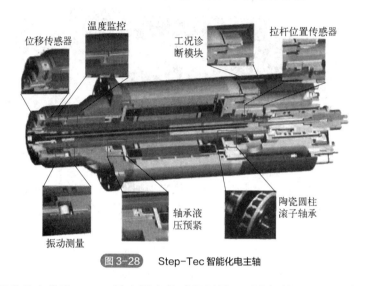

位移传感器　温度监控　工况诊断模块　拉杆位置传感器

振动测量　轴承液压预紧　陶瓷圆柱滚子轴承

图 3-28　Step-Tec 智能化电主轴

前轴承的温升状态借助 PT100 精密温度传感器测量，以监控轴承和主轴在加工过程中的热性能，超过设定值可通过 PLC 报警或停机。

由三维振动测量传感器 V3D、工况记录 RFID、优化模块 SMD20 以及工况分析软件 SDS 组成的 VibroSet 3D 系统是智能化主轴的核心。借助此系统，机床操作者不仅可以在屏幕上观测到主轴的工况，还可以通过 Profibus 总线和互联网与机床制造商保持联系，诊断机床主轴当前和历史的运行状态。

VibroSet 3D 系统是在电主轴壳体中前轴承附近安装了一个加速度传感器，基于 MEMS 技术的三维加速度传感器，可记录 3 个移动轴（X、Y、Z）的加速度值，从而能够有针对性地改进加工过程。所有的故障事件，特别是主轴发生损毁时，它可以再现主轴的工况，以便进行分析，找出原因。它是机床主轴的"黑匣子"，通过数据接口 RS-485 将"黑匣子"与计算机连接，借助 SDS 分析软件就可以找出主轴发生故障的原因。

在机床加工过程中，铣削产生的振动以加速度"g 载荷"值的形式显示，振动大小在 0~10g 范围内分为 10 级，如图 3-29 所示。0~3g 反映加工过程、刀具和刀夹都处于良好状态；3~5g 警示加工过程需要调整，否则将导致主轴和刀具的寿命的降低；5~10g 表示加工过程处于危险状态，如果继续工作，将造成主轴、机床、刀具或工件的损坏。此系统可预测主轴部件在当前振级工况下可以工作多长时间，即主轴寿命。在 VibroSet 3D 过程监控系统中也可由用户设定一个 g 极限值，当振动超过此值时，系统报警和自动停机。

工况诊断模块用于记录主轴的运行数据，由主轴制造商读取和分析。液压预紧系统根据主轴转速对轴承施加预紧力，压力由比例阀控制。当主轴转速在 10000r/min 以下时预紧力为恒值，在 10000r/min 以上时预紧力随速度增加而减小。后轴承采用陶瓷圆柱滚子轴承，结构紧凑，刚度高，借助其内锥孔调整预紧力，安全可靠。拉杆位置传感器可监控拉杆的 3 个不同位置：刀具夹紧、刀具松开和没有刀具的夹紧状态。

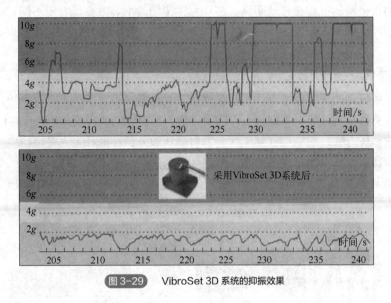

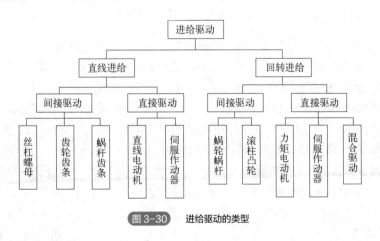

图 3-29　VibroSet 3D 系统的抑振效果

3.5　智能数控机床的进给驱动

进给驱动是数控机床实现加工过程的关键，进给驱动的配置布局、速度和精度在很大程度上体现了机床总体性能。

进给驱动的任务是完成刀具和工件之间的复杂空间运动，其形式多种多样，如图3-30所示。按照运动的形式，可以分为直线进给驱动和回转进给驱动两大类；按照驱动动力和执行部件之间是否有机械传动环节，可分为间接驱动和直接驱动两类。

```
                          进给驱动
            ┌───────────────┴───────────────┐
         直线进给                        回转进给
      ┌──────┴──────┐              ┌──────┴──────┐
   间接驱动      直接驱动        间接驱动      直接驱动
  ┌───┼───┐    ┌──┴──┐        ┌──┴──┐     ┌───┼───┐
 丝  齿  蜗   直   伺       蜗    滚    力   伺   混
 杠  轮  杆   线   服       轮    柱    矩   服   合
 螺  齿  齿   电   作       蜗    凸    电   作   驱
 母  条  条   动   动       杆    轮    动   动   动
         副   机   器             凸    机   器
                   器
```

图 3-30　进给驱动的类型

3.5.1　直线进给驱动

直线进给是机床最主要的进给形式，普遍应用的直线进给驱动机构有：丝杠螺母副、齿轮齿条副、蜗杆齿条副和直线电机。丝杠螺母、齿轮齿条、蜗杆齿条都是间接驱动模式，借助机械传动机构将伺服电机的旋转运动转换为直线运动；直线电机属于"零"机械传动的直接驱动模式。不同的机械传动机构在移动距离、驱动力、传动效率等方面皆有所不同，适合不同的工况和不同类型的机床。

（1）滚珠丝杠螺母副

滚珠丝杠螺母副的传动效率高，具有高载荷下发热量较小、磨损小、寿命长、无爬行、驱动力矩大和具有自锁特性等一系列优点，应用广泛，是高性能数控机床不可或缺的功能部件。

按照滚珠循环方式，滚珠丝杠螺母副分为内循环和外循环两种。内循环结构的特点是借助螺母上的反向器将滚珠返回导程的始端，外循环结构的特点是滚珠在螺母最后一个导程进入螺母外部循环管道，然后再返回到第一导程入口。两种不同循环方式的结构和原理如图 3-31 所示。

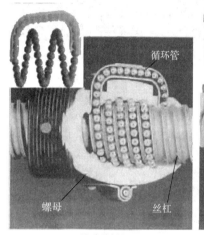

(a) 滚珠外循环   (b) 滚珠内循环

图 3-31　滚珠丝杠螺母副不同的循环方式

滚珠丝杠螺母副虽然背隙不大、爬行现象轻微，但在高速和高频往复运动时，仍然会对运动精度造成一定影响，实际应用中大多会对滚珠丝杠螺母副进行预紧，施加一定拉力或压力载荷以消除背隙。从实现原理上看，预紧方式有 3 种，如图 3-32 所示。

方式 1：双螺母+调整垫片预紧。滚珠螺母由两部分组成，改变中间调整垫片的厚度，两个螺母即产生方向相反的微小位移，从而使丝杠螺母间的间隙为零或负值，以消除背隙，并形成一定的预紧力。这种预紧方式简单易行，应用最为广泛。

方式 2：偏位移预紧。采用特殊结构的螺母，中间的导程较大，致使两侧滚珠位置偏移，接触点方向改变，形成预紧。预紧力的大小由偏位移的数值决定，不可调节。

方式 3：大滚珠预紧。采用直径较大的滚珠，挤入滚道，形成预紧。预紧力的大小由滚珠直径决定，不可调节。

滚珠丝杠螺母副的预紧，消除了反向背隙，提高了结构刚度，但预紧力过大会增加摩擦力，导致发热和加速磨损，寿命降低。因此，预紧力不应大于滚珠丝杠最大动态荷载的 10%，重预紧可取 8%~10%，中等预紧取 6%~8%，轻预紧取 4%~6%。为了监控双螺母滚珠丝杠在工作状态下预紧力的大小和变化，德国汉诺威大学将力和温度传感器置入螺母壳体，通过信号放大和

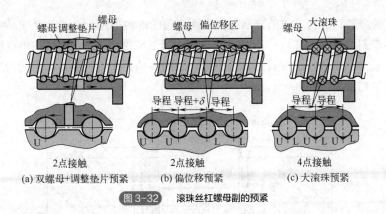

2点接触　　　　　　2点接触　　　　　　4点接触
(a) 双螺母+调整垫片预紧　(b) 偏位移预紧　　(c) 大滚珠预紧

图 3-32　滚珠丝杠螺母副的预紧

无线通信模块,将系统在移动工作状态下的实时工况数据加以采集,发送给计算机或数控系统。

　　利用滚珠丝杠螺母副可实现大范围的精密进给。日本京都大学研发了一种双控制滚珠丝杠进给系统,用于实现亚微米机床的进给驱动,其原理如图 3-33 所示。滚珠丝杠一端支承在一对角接触球轴承上,与轴承外圈接触的套筒可在压电激振器的推动下移动。对角接触轴承的外圈施加预紧力,使其处于过预紧状态,钢球因此产生微小变形,利用这种变形推动丝杠,可实现工作台的微量移动。该方法借助双控制系统,将微量线性移动叠加在滚珠丝杠的转动上,可实现大范围的精密进给。

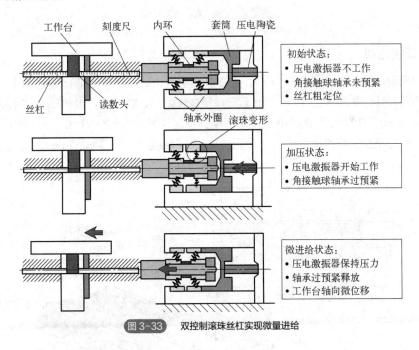

图 3-33　双控制滚珠丝杠实现微量进给

（2）齿轮齿条副

　　对于长行程的直线进给,推荐采用齿轮齿条传动副。将若干齿条接长,可以实现几十米以上的行程,这在大型龙门铣床中最为常见。

　　齿轮齿条传动的优点是刚度与行程长度无关,仅取决于齿轮和齿轮轴的扭转刚度以及齿轮与齿条的接触刚度,因此,齿轮齿条驱动系统的设计关键是提高系统扭转刚度和消除反向背隙。

消除齿轮齿条传动背隙常见的方法是借助两个齿轮的齿形错位来消除背隙,如图3-34所示。由图可见,两个斜齿轮安装在同一伺服电机轴上,一个齿轮利用压配合装在电机轴的锥部,另一齿轮安装在花键轴部位,在弹簧的作用下可以轴向移动。借助两个斜齿轮的齿形错位来消除齿轮和齿条传动的背隙。

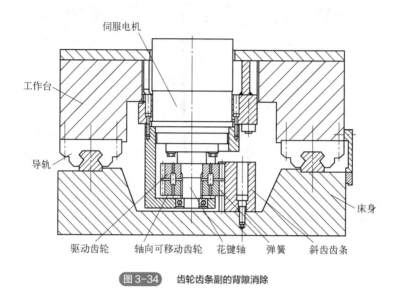

图 3-34　齿轮齿条副的背隙消除

（3）直线电机

直线电机驱动是一种直接驱动方式,依靠直线电机初级和次级间的磁力移动工作台,中间没有机械传动元件,如图3-35所示。由于没有丝杠、螺母、联轴节、电机轴和轴承等机械传动元件,直线电机所产生的推力直接用于克服切削力和运动质量的惯性力,使工作台沿导轨移动。与滚珠丝杠驱动相比,直线电机的加速度大（10g）、移动速度快（300m/min）,能快速定位,伺

$$\omega_0 = \sqrt{K_v \; K_p}$$

K_v——电机的速度增益

K_p——位置增益

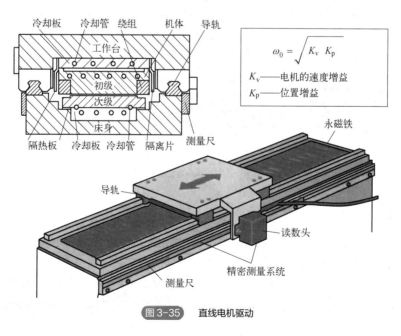

图 3-35　直线电机驱动

服控制带宽大，调速范围可达 1：10000，在启动瞬间即可达到最高速度，在高速运行时可迅速停止。由于无机械传动机构，直线电机驱动没有摩擦损耗，爬行现象几乎为零，路径插补滞后很小，故能达到比滚珠丝杠更高的精度和可靠性。

由于直线电机驱动的一系列优点，近年来其在高速、精密和高性能机床中获得越来越广泛的应用。例如，北京精雕公司的 JDHLT 系列加工中心的 X、Y、Z 轴皆采用直线电机，使移动部件的快速移动速度达到 48m/min，加速度为 1.5g，加加速度为 2000m/s³。高动态性能的驱动装置使定位速度提高了 300%，定位精度达 1.8μm，重复定位精度达 1.5μm，机床生产效率和加工精度皆提高了 40% 以上。

3.5.2　圆周进给驱动

机床在加工复杂形状表面时，为了提高加工效率，保证加工质量和防止干涉，除了 X、Y 和 Z 轴的直线进给外，还需有控制刀具与工件相对姿态的回转运动 A、B/C 轴的圆周进给，即第 4 轴和第 5 轴，加上 X、Y 和 Z 轴 3 个直线轴，构成五轴联动加工，如图 3-36 所示。

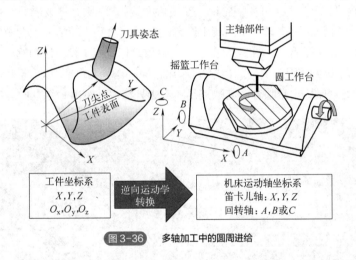

图 3-36　多轴加工中的圆周进给

第 4 轴和第 5 轴的圆周进给是五轴联动加工机床的关键技术之一，可以是 AC 轴联动、AB 轴联动或 BC 轴联动。这两种圆周进给可由安装工件的工作台完成，也可以由装有刀具的主轴系统来完成，或者由两者共同完成。工作台的圆周进给可以借助伺服电机，通过机械传动或集成的电机直接驱动来实现。

（1）蜗轮蜗杆副

蜗轮蜗杆副是传统的分度和圆周进给机构，广泛用于镗铣床和齿轮加工机床，如图 3-37 所示。用于数控回转工作台的蜗轮蜗杆传动副中的蜗杆通常需要经过热处理，以减少高转速和高加减速带来的磨损。解决的方法是在采用铜合金蜗轮的同时，将蜗杆的表面淬硬到 45~60HRC。硬度低的蜗杆容易磨损，但硬度高的蜗杆容易断裂或刮伤蜗轮齿面或咬死，所以蜗杆硬度需要控制在适当的范围。

蜗轮蜗杆传动副的回转工作台可以作为分度装置，对于 100~500mm 直径的工作台，分度精度一般为 ±20″ 左右，对于 1000mm 以上的大直径回转工作台，分度精度需要提高到 ±15″，以减

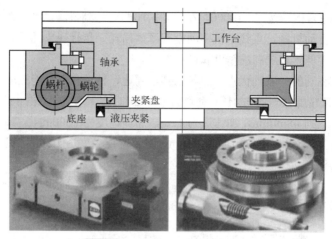

图 3-37　蜗轮蜗杆副驱动回转工作台

少圆周上的误差。当工作台处于倾斜工作位置时，由于质量载荷的影响，其分度和位置精度将明显下降。为了提高回转精度，可在蜗轮轴上安装角度编码器（圆光栅或磁栅），实现闭环控制。

　　蜗轮蜗杆传动存在背隙，影响了回转工作台的精度。消除蜗轮蜗杆副背隙的常用方法包括双螺距蜗杆驱动和双蜗杆驱动。图 3-38 所示为双螺距蜗杆调隙方法，这种蜗杆的左右两侧齿面具有不同的螺距 P_1 和 P_2，因此蜗杆的齿厚从头到尾逐渐增厚或减薄，但由于齿廓同一侧的螺距是相同的，所以仍可保持正常啮合。其缺点是随着蜗杆齿厚的减薄，蜗杆的强度会有所降低。

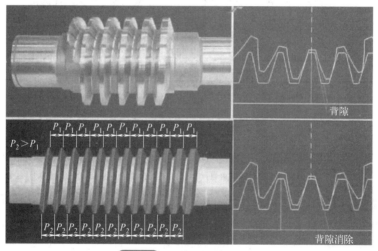

图 3-38　双螺距蜗杆消除背隙

　　双蜗杆驱动的原理是，在一根主蜗杆轴上套一个空心的、可轴向移动的从蜗杆，借助两者之间的调整片控制从蜗杆的轴向位置，以消除反向背隙。采用双蜗杆消除反向背隙的原理如图 3-39 所示。

　　双蜗杆同步驱动是在蜗轮的 180° 位置处分别配置一个蜗杆，中间以差动轮系连接，使其保持无间隙同步，但对轮系传动精度要求较高，否则也会出现背隙。也可以采用两个同步伺服电机驱动两个蜗杆，其中一台电机实现圆周进给，另一台电机用于消除背隙，效果较好。

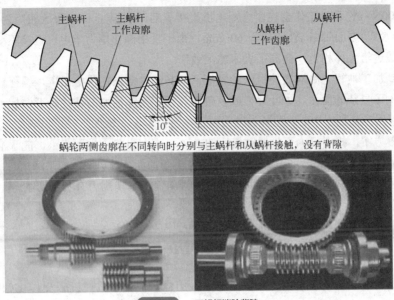

蜗轮两侧齿廓在不同转向时分别与主蜗杆和从蜗杆接触，没有背隙

图 3-39　双蜗杆消除背隙

（2）直接驱动回转工作台

直接驱动回转工作台是项新技术，工作台由专门设计的力矩电机直接驱动，电机的转子与工作台主轴直接连接在一起，中间没有任何机械传动机构，如图 3-40 所示。直接驱动回转工作台结构非常紧凑，动态性能好，惯性小，转速高，由于没有机械传动的背隙和磨损问题，维修方便。如果辅以直接测量系统，它可获得很高的分度和回转精度（±5″），且使用寿命远比机械传动回转工作台长。

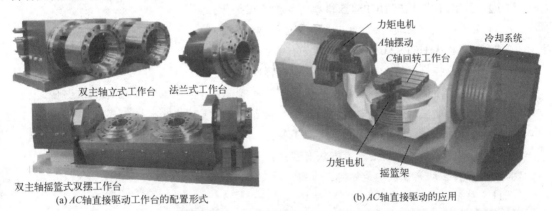

（a）AC 轴直接驱动工作台的配置形式

（b）AC 轴直接驱动的应用

图 3-40　AC 轴直接驱动工作台的配置与应用

直接驱动回转工作台有不同的配置形式，除常见的垂直轴水平工作台外，还有多主轴工作台、法兰式工作台、摇篮式双摆工作台等类型。摇篮式 AC 轴双摆工作台为大多数五轴数控机床所采用，其特点是空载时摆动耳轴的轴线与工作台重心偏离，但装夹工件后工件与摇篮工作台的合成质心与摇篮的回转轴线大体重合，以减少回转所需的扭矩和不平衡质量对机床动态性能的负面影响。图 3-40 所示为精雕公司的 JDMR600 立式加工中心的摇篮式 AC 轴双直驱工作台的结构，其中，A 轴摇篮的两端配置有直接驱动的力矩电机，可在 -120°～90° 范围内摆动，最

大扭矩为 3000N·m；C 轴工作台也由力矩电机直接驱动，可连续回转，最大扭矩为 1000N·m。A、C 轴直接驱动电机的最高转速皆为 60r/min。由于采用高扭矩力矩电机直接驱动，圆周进给的速度与直线进给大体相当，提高了机床加工效率。

五轴联动加工被视为高端数控机床的象征，但其结构复杂，价格昂贵，编程较复杂。在很多情况下，除了复杂的曲面（如叶片）或复杂模具外，实际需要的往往是五面加工，而非五轴联动加工，采用三轴加工中心，配备双轴回转工作台，即 3+2 轴加工就可以满足实际要求。3+2 轴加工的配置方案，投资仅为五轴联动机床的 75% 左右，设备占地面积小，能源消耗少，特别适合中小零件的加工。3+2 轴加工中，除刀具姿态不随曲面变化外，在加工深槽时，可采用较短的刀具、采用较大的切削用量以及借助工作台的倾斜使刀具切削刃有利于切削。

本章小结

本章依照智能制造的三个范式和机床的发展历程，梳理了数控机床及其 HCPS 模型，即 HCPS1.0、HCPS1.5、HCPS2.0；从执行阶段、准备阶段和维护阶段分类总结了智能数控机床的基本功能；讲解了智能数控机床的结构配置原则，分析了结构配置创新案例；介绍了智能数控机床常用的电主轴、主轴轴承系统的配置和预紧方法、主轴与刀具的连接形式、主轴工况的监控与智能化措施以及主轴的主动补偿措施；介绍了智能数控机床的进给驱动方式和使用的机构。

 思考题

（1）数控机床 HCPS1.0 模型有哪些特点？

（2）"互联网+"机床 HCPS1.5 模型的主要特征是什么？

（3）为什么说"互联网+"机床具有一定的智能化水平？

（4）智能机床 HCPS2.0 模型主要特征有哪些？

（5）智能数控机床的三类基本功能分别有哪些？

（6）本章介绍的智能数控机床结构配置创新案例，分别体现了哪些结构配置原则？

（7）什么是电主轴？相比普通主轴，电主轴有哪些优良性能？

（8）主轴轴承系统常用的配置方式有哪些？

（9）主轴轴承系统常用的预紧方法有哪些？

（10）刀具自动夹紧机构是如何工作的？

（11）主轴工况监控的主要方法有哪些？

（12）主轴主动补偿是如何实现的？

（13）智能数控机床的进给驱动有哪些形式？

（14）数控机床常用的直线进给机构有哪些？

（15）智能数控机床圆周进给采用的蜗轮蜗杆副机构有什么特点？

第 4 章

数控机床高性能技术

 本章思维导图

扫码获取本书资源

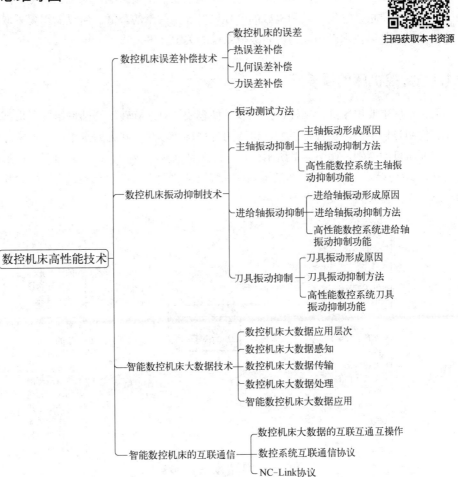

本章学习目标

（1）了解数控机床热误差、几何误差和力误差补偿方法及意义；

（2）理解数控机床主轴振动、进给轴振动和刀具振动的抑制方法；

（3）掌握数控机床主要的内部、外部数据感知方法；

（4）熟悉数控机床的数据传输方案；

（5）熟悉常用的数控系统互联通信协议；

（6）熟悉 NC-Link 协议架构及主要组成。

4.1 数控机床误差补偿技术

数控机床是利用工件和刀具之间的相对运动和相互作用进行加工的，工件和刀具的相互对抗作用是加工系统的内在激励，在加工系统中产生了 3 种过程载荷：静态力 F_s、动态力 F_d、热量 Q。机床在这 3 种过程载荷作用下产生了一系列物理响应和变化，例如，受静态和动态切削力而引起的变形 $\delta(F_s, F_d)$，由于切削过程产生的热而形成的温度场和局部温升 $\delta T(Q)$，机床部件由于温度场产生的热变形 $\delta(T)$。上述物理响应的结果影响机床加工精度和生产效率，制约工件的加工质量，导致刀具和机床的磨损以及加工效率的降低。所以，需要采取措施进行误差补偿，误差补偿技术已经成为智能数控系统的关键技术之一。

4.1.1 数控机床的误差

数控机床主要由床身、立柱、主轴和各种直线导轨或旋转轴等部件组成，机床部件在制造装配和使用过程中会产生各种误差。机床的各种误差最终反映为刀具中心点的实际空间轨迹与理论空间轨迹的差别，如图 4-1 所示，误差源包括 4 类，分别为：在无负荷或精加工条件下机床的几何/运动误差；由机床内部热源和环境温度变化而造成的热误差；由切削力和惯性力引起的动态误差；与夹具和装夹有关的误差。

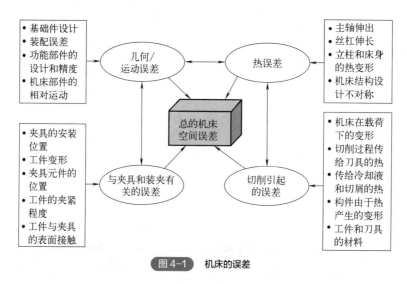

图 4-1　机床的误差

误差补偿作为减小或消除误差的主要方法，是人为地向机床输入与机床误差方向相反、大小相等的误差来抵消机床产生的误差，从而减少或消除机床误差，提高被加工工件精度。热误差、几何误差以及力误差是影响机床加工精度的主要误差，本节主要讲述这三种误差的补偿方法。

4.1.2 热误差补偿

（1）热误差来源

因机床的温度变化导致机床的结构发生变形，从而产生误差，称为热变形误差或热误差，机床的热变形是影响加工精度的主要原因之一。机床在工作时，受到车间环境温度变化、电机发热和机构运动摩擦发热、切削过程产生的热以及冷却介质的影响，造成机床各部件因发热和升温不均匀而产生热变形，使机床的主轴中心与工作台之间产生相对位移，导致加工精度发生变化。

热误差占总误差的比例随着精密程度的提高而增大。精密加工中，由机床热变形所引起的加工误差占总误差的 40%~70%，所以控制热误差是提高机床（特别是精密高速数控机床）精度的关键技术。

改善机床的热特性并减少热误差，通常有 4 种途径：

① 改善热环境和降低热源的发热程度。如控制车间温度、采取高效率的电机和控制元器件、减少机械传动元件的数量和摩擦。

② 改进机床的结构设计。采用对称性结构，使热变形对刀具中心点不产生或少产生影响。

③ 控制机床重要部件的升温，采取措施对其进行有效冷却和散热。对切屑流进行优化，保证热切屑从机床内快速移出。

④ 建立温度变量与热变形之间的数学模型，用软件预报误差。借助数控系统进行补偿，减少或消除由热变形引起的机床刀具中心点的位移。

（2）热误差分析与检测

通过分析机床加工过程中产生热变形误差的因素，检测和采集误差源、加工误差、加工位置及温度分布等参数，确定引起机床热变形误差的热源分布情况。热误差分析与检测的基础是建立热误差测量系统。

热误差测量的目的是获取机床温度场和热变形位移场的信息，为建立热误差模型并对热误差进行补偿提供基础，是建立温度-误差模型之前至关重要的一步。热误差测量包括温度测量和热变形测量。

温度测量是在机床上布置一定数量的测温点，通过数据处理和计算，找到与机床热变形相关性好的测温点进行温度测量，最终用于热误差建模。热误差实验中，在无法充分了解研究对象结构及热特性的情况下，根据工程经验确定基本热源位置，通过布置大量的测温点来研究机床整体结构以及热特性。基本热源位置包括：①内部热源，包括进给电机、主轴电机、滚珠丝杠传动副、导轨、主轴轴承的温升；②辅助装置，包括液压系统、制冷机、冷却和润滑系统的温升；③机床的结构件，包括床身、底座、滑板、立柱、主轴箱体和主轴的热场。例如，根据对重要部件的结构特点及热源分析，温度传感器可以布置在主轴前后轴承、电机及电机端轴承座、左右立柱上下位置等部位，如图 4-2 所示。对机床各关键部件部位的温度测量采用预埋温度传感器的方式，包括热电偶、铂电阻温度计、数字式温度传感器配合处理器等，传感器与数控系统之间的连接如图 4-3 所示。

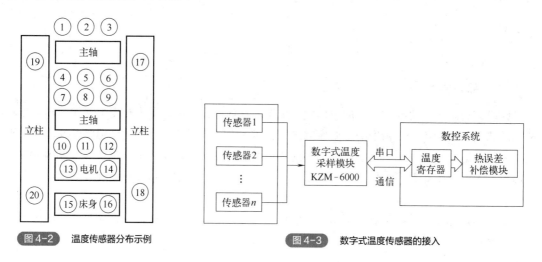

图 4-2　温度传感器分布示例　　　　图 4-3　数字式温度传感器的接入

热变形测量是测量关键点的响应（位移变形），具体测量方法的选择取决于热误差的来源和机床的类型。车间环境温度的变化对机床热变形的影响是缓慢的，所产生的误差是工作空间体积精度性能的改变（对角线位移）；机床内部热源（如电机、轴承、导轨等）将引起机床结构的局部变形，对空间精度的影响相对较小，但较环境热影响变化快得多。

对于环境温度变化和主轴旋转引起的热误差测量，推荐采用图 4-4 所示的方法。机床正常工作时，由于热源分布情况较复杂，相关部件之间原有约束方式发生了复杂变化，机床的热变形是相关部件的热变形在空间综合作用的结果，通常将这种综合结果分解为以下几种类型：主轴轴向热伸长；主轴在 X、Y 轴坐标方向上的热偏移；主轴绕 X 轴和 Y 轴的热倾斜。可采用五

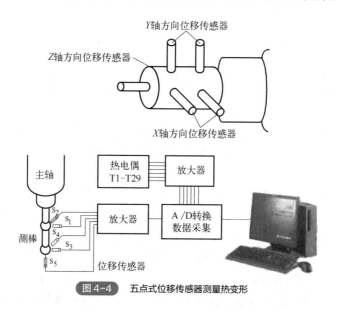

图 4-4　五点式位移传感器测量热变形

点式位移传感器测量方法来测量主轴热偏移、热伸长以及热倾斜。在主轴前端夹持测试芯棒，伸进套筒内，并在芯棒上设置传感器，X、Y 方向各配置 2 个、Z 方向配置 1 个非接触式电感或电容位移传感器，模拟刀具中心点和工件间的相对位移。

　　在环境温度稳定和主轴静止状态下，采用如图 4-5 所示的方法测量机床轴线移动热误差，即机床工作台或其他移动部件往复运动时与设定值的误差。通常有两种方法：接触式的触发测头测量和非接触式的激光干涉测量。

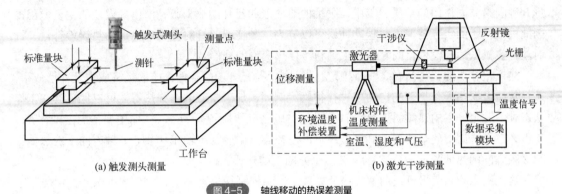

(a) 触发测头测量　　　　　　　　　　(b) 激光干涉测量

图 4-5　轴线移动的热误差测量

　　接触式触发测头广泛用于机床加工过程的尺寸精度测量，具有使用方便、测量数据可靠等优点，常作为高端数控机床的附件。如图 4-5（a）所示，接触式触发测头安装在机床主轴上，利用工作台或测量台上标准量块的 12 个点的位置，可获得 3 个坐标方向机床主轴与工作台的相对热偏移，包括位置误差和姿态误差。

　　激光干涉仪可进一步提高热偏移测量的精度。如图 4-5（b）所示，反射镜安装在机床主轴上，干涉仪安装在机床工作台上。往复移动工作台，并同时采集环境温度和机床构件的温度数值，即可获得在某一移动方向上的刀具中心点相对工作台的热偏移。其缺点是同时只能测量一个方向的热误差。

（3）热误差建模

　　热误差模型的建立就是将所筛选出的温度敏感点实验数据和相对应的热位移实验数据建立一定的数学关系。大量研究表明，这种数学模型属于多变量模型，所建立模型的补偿率、鲁棒性以及通用性均依赖于加工中心温度场变量的准确分布。目前最常用的热误差建模方法是通过大量的实验数据对机床各部件热变形与敏感点的温度变量进行拟合建模，多元线性回归方法是最常用的热误差补偿建模方法之一，由多个自变量的最优组合共同预测或估计因变量。

　　有限元法为深入分析机床内部热源和环境温度影响下的热性能提供了可能。有限元法既可用于特定内部热源，也可用于外部温度变化对机床部件影响的分析，还可用于分析自然或强制对流下热传导系数的影响。因此，借助有限元法可对不同的温度、应变甚至功率损失所造成的热偏移进行相当精确的建模和仿真。

　　机床的最终热误差是各部件在工作状态下相互影响的结果，且随热的形成和传递条件而变化，因此热误差的计算必须基于机床在运行状态下热现象的模型。为此，要精确测量机床特定位置的温度和位置偏移，在此基础上建立能够精确预测误差的模型。为分析机床的热性能，还需要综合各部件和加工过程的相互影响，建立机床整体模型。建立整体模型的基础是建立机床结构件、主轴和回转部件、 直线移动部件等三类主要部件的模型，将关键部件与整台机床分隔开来，可使建模过程大为简化，能够较快地分析机床中的热现象和热误差的形成。借助这种集成化模型可以对热误差进行有效补偿，提高机床整体的热性能。

（4）热误差补偿方式

数控机床的热误差主要是由主轴的热变形、丝杠的热膨胀、主轴箱的热变形及立柱的热变形几种因素共同作用的结果。其中，主轴的热变形和丝杠的热膨胀是产生热误差的主要原因，因此根据机床的实际情况，热误差补偿可以分为三种情况：针对主轴热变形的热误差补偿、针对丝杠热膨胀的补偿以及同时包含主轴和丝杠热变形的补偿。

热误差补偿的关键问题之一是确定补偿自由度，充分考虑补偿系统的经济成本及补偿效率，选择数控机床热误差显著的自由度进行补偿。例如，加工中心的结构热特性可以保证其在工作状态时不发生严重的热倾斜现象，所以分析主轴热变形时不考虑热倾斜，而主要考虑主轴在 X、Y 和 Z 三个方向上的热变形，确定最终热误差补偿自由度为主轴在 X 轴、Y 轴方向上的热偏移和 Z 轴方向的热伸长，简称 X、Y、Z 三个方向上的热误差。

数控机床的热变形可采用两种途径处理：恒温控制和位置补偿。

恒温控制措施包括：控制环境温度，构建恒温车间；利用冷却系统给发热部件降温；采用低耗能的伺服电机、主轴电机等执行元件以减少热量产生；简化传动系统结构，减少传动齿轮、传动轴；对发热部件（如电柜、丝杠、油箱等）进行强制冷却；采用对称结构，使构件的热变形走向相互不一致，从而减少刀具中心点偏移的影响；对切削部分采用高压、大流量冷却系统进行冷却等方式。

位置补偿分为热误差实时补偿和近似补偿两类。实时补偿是通过将热误差模型的计算数值直接输入伺服系统的位置反馈环中实现的，有半闭环和全闭环两种方式。其原理是：热误差补偿控制器读取进给伺服电机的编码器反馈信号，同时计算机床的热误差，将等同于热误差的数字信号与编码器信号相加减，伺服系统据此进行机床进给的实时调节。热误差近似补偿是根据部件温升与变形量的对应关系进行补偿。其原理是：在传动部件上加装温度传感器记录温度变化的数据，同时根据设计的热误差模型，找到温度变化和变形量的关系，将误差量作为补偿信号送至 CNC 控制器，通过 CNC 控制系统对电机的位置进行补偿。这种补偿方法对坐标值和CNC 代码程序都没有影响。

热误差补偿的实施方法主要有：基于 FDEM（FEM+FDM）模型的热误差补偿、基于神经网络的热误差补偿、基于传递函数的热误差补偿、基于控制系统内部数据的热误差补偿。

① 基于 FDEM 模型的热误差补偿。该方法是将机床 FDEM 热模型的计算结果直接用于热误差在线补偿，如图 4-6 所示，补偿过程分为 4 个步骤。这种方法的特点是：补偿模型是基于FDM 和 FEM 仿真模型，无需重新建立模型；如果有的边界条件不知道，可在机床工作时自动采集；为了在整个工作空间计算刀具中心点偏移，需要主轴在不同位置的多个 FEM 模型；将不同热位置和机床部件的热误差输入机床数控系统，作为在线补偿值。

② 基于神经网络的热误差补偿。该方法利用神经网络的学习能力，使它在对不确定性系统的控制过程中自动学习系统的特性，从而自动适应系统随时间的特性变异，以求达到对系统的最优控制。这是机床热误差补偿的重要方法之一。

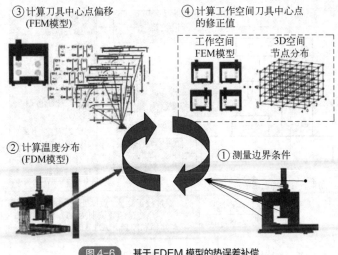

③ 计算刀具中心点偏移
(FEM模型)

④ 计算工作空间刀具中心点
的修正值

工作空间
FEM模型　　3D空间
节点分布

② 计算温度分布
(FDM模型)

① 测量边界条件

图4-6　基于 FDEM 模型的热误差补偿

鉴于热误差的非线性和非稳态特征，采用集成循环神经网络 IRNN（integrated recurrent neural network）是比较有效的新方法。由于 IRNN 对稳态系统建模和模型生成的便捷性，其广泛用于实时控制、系统识别和状态监控领域。机床结构的热膨胀属于热弹性变形，将热变形弹性恢复的时间序列特征加入 RNN，就构成 IRNN 模型。图 4-7 所示为利用 IRNN 方法对一台数控车床的热误差进行补偿的实验装置。标准球安装在车床主轴上，刀架上安装有高精度电容传感器，用以测量主轴的伸长。主轴壳体上设有两个温度传感器，一个用于测量主轴前轴承的温度，另一个用于测量主轴箱体的温度，尽可能与热源靠近。

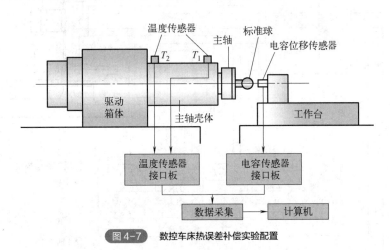

温度传感器　　主轴　　标准球

T_2　T_1　　电容位移传感器

驱动
箱体

主轴壳体

工作台

温度传感器
接口板

电容传感器
接口板

数据采集 ➔ 计算机

图4-7　数控车床热误差补偿实验配置

③ 基于传递函数的热误差补偿。热传递函数描述热传导原理，参数校正简单，即使输入参数未经检验，模型也能可靠工作，非常适合热弹性有限元分析边界条件的确定和热误差补偿，其反温度传递函数可用于热源实时识别。图 4-8 所示为基于传递函数的热误差补偿原理，分布在机床各热源附近的温度测量点 A，采集机床各部分的温度值，输入传递函数系统，以室温作为参考基准，附加输入主轴转速、机床结构的实时热传导系数等，借助 MATLAB 和 Simulink 软件对采集到的数据进行温度校正，同时由 MATLAB 的系统工具箱识别相应的热传递函数。

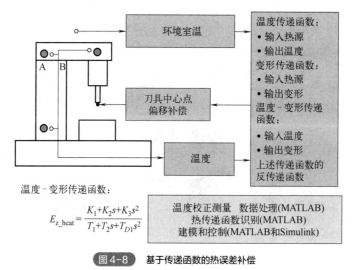

温度-变形传递函数：

$$E_{z\_heat} = \frac{K_1 + K_2 s + K_3 s^2}{T_1 + T_2 s + T_{D1} s^2}$$

图4-8 基于传递函数的热误差补偿

④ 内部数据热误差补偿。基于控制系统内部数据的热误差补偿是一种间接补偿的新方法，最大的优点是无需在机床上添加众多的温度传感器，只需要有环境温度传感器即可，而且描述温升和变形时滞特性的数学模型相对简单。系统的输入不是温度，而是与温升和变形有关的电机转速和扭矩，如图4-9所示。

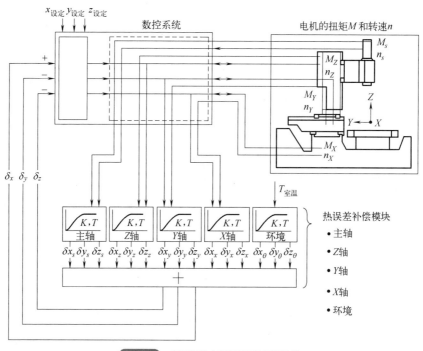

图4-9 基于系统内部数据的热误差补偿

电机的转速 n 可直接从编码器读出，扭矩 M 与电流成正比，容易测量，将二者视为机床的间接热载荷。电机转速和电流相对机床热变形而言，皆可视为开关量，即热载荷是瞬时施加于系统或从系统移除。但电机转速和电流变化影响温升和热变形的传递函数具有一阶和二阶时滞特性，是随时间变化而逐渐趋向稳定的。借助机床热变形（刀具中心点偏移）时滞模型的运算，可计算出刀具中心点的偏移，将各进给轴造成的刀具中心点偏移与主轴和环境温度所造成的偏移相加，得到 δ_x、δ_y、δ_z，反馈到数控系统，再与各轴的位移设定值叠加，补偿刀具中心点的偏移。

尽管按数控系统内部数据进行热误差补偿方法简单易行，且结果令人满意，但这种热补偿模型并没有考虑电机启动停止或加减速时的瞬时电流造成的发热，也没有把电机在实际加工过程中产生的热量计算进去，所以与机床实际工作情况仍有一定偏差。

（5）高性能数控系统热误差补偿功能

高性能数控系统都具备热误差补偿功能，举例如下。

① 马扎克的智能热补偿功能（ITS）。马扎克的智能热补偿功能（intelligent thermal shield, ITS）能够检测温度变化并自动补偿，最大程度地减少由高速机械操作或室温变化引起的热位移，确保工件和刀具之间位置关系的稳定性。马扎克的主轴热位移预测系统，结合主轴的速度指令，可以实现高精度的主轴膨胀和收缩补偿，通过将高精度的热位移补偿系统和机械设计相结合（对产生热量的单元进行对称布置），可以确保在较长运行时间内进行高精度的加工。

② 大隈的热误差测量与补偿功能。大隈数控系统的"高精度热位移控制技术"，不但能准确控制室温变化导致的热位移，还能准确控制由转速频繁变化所产生的主轴热位移以及切削液用量所产生的温度变化，可实现两大关键功能：主轴热位移控制 TAS-S（thermo active stabilizer-spindle）和环境热位移控制 TAS-C（thermo active stabilizer-circumstance）。

主轴热位移控制能够准确控制由主轴温度变化、主轴旋转、主轴转速变更、主轴停止等各种状态变化引起的热位移；环境热位移控制利用布置的传感器所采集的温度信息和进给轴的位置信息，推测因环境温度变化而产生的机床构件的热位移，并进行准确补偿。

③ 西门子数控系统基于 PLC 的热变形误差补偿功能。西门子数控系统中，温度的采集、热误差模型的建立都是基于 PLC 模块和 PLC 程序进行的，在采集温度和通过热误差模型计算热变形后，系统通过数据通信模块修改热误差补偿系数，实现热误差补偿（图4-10）。

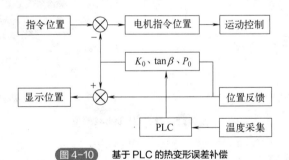

图4-10 基于 PLC 的热变形误差补偿

4.1.3 几何误差补偿

数控机床的主要零部件在制造、装配过程中存在误差，会直接引起机床的几何误差。该误差不仅影响工件加工精度，而且当误差较大时会直接导致加工的工件无法满足要求。研究几何误差建模及补偿方法将有利于减少几何误差，提升加工质量。

（1）几何误差测量

机床误差检测分为单项误差分量检测和综合误差分量检测两种方法。

单项误差分量检测是对数控机床的多项几何误差（如定位误差、直线度误差、转角误差、垂直度误差等）进行直接单项测量的过程。根据测量基准的不同，单项误差分量检测有3类方法：①基于量规或量尺的测量方法，测量仪器有金属平尺、角规、千分表等；②基于重力的测量方法，测量仪器有水平仪、倾角仪等；③基于激光的测量方法，测量仪器有激光干涉仪、各种类型的光学镜等。

综合误差分量检测是通过数学辨识模型实现误差参数分离，使用测量仪器一次就可同时对多项几何误差进行测量的方法。使用的方法有：TBUP 基准棒-单项微位移法（test bar and unidimensional probe）；DGBP 基准圆盘-双向微位移计测头法（disk gauge and bi-dimensional probe）；DBB 双球规法（double ball bar）；CBP 全周电容-圆球法（capacitance ball probe）；PTLM 二连杆机构-角编码器法（plane two link mechanism）；PM 四连杆机构法（plane four link mechanism）；LBB 激光球杆法（laser ball bar）等。

如图 4-11（a）所示，数控机床的几何误差来源有 4 类：①导向机构（导轨）的几何误差，如导轨的制造精度和配合间隙，导致被其约束的运动部件产生几何误差；②部件的运动误差，如丝杠的螺距误差、传动机构的反向间隙等，导致运动部件产生位置误差和定位误差；③结构件的连接误差，如立柱在滑座上的固定形式、螺栓分布等，影响结构件之间的垂直度误差；④加工空间误差，如刀具中心点的实际空间位置与理论位置的差异，即工件的加工误差。此外，还包括机床运动部件的 3 项姿态误差 [图 4-11（b）]，分别是：绕 Z 轴的左右偏转，形成运动部件的直线度误差；绕 Y 轴的上下俯仰，形成运动部件的平面度误差；绕 X 轴的两侧摇摆，造成移动部件的倾斜，形成空间误差。

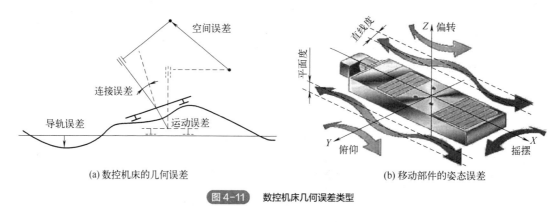

(a) 数控机床的几何误差　　　　　(b) 移动部件的姿态误差

图 4-11　数控机床几何误差类型

（2）几何误差建模

机床结构以运动副的连接来实现刀具和工件的相对运动。理想情况下，刀位点的位置就是工件编程指示的位置，但实际加工中，这两个位置不一定重合，二者之间的误差就是空间定位误差。由于刀具和工件各自运动，需将两者的运动转换到同一个坐标系中，所以，首先应了解机床直线或回转运动机构的位置和误差如何转移到刀具中心点或工件上的过程，即运动部件坐标系的转移。

每个运动部件皆可按照刚体运动学以杆件和铰接符号来建立运动学模型，描述运动链相互关系。图 4-12 所示是一台五轴龙门加工中心的运动学示意模型。其中，3 个直线运动为：龙门架沿床身导轨（Y 轴）移动、纵向滑座在横梁上移动（X 轴）、铣刀头滑座在垂直方向移动（Z

轴）。2 个回转运动为：双摆铣头绕 Z 轴的回转和绕 X 轴的偏转（C 轴和 A 轴）。运动链始端是床身，终端是刀具中心点，中间依次经过上述直线和回转运动部件。机床参考坐标系 O_0-$X_0Y_0Z_0$ 为固定不动的床身，图 4-12 中深灰色的运动学模型是没有误差的理想状态示意模型，而浅灰色模型是有误差的运动学示意模型。

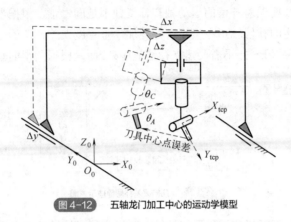

图 4-12　五轴龙门加工中心的运动学模型

为了完成坐标系转移，首先应建立每个运动部件自己的参考坐标系（图中未表示），然后将分列的坐标系中的各项位置变化和误差依次转移到下一个部件，直至刀具中心点的坐标系。要保证坐标转换的正确性，机床各机构间的关系（平行、垂直或其他角度）必须是正确的。

（3）几何误差补偿方式

测量任一运动轴时，首先，测量角度误差 r_X、r_Y、r_Z，在不进行角度误差补偿的情况下，直接进行线性和直线度的测量，即 t_X、t_Y、t_Z 的测量；接着，根据机床结构的不同，记录测量 t_X、t_Y、t_Z 时相应的测量位置（机械坐标）；最后，在 X、Y、Z 轴角度及线性、直线度补偿后，测出垂直度误差 e_{XY}、e_{YZ}、e_{ZX}。

几何误差补偿分为实时补偿和非实时补偿两种方式。实时补偿受限于实时补偿周期，适宜在中低速度下进行；为提升空间误差补偿的实际应用水平，研究空间误差离线补偿（非实时）技术，设计针对加工代码修正的离线误差补偿模块。

虽然在线补偿和离线补偿的执行方式不同，但是二者使用同一个几何误差模型进行计算，只是表现形式不同。误差实时补偿利用数控系统"扩展的外部机械原点偏移"功能进行，即在加工过程中，将利用几何误差模型计算出来的各轴补偿量进行叠加，修正各轴外部机械原点偏移，达到实时补偿的目的。几何误差离线补偿是根据误差模型修正加工代码，把 G 代码中的点位指令、直线指令、圆弧指令分别进行误差修正。点位指令对运动轨迹精度没有要求，因而只需在定点运动中，利用误差模型输入目标点，计算出误差修正量，叠加后作为新的目标点。直线指令和圆弧指令对运动轨迹精度有要求，需要根据精度按照一定的算法将轨迹拆分为若干小直线段，利用误差模型计算出每条小直线段的起止点误差，进而得到新的目标点。

几何误差补偿形式有函数法和列表法。函数法是通过理论分析或实测误差数据建立误差数学模型，将误差函数表达式存入计算机，由误差函数式实时求出其误差修正量进行误差补偿。列表法是将实测误差补偿点或根据实测误差曲线确定的补偿点制作成误差修正表或矩阵存入计算机，在误差补偿时，若机床的实际变量（位置坐标、力、温度等）与误差修正表中的某一数据点（或补偿点）相同，通过查表获得该点的误差修正矢量，进行误差修正。否则采用内插值算法，计算误差修正矢量进行修正。例如，对于线性位移的补偿，对误差曲线进行采样得到误差补偿值序列后，利用线性插值计算得到当前运动轴在各位置处的补偿值，将补偿值与当前运动轴指令坐标叠加完成补偿（图 4-13）。直线度误差补偿的方法与线性位移误差补偿的方法类似，不同之处在于直线度误差补偿的运动轴和补偿轴不是同一轴，根据当前运动轴位置计算得到的补偿值将会与指定的补偿轴指令坐标进行叠加。垂直度误差补偿的方式也有所不同，垂直度误差与机床运动轴位置无关，不需要建立补偿值序列，而是根据测得的垂直度误差计算完成。

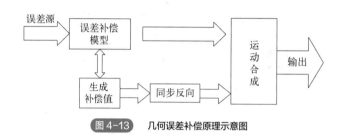

图 4-13　几何误差补偿原理示意图

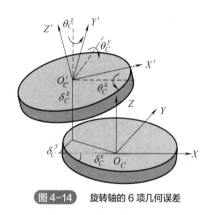

图 4-14　旋转轴的 6 项几何误差

与三轴机床相比，五轴机床增加了旋转轴，除了直线进给轴的空间误差外，旋转轴也会有空间误差。旋转轴在运动过程中受许多因素的影响，如轴承的轴向跳动和径向跳动、轴套和主轴的圆柱度误差等，使旋转轴在运动时回转轴线的位置偏离理想位置产生位移误差和转角误差，以及旋转轴之间的平行度、垂直度误差等。以 C 轴为例，C 轴在旋转运动过程中产生 6 项几何误差（图 4-14），分别为沿 X、Y、Z 方向的位移误差 δ_C^x、δ_C^y、δ_C^z 以及绕 X、Y、Z 方向的转角误差 θ_C^x、θ_C^y、θ_C^z。旋转轴线并非完全垂直于所在 XOY 平面，旋转轴与其他两个直线轴 X、Y 间还存在垂直度误差。所以五轴机床误差补偿还需要进行机床旋转轴与旋转轴之间误差参数的测量和补偿。

（4）高性能数控系统的几何误差补偿

高性能数控系统在几何误差补偿技术上进行了深入研究，取得了关键技术突破，开发出不同特征的误差补偿功能。

① 西门子 840D 系统几何误差补偿—VCS。为了减小几何误差对机床空间位置的影响，西门子数控系统采用如下方案：激活 SINUMERIK 840Dsl VCS（volumetric compensation system）空间误差补偿功能，通过三维激光跟踪仪，测量采集所有轴的几何误差，根据各误差数据定义机床的补偿范围，并将检测得到的误差数据转换为 SINUMERIK 840Dsl 的补偿数据，进行补偿。

通过"插补补偿"功能，可对位置相关的几何误差进行修正，包括丝杠螺距误差和测量系统误差、垂直度误差和角度误差。"插补补偿"细分为：丝杠螺距误差和测量系统误差的补偿；垂直度和角度误差的补偿。在机床调试过程中，通过测量系统确定误差补偿值，保存到补偿表中。机床工作期间，系统会利用控制点进行线性插补运算，从而修正实际位置（图 4-15）。

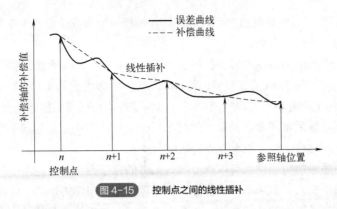

图 4-15　控制点之间的线性插补

② 发那科的三维误差补偿和三维机床位置补偿。在普通的螺距误差补偿中，补偿是利用一个指定的补偿轴（单轴）的位置信息来实现的。例如，利用 X 轴的位置信息对 X 轴进行螺距误差补偿。三维误差补偿功能通过周围补偿点（8 个补偿点）的补偿值计算三个轴的补偿数据来调整当前位置，它是根据包含三个补偿轴的补偿区域（长方体）的内部比例进行调整的。三维机床位置补偿是根据机床坐标指定的补偿点和与之相关的补偿量计算出近似的误差线，并补偿沿这些直线加工过程中出现的机床位置误差。该函数使用由 10 个补偿点和当前机器位置组成的 9 条近似误差线，在这些直线上的任意位置执行插值补偿。补偿数据可在 PMC 窗口中重写或使用可编程参数输入，重写后的值则生效，以此补偿加工过程中的机床位置误差。

③ 大隈OKUMA的几何误差测量与补偿功能。大隈数控系统的"5-Axis Auto Tuning System"功能通过利用接触探测器与标准球测量几何误差（图 4-16），并按照测量结果进行自动补偿控制，从而提高五轴加工机床的运动精度。另外，针对滚珠丝杠产生的挠度误差，大隈数控系统根据指令加速度预测滚珠丝杠的挠曲量，对滚珠丝杠的挠度进行补偿。

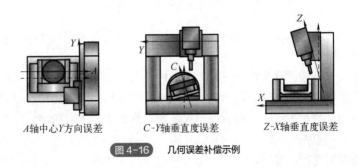

A轴中心Y方向误差　　C-Y轴垂直度误差　　Z-X轴垂直度误差

图 4-16　几何误差补偿示例

4.1.4　力误差补偿

力误差是加工误差的主要来源之一。数控机床在加工过程中，切削余量的随机波动导致切削力波动，使加工变形不均匀而映射到加工表面的加工误差称为力误差。

建立切削力误差模型的关键是加工过程中切削力的实时准确测量，以 FANUC 数控系统为例，其解决方案为：利用数控系统中存储的各轴的负载状态信息，在无需添加额外测量装置的情况下，通过 TCP/IP 网络获取各轴的负载信息；根据对主轴负载信息的分析，将进给倍率的调节控制信息通过网络发送到 PMC 端，实现对进给速度的调节；结合 FANUC 二次开发工具

FOCAS程序库，通过以太网访问数控系统，获得各轴相应的负载信息。该方案不用添加传感器等设备，更加方便、快捷、有效。

为了解决负载信息采集频率准确性的问题，可以采用Windows系统的实时扩展包RTX。该扩展包不仅能够保留Windows的高级界面特性，同时还能够扩展其实时处理能力，最高能达到100ns定时，可以满足定时精度要求较高的场合。为了解决控制滞后问题，在同种工件加工时，先对单件加工进行数据采集和特征提取，然后在后续工件加工中，利用前面学习的"经验"施加控制，既可以保证实时性，也可以充分理解采集信息。

虽然各进给伺服轴的负载信息可以表征加工工件的特征变化，但是由于切削负荷传递到各进给伺服轴的过程中引入了机床本身的信息，如摩擦力矩、惯性力矩等，因此利用各进给轴的负载难以充分表征加工工件的特征变化。相对于进给伺服电机的负载信息而言，主轴伺服电机的负载信息比较单一，能较好地表征切削过程中切削负载的变化，有利于数据分析。主轴负载信号包括两部分：一部分为低频信号，其强弱主要反映了切削加工过程中的切削负载的大小变化，与切削用量直接相关；另一部分为高频信号，主要反映的是加工过程中动态力的变化，与刀具刀齿数、刀具材料、工件材质和噪声等有关。为提取主轴负载的特征点，需通过滤波处理方法去除负载信息中的高频信号，提取出表征切削负载大小变化的量，可采用db3小波分解主轴负载信息，根据概貌信息重构原始信号，进行主轴负载信号的去噪处理。主轴负载信号中的奇异点对应着刀具切入和切出动作，对这些特征点的提取，有利于了解加工过程中的加工状态，作为下次加工相同工件的经验知识，可对加工过程中刀具的切入和切出、加工过程中的进给速度进行优化，以提高加工精度和效率。可利用小波变换检测主轴负载信息的奇异性，获取主轴负载中与工件外形有关的特征点采样序号。

4.2 数控机床振动抑制技术

数控机床加工时，机床的部件之间、刀具和工件之间会发生相对运动，因此整个加工系统会产生各种类型的振动。

根据受力形式的不同，这些振动可分为两类：强迫振动和自激振动。强迫振动是指在周期性外力的作用下加工系统的振动；自激振动是指机床的结构系统受到自身控制的非振动型激励作用时引起的振动。自激振动有多种表现形式，如动静摩擦力导致的主、从动部件传动时出现的低速"爬行"和高速摩擦自激振动；机床-刀具-工件系统在切削过程中相互作用，由于动态特性的变化产生的颤振现象；等等。

颤振是一种切削过程中的不稳定现象，发生颤振的原因很多，诸如摩擦颤振、热-机械颤振、模态耦合颤振和再生颤振等。当切削过程出现颤振时，往往不得不降低切削用量，包括切削速度、背吃刀量和进给量，使机床的动态加工效率大为降低；颤振必然会造成工件的加工表面出现波纹或振痕，导致表面质量（机床的动态精度）降低；颤振产生的噪声将会影响操作者的工作情绪且对其身体健康有害；颤振还会加剧机床部件磨损和缩短刀具的使用寿命。

为了实现高速、高效加工，有必要对加工过程中振动产生的原因进行分析，采取相应的措施对振动进行抑制或消除。对加工精度和质量影响较大的自激振动包括三方面：主轴振动、进给轴振动和刀具的振动。下面主要介绍高性能数控机床在这三方面的抑振方法和相应功能。

4.2.1 振动测试方法

机床动态性能测试是典型的机械振动测试过程，振动测试的基本流程如图 4-17 所示。首先需要采取一定的方法对机床施加动态变化的力进行激励，使机床产生振动。首选的激振点是刀具中心点，以模拟切削过程。激振的方法可以是使用力锤敲击，也可以是采用电动、电磁、电液和压电晶体等激振器加以激励。与此同时，需要借助测力元件（应变片或压电晶体等）将激振力的大小和变化转换成电信号，作为多通道数据采集和分析系统的输入。机床部件在激振力的作用下，将产生一定响应（微小的位移和相位变化），利用电容或电感拾振器、加速度计等将此位移和相位变化转换成电信号，输入数据采集和分析系统，在数据采集和分析系统中，经过信号放大和 A/D 转换以及借助快速傅里叶函数变换等分析软件获得机床动态性能的频率响应函数、相位特性、相干性和相幅特性。

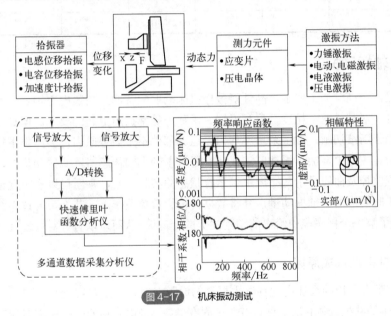

图 4-17 机床振动测试

满足机床频率响应的激振力信号可分为两类。第一类是噪声或脉冲信号，包含的频谱广泛，可借以快速进行激励而获得全频谱的响应信号。第二类是周期性信号，大多是简谐信号，容易产生，并可用数学形式表达。但其测试过程的时间长、装置价格较高，更适用于对机床动态性能的试验研究。因此，类似噪声的非周期信号，即脉冲信号（如力锤激振），通常更适用于机床动态性能的现场测试，其数据采集过程较快，测试时间短，费用较低。

不同激振方式和激振器的技术特点不同，具体见表 4-1。电动和电液激振技术成熟，应用广泛。采用电动、电液和压电相对激振时，激振器安装在刀具（主轴）与工件（工作台）之间，机床处于静止状态。

压电激振最大静态力很大，而动态力很小，限制了应用范围；电磁激振可以在工件或刀具旋转状态下进行，但最高激振频率和最大动态力都较低；电液绝对激振时，激振器通常固定在工作台上，借助惯性力从外部对机床激振，激振频率较低，必要时工作台可移动，主轴可旋转；力锤激振装置最简单，使用方便，应用非常广泛，其特点是仅能输出脉冲非周期信号。

电动、电磁、电液和压电激振方式都可按需要输出简谐信号或随机信号。

表 4-1 不同激振方式的特点

激振方式	正弦信号	随机信号	非周期信号	最高激振频率	最大动态力	最大静态力	机床状态
电动相对激振	可	可		20kHz	1800N	2kN	
电液相对激振	可	可		1200Hz	1500N	7kN	机床静止
压电激振	可	可		20kHz	25N	30kN	
电磁相对激振	可	可		1000Hz	500N	2kN	部件旋转
电液绝对激振	可	可		500Hz	2000N		部件可旋转和移动
力锤激振			可	2500Hz			部件可移动

4.2.2 主轴振动抑制

为了满足高速高精加工要求，高性能数控机床一般配备的是高速电主轴。高速电主轴作为机床核心部件，对其转速、精度、耐高温性、承载力等都提出很高的要求。但是在高速切削加工过程中，由于断续切削、加工余量不均匀、运动部件不平衡等原因，会产生主轴振动现象。所以，大多数电主轴中增加了振动监测模块，通过主轴上的传感器监测振动状态，对主轴运行状态进行进程监控及曲线显示，完成主轴运行状态的实时诊断，甚至可以实时地记录每一个程序语句在加工时对应的主轴振动量，并将数据传输给数控系统。工艺人员通过系统显示的实时振动变化，可了解每个程序段中给出的切削参数的合理性，从而可以有针对性地优化加工程序。

（1）主轴振动形成原因

数控机床配套使用的高速电主轴发生振动的原因有很多，主要有三类原因：

① 电主轴的共振。电主轴本身具有一个固有频率，当电主轴的工作转速对应频率与其自身固有频率重合时，该主轴将产生共振。共振直接影响电主轴的正常运行和轴承的使用寿命，严重的共振现象甚至会破坏电主轴的机械结构，使电主轴工作寿命急剧下降。

② 电主轴的电磁振荡。电主轴的定子和转子之间的气隙由于机械加工误差等做不到绝对的均衡，定子和转子之间不等的气隙在电磁场的作用下会产生单边电磁拉力，使电主轴发生电磁振荡。

③ 电主轴的机械振动。由于偏心质量的存在，电主轴高速运动时将产生振动。由不平衡质量产生的振动是其机械振动的主要原因之一。

（2）主轴振动抑制方法

主轴振动抑制可从以下三方面入手。

① 变速切削技术。变速切削指周期性地连续改变切削速度以避开不稳定切削区，从而抑制切削的振动，是一种研究较早、使用范围较广且控制效果较好的切削颤振控制方法。如图 4-18

所示，在切削加工过程中，控制机床主轴转速以一定的变速波形、频率和幅度在某一基本转速附近做周期性变化，只要变速参数选取适当，就可以取得优异的减振效果。但此方法需对系统进行大量的切削加工试验，以建立系统稳定性极限图。如果加工系统中主轴、刀具、夹具、工件任何一部分发生改变，其稳定性极限图也将发生改变，则需重新规划颤振预测数据。

能够保持稳定切削的最大切深就是稳定切削的极限切深。在极限切深以下，无论以何种切削速度，加工过程都将处于稳定状态，称为稳定加工区域；在极限切深以上，无论以何种速度切削都将会发生切削振动，称为不稳定加工区域。如图 4-18 所示，对给定的某一切削深度 b_0，当转速 n 逐渐增大时，切削过程从点 1 经过不稳定区段变化到点 2，然后经稳定区段变化到点 3，随着转速的增加，切削过程又从点 3 经不稳定区段变化到点 4，如此等等。

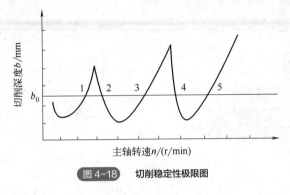

图 4-18　切削稳定性极限图

无颤振的稳定切削与有颤振的不稳定切削的界限可借助背吃刀量（切削深度）与主轴转速的关系曲线描述，称之为稳定性叶瓣图，如图 4-19 所示。叶瓣图曲线底部与双曲线相切，双曲线下部为无条件稳定区域，切削用量较低。双曲线上部是有条件稳定区域。例如，加大背吃刀量到 2mm，出现颤振，如"×"号所标注。但利用叶瓣图提高主轴转速，反而可能在有条件稳定区域找到无颤振最大金属切除率的切削用量，如圆点所标注。所以，利用稳定性叶瓣图，在避免颤振的同时，提高了机床的动态加工效率。

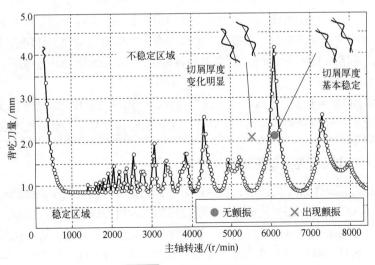

图 4-19　切削稳定性叶瓣图

但是，稳定性叶瓣图不仅对应于特定的机床，而且与所用刀具、加工工艺和工件材料有关。也就是说，每一种加工情况，都有它自己的稳定性叶瓣图，需要大量的测试数据才能指导某一类零件的加工。而且三轴以上加工或薄壁零件加工，其稳定性叶瓣图是不断变化的，所以在生产实际中的应用受到一定限制。

许多切削过程颤振识别方法并非一定需要稳定性叶瓣图，也可利用各种传感器（如麦克风、加速度计和测力计等）在线获取切削过程中的音频、加速度和切削力的变化信息，经快速傅里叶变换进行频谱分析，发现和判断是否出现颤振（图4-20）。例如，借助麦克风，利用软件扫描切削过程的声发射频谱，当声音信号的能量超过某一阈值时，即判定切削过程出现颤振。将颤振离线测试的方法与通过声发射反馈调节主轴转速的方法组合在一起，可以更好地预测和防止颤振，解决诸如五轴加工或薄壁零件加工等难题。

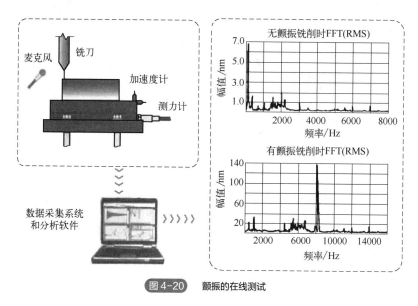

图 4-20　颤振的在线测试

② 主轴轴承预紧力控制。现代高速电主轴的工况特点是低速大扭矩和高速大功率。低速粗加工时切削量大，刀具切削激振力大，要求主轴输出大扭矩，此时主轴系统要求有较大的预紧力，以增大支撑刚度和支撑阻尼，来抵抗大激振力带来的受迫振动和工件切削过程有可能导致的自激振动。高速精加工时切削量小，要求主轴转速高，滚动轴承因高转速造成温度急剧攀升，此时需尽量降低轴承的预紧力。

③ 主轴系统自平衡控制。一般在加工前对主轴的平衡性进行校准。虽然通过采用相关的平衡机构可实现主轴高速旋转的自平衡，但该类平衡机构结构较复杂，难以推广应用。

（3）高性能数控系统主轴振动抑制功能

为了满足高性能切削加工的需求，在主轴振动抑制技术方面，数控系统企业开发了相关功能。例如，日本大隈（Okuma）公司利用铣削过程的声发射原理进行颤振识别，开发了一种称为"加工导航"（Machining Navi）的系统，铣削加工过程出现颤振时，会发出频率明显高于正常铣削加工的"刺耳尖叫"，借助麦克风采集这种音频信号后进行频谱分析，然后自动或人工调整主轴转速（激励频率）或进给量（激励力），不仅可以即刻转变为无颤振的加工状态，而且在大多数情况下还可以在叶瓣图有条件稳定区域找到不出现颤振的较高主轴转速、背吃刀量（进给量），提高加工效率。实际使用结果表明，接通"加工导航"模块（无颤振）与未接通"加工导航"模块（有颤振）对比，加工效率可提高 150% 以上，且表面质量有明显改善，振纹消失。

使用大隈的该系统，通过安装在机床上的传感器测定颤振，"加工导航"根据麦克风收集的颤振声音，将多个主轴转速候补值显示在画面上，操作人员可通过人机交互界面快速确定最佳主轴转速。当加工过程中发生振动时，利用系统的"加工导航"功能对其进行分析，显示最佳的主轴转速，并自动变更到最佳转速。该过程中振动的测定、最佳主轴转速的计算、主轴转速指令的变更等一系列动作都是自动进行的。

4.2.3　进给轴振动抑制

高速切削时，机床进给机构做高速往复运动，由于惯性力的周期性反复冲击，进给轴通常存在振动现象，会对切削加工产生不容忽视的影响，因此进给轴的振动抑制有重要意义，对精密机床而言，显得更加重要。

（1）进给轴振动形成原因

导致数控机床进给轴产生振动的原因有很多，大致可分为四类：

① 机械传动方面的故障。在进给系统中，伺服驱动装置到移动部件之间必须要经过一系列的传动链，当传动链出现故障时，就会导致进给轴的振动。例如，丝杠轴向存在窜动间隙，会引起进给轴加/减速时发生振动。

② 数控机床电气元件的故障。数控机床的电气故障包括编码器的连接线接触不良或受到干扰，电源三相输入不平衡，伺服电机、变频器或驱动板等故障。当这些电气元件受到干扰时，其负责的速度信号反馈和速度调节就会受到影响，进而电机的加/减速受到影响，引起进给轴的振动。

③ 数控系统参数设置不当。系统参数是指伺服系统的位置环增益、速度环增益、电流环增益等参数。当系统参数设置不当时，进给系统的加/减速就会引起系统的振荡。例如，当速度环增益过大时，电机不转动时的微小位移量会被放大，造成加/减速期间电机和部件之间的机械连接出现差动，容易引起振动。

④ 机床共振。数控机床在某一特定转速运行时，可能会出现共振现象，机床的共振会引起进给轴的振动。

（2）进给轴振动抑制方法

① 在机械传动方面，可通过改善机械传动部件结构进行抑制。例如，选用高刚度、高精度的丝杠、导轨、齿轮齿条等传动部件，导轨表面用聚四氟乙烯涂层改善摩擦特性，提高传动链刚度等。

② 在电气元件方面，可通过选用新型直线电机、采用电气电柜的电磁屏蔽等措施来避免对进给轴运动产生影响。

③ 在伺服系统参数方面，可对伺服控制系统进行伺服优化，或者通过控制系统校正，抑制进给轴的振动。进行伺服优化时，可根据振动产生的具体原因调整伺服系统参数，如伺服驱动

器增益、积分时间电位器参数、位置编码器参数等。校正控制系统时，可使用滤波器（如低通滤波器、双二阶滤波器等）进行振动抑制。当然，这种方法必须准确获得进给系统的谐振频率，同时也会降低伺服系统的响应速度。

数控机床是复杂的机电综合系统，受设计、制造甚至使用环节的众多因素影响，不同型号的机床在伺服特性上存在较大差别，甚至同种型号不同批次的机床在伺服特性上也存在细微差别。在机床正常工作一定时间之后，伺服特性也会发生变化。因此，进行伺服参数的调整优化，不仅在制造环节和安装调试环节具有重要意义，而且在用户使用环节也是非常必要的。

根据目前工厂生产制造的现状以及真实的现场条件，适合采用"两步走"的优化策略：第一步，以手工方式优化调整工艺流程，实现对数控伺服系统参数的初步优化；第二步，以自动方式在线进行伺服驱动参数的优化调整。

手工方式优化伺服驱动参数的做法是：首先进行单轴的参数优化，然后进行多轴（插补轴）的参数优化。对于单轴，主要是设置调整电流环参数和速度环参数。但是电流环是伺服驱动的底层核心，贯穿伺服各个功能，所以切勿随意修改电流环增益相关参数（如积分系数、比例系数、增益系数等），可以根据使用场合和伺服驱动软件版本设置 HRV 控制参数，减少电流环电流的延迟时间，提升电机高速旋转时的速度控制特性。单轴优化的主要工作是：优化速度环参数，根据频率响应测试的 BODE 图结果来优化单轴的机械滤波器和速度环增益，利用单轴直线运动和点位运动时测到的速度、力矩波形来优化加减速时间参数。另外，对每个轴还要进行动摩擦补偿，尤其对垂直轴有必要进行扭矩偏置的补偿设置。

完成单轴的参数优化后，进行插补轴的参数优化调整，主要是选取整圆程序对两轴的插补配合进行测试，调整相关参数，包括背隙调整、加减速时间调整和前馈参数调整等方面。

在手工优化的基础上，使用球杆仪进行测试，以自动方式在线进行伺服参数的进一步优化。利用操作者基于模糊控制的自动优化经验模型，通过球杆仪实测机床画圆误差，自动读取圆度值、反向越冲等数据，并自动判断需要优化的参数和调整量。写入新参数后，启动机床重新画圆，再次通过球杆仪实测效果，依次循环，直至圆度值等指标达到事先设置好的目标为止。该方法主要对背隙加速量、位置环增益和速度环增益等参数进行调整：通过读取球杆仪测量的反向越冲的误差值，可对背隙加速量进行修改；通过读取球杆仪测量的伺服不匹配值，利用模糊控制算法调整位置环增益；为了降低圆度误差，根据操作者提供的调整经验，采用变步长试凑法调整参数，即负载惯量比的值，从而改变速度环增益。

（3）高性能数控系统进给轴振动抑制功能

① 海德汉的动态高效功能。海德汉系统通过提供一系列动态高效功能，帮助用户更高效地进行重型切削和粗加工，并提高加工过程可靠性。该系统的自适应进给控制（AFC）可自动调整数控系统的进给速率，从而抑制进给轴振动（图 4-21）。AFC 根据工艺数据库中定义的各种加工情况下的进给速度，在加工模式下自动调整进给速度，并同时注意避开主轴共振频率。

② 发那科系统的 SERVO GUIDE 功能。发那科系统的 SERVO GUIDE 功能可以测量机床运行过程中的响应频率，通过频率响应图可以知晓机床的驱动状态（图 4-22）。通过调整伺服位置环增益、速度环增益和使用数控系统中的 HRV 滤波器，可使频率响应达到抑制振动的要求。

③ 马扎克的防振动功能。马扎克的防振动功能（active vibration control，AVC）可以降低机床由于轴向加减速运动引起的振动，在缩短加工时间和提高加工精度的同时，实现了高质量的

高速进给加工。马扎克基于此功能开发了新型的加减速滤波器，用于控制机床轴向运动时的振动。如图4-23所示，当AVC设为OFF时，刀具通过拐角时发生的轴向运动加减速引起的振动会让刀具在工件表面上留下痕迹，当AVC设为ON时，则不会出现由轴向运动时加减速引起的振动。

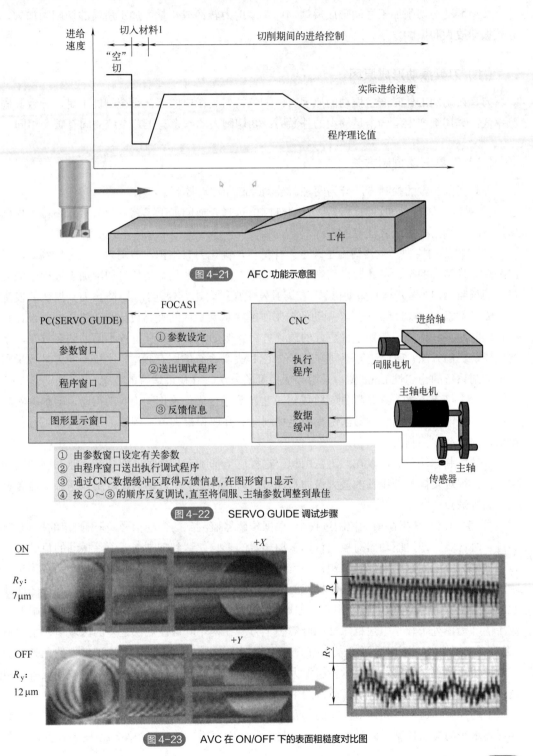

图4-21 AFC 功能示意图

图4-22 SERVO GUIDE 调试步骤

图4-23 AVC 在 ON/OFF 下的表面粗糙度对比图

4.2.4　刀具振动抑制

加工中心在强力切削期间切削力非常大，当主轴转速、机床共振频率和切削力达到某个值时，刀具可能发生振颤。振颤会导致刀具和机床承受极高负载，是限制金属切削速度的因素之一。如果振动与切削加工之间形成反馈，以及摩擦力转换成热量，加工所需的切削力加大，会导致振动放大和振颤发生。

（1）刀具振动形成原因

刀具在切削工件时产生振动的原因有：①包括刀具在内的工艺系统刚性不足，导致其固有频率低；②切削产生了一个足够大的外激力；③切削力的频率与工艺系统的固有频率相同。

（2）刀具振动抑制方法

刀具切削振颤的控制方法分为两种：被动控制和主动控制。

① 被动控制是指通过改进刀具结构和材料、选择合适的加工工艺参数来避开不稳定切削区域。被动控制具体实施方法有：

a. 刀具振动控制。主要措施是改进刀杆材料，优化刀具结构，监测刀具状态。例如，尽可能缩短刀具装夹的悬伸量、改进切削刃的形状等。监测刀具状态是指对切削加工过程中的刀具进行振颤监测，收集刀具的振动信息，在刀具发生振颤时进行快速预报，防止刀具振颤的发生。

b. 工件振动控制。对于工件振动的控制，主要是从工件的夹具设计和改进出发，设计具有减振功能的夹具结构或者稳定性更好的装夹方案。例如，设计夹具位置不同的装夹方案，采用有限元仿真的方法，研究计算不同方案下的工件-夹具系统的固有频率，比较不同夹具数量和位置下切削系统的稳定性 Lobe 图，采用寻优控制的方法，寻找最适合的方案。

c. 调整工艺参数。在切削加工阶段对工艺参数进行优化来抑制刀具的振动，即根据实际加工要求尽可能使切削用量参数匹配在稳定切削区域并取得最大值。例如，在重型加工过程中，降低切削负载，抑制刀具振动。

被动控制方法虽然可以在一定范围和一定程度上抑制刀具振颤，但是在高速高精切削加工中，往往很难发挥数控设备的最大潜力和优势，并且存在加工效率低、适用范围小、能源材料消耗高等缺点。

② 主动控制是指在振动控制过程中，根据传感器监测到的振动信号，基于一定的控制策略，经过实时计算，通过驱动器对控制目标施加一定的影响，达到抑制或者消除振动的目的。还可以在机床系统的固有频率处增加额外的阻尼，增大整体刚度和阻尼，从而使整个系统稳定。从加工稳定性来分析，阻尼增加将使机床的稳定性叶瓣图的无条件稳定区域扩大，叶瓣图曲线上移，如图 4-24 所示，两台阻尼不同的机床 1 和机床 2 的稳定性叶瓣图对比，具有较大阻尼的机床 1 的叶瓣图处于较小阻尼机床 2 的叶瓣图上方。在两个叶瓣图底部之差的区域里，采用机床 1 加工是完全稳定的，但采用机床 2 加工则可能出现振颤。可见，若扩大加工过程的无条件稳定区域，使不出现振颤的背吃刀量能够增大，必须提高机床结构的阻尼。可采用被动或主动阻尼器，抑制或吸收振动，特别是自适应的主动阻尼系统，可大幅度降低振动幅值。

主动控制在适应性和调节性方面具有极大的优越性，可以通过动态修改系统的结构参数，实现高水平的振动控制。但是由于主动控制设计的阻尼器、控制器等驱动系统装置复杂、造价

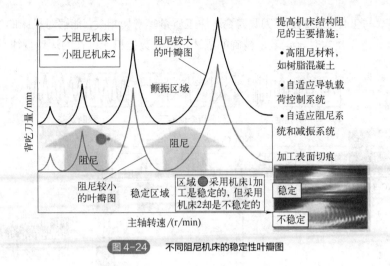

图4-24 不同阻尼机床的稳定性叶瓣图

昂贵,而且在设备的制造、维护方面的代价较大,其在实际切削加工中应用的范围存在局限性。

(3)高性能数控系统刀具振动抑制功能

大切削力在粗加工中不可避免,特别是加工难切削材料时,周期性的作用力导致刀具与工件间发生振动。振颤是加工过程中由于振动导致的切削过程动态不稳定的表现。振颤的发生与切削参数(切屑厚度、切屑宽度、切削速度等)的选择有关。为了在实际加工中避免振颤,必须减小切削参数(切削深度、主轴转速和进给速率),但也降低了生产力。为此,高性能数控系统中集成了针对刀具振颤的优化功能,如海德汉的有效振颤抑制功能(ACC)。

海德汉 ACC 通过减振功能提高振颤发生时的切削速度,能有效控制机床在高速铣削时刀具产生的振颤,降低刀具负载。尤其在重型切削中,该控制功能的效果非常明显,明显降低了刀具振颤对工件表面质量的影响,如图 4-25 所示。

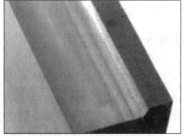

(a) 未使用ACC的重型加工   (b) 使用ACC的重型加工

图4-25 ACC 功能对重型加工的效果

4.3 智能数控机床大数据技术

数控机床在加工过程中会产生大量由指令控制信号和反馈信号构成的数据,包括指令速度、指令位置、跟随误差、实际位置、实际速度、进给轴电流、主轴电流、主轴功率等,以及各类传感器感知的振动、温度、图像、音频等外部数据,如图 4-26 所示。这些数据构成了机床大数据的主体部分,与工件加工状态、刀具寿命、加工质量等密切相关,能够对机床的工作任务(或工况)和运行状态做出实时、定量、精确的描述,反映数控机床内在的运动规律。

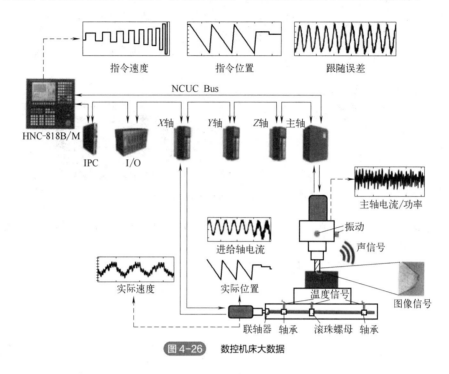

图 4-26　数控机床大数据

随着传感器技术的不断发展,数控机床数据感知能力不断提升,可在插补或位置控制过程中同步采集多项指令数据和反馈信号。数控系统也从早期的封闭式架构演变至现在的基于网络的智能架构,数据能够通过网络进行传输。通过机床大数据对生产过程进行监测与优化,提升数控机床的执行能力、改善零件加工质量、提高零件加工精度与加工效率等,实现数控机床智能化升级。

4.3.1　数控机床大数据应用层次

以大数据的全生命周期为主线,大数据在智能数控系统中的应用方式为:从数控机床获取数据→将数据存储至资源池→对数据进行分析,并根据分析结果生成决策。对应地,本节将大数据应用流程分为 3 个层次:数据感知、数据存储、数据分析与应用,如图 4-27 所示。

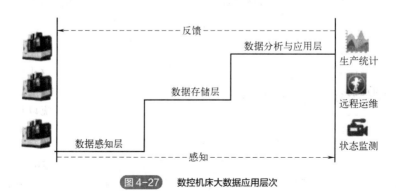

图 4-27　数控机床大数据应用层次

① 数据感知。数据感知是数控机床智能化的首要条件，其实质是数控机床的全生命周期大数据采集，为制造过程中工艺参数、设备状态、业务流程、多媒体信息以及制造过程信息流的管理与应用提供基础。智能数控机床的数据感知层需要支撑海量工业时序数据 7×24h 的持续发送，也需要具备高实时响应能力。

② 数据存储。数据存储层的主要任务是基于互联网通信实现多源异构数据的融合，根据数据类型与需求将数据存放到不同的存储介质，实现不同的数据服务。数据存储层利用高速缓存、分布式存储、时序存储等功能，满足数据高实时读写、海量存储、高效率存储与查询等关键需求。

③ 数据分析与应用。工业大数据具备实时要求高、海量、多源异构等特点，通用的数据分析技术往往不能解决特定工业场景的业务问题。工业过程要求工业分析模型的精度高、可靠性高、因果关系强，所以需要融合工业机理模型，以"数据驱动+机理驱动"的双驱动模式来实现数据分析，从而建立高精度、高可靠性的模型。数据应用层面向用户，根据数据分析结果对制造过程实现反馈控制，完成面向智能数控系统的智能监测、智能优化、智能调试、智能运维和智能管理等任务。

4.3.2　数控机床大数据感知

数控机床的状态数据反映机床的加工特征，是实现数控机床智能化的关键支撑数据，包括位置、振动、速度、加速度、电流、功率、声音、温度等。这些状态数据有一部分直接来自数控系统内部，与数控机床本身的控制过程紧密相关，如位置、速度、电流、切削力等。有些状态数据则需要借助外部传感器间接获取，包括振动、温度等数据。还有一些数据依赖于专业的测量设备，主要是对数控机床加工质量及其相关精度进行描述，如定位精度、几何精度等。

（1）数控机床内部电控大数据感知

数控机床内部电控数据是感知的主要数据来源，包括零件加工的插补实时数据（插补位置、跟随误差等）、伺服和电机反馈的内部电控数据，以及从 G 代码中提取的加工工艺数据（如切宽、切深、材料去除率等），这些数据在很大程度上反映数控机床的最高运动速度、跟踪精度、定位精度、加工表面质量、生产率及工作可靠性等一系列性能指标，并影响实际生产的加工精度和加工质量。例如，主传动的功率、扭矩特性决定了数控机床的工艺范围和加工能力。

① 位移数据。位移数据是机床各关键零部件的位移信号的反馈，数控系统检测各坐标轴的实际位置，并与给定的控制值（指令信号）进行比较，控制驱动元件按规定的轨迹和坐标移动。

机床位移数据影响机械加工精度，随着位移数据从微米级细化到纳米级，机械加工精度也成倍提高。通过位移传感器获得各个轴的当前位置值，可对移动部件的状态进行实时监控，提高运动可靠性。通过位移传感器感知机床关键零部件的实际位置和反馈位置，可获取加工过程的跟随误差，当跟随误差超过系统的预设值便会触发报警，从而对机械传动系统故障、电气系统故障以及数控系统参数设置不合理等问题进行反馈，实现机床健康状况以及定位精度的监测，提高数控机床的加工精度。

② 速度数据。数控机床的加工速度影响加工效率和加工精度。数控机床主轴转速和切削速度的监测对零件加工质量和加工效率的优化至关重要。速度数据在数控机床中主要通过对伺服

单元进行速度检测得到。例如，进给机构运动时产生的摩擦力影响实际刀具轨迹的准确性，根据进给轴位置和速度的变化趋势，构建进给系统位置-速度摩擦模型，可实现摩擦补偿，降低摩擦力对预期加工效果的影响。再如，机床加工过程中，刀位点实际进给速度与加工程序预定进给速度间存在偏差，也会影响零件加工质量，通过速度传感器追踪实际进给速度并进行实时优化，可有效缩小实际进给速度与理论进给速度之间的偏差，对提高零件表面加工质量和加工效率、延长刀具寿命具有重要的应用价值。

③ 压力数据。数控机床中压力数据主要包括三种：气压/液压、夹紧力、切削力。

气压/液压主要指润滑系统、液压系统、气压系统中油路或者气路中的压力，压力数据能反映系统的运行状态，数据出现异常表明系统出现故障。例如，压力值超出正常值的范围，对应的触点会动作，将故障信号传送给数控系统，机床出现报警，产品生产线停止加工。

夹紧力反映数控加工过程中夹紧机构对零部件/工件的压力。夹紧力稳定均匀，有助于机床提高加工精度及效率，同时避免事故发生。

切削力是金属切削过程中刀具对工件的压力，其大小直接影响切削热、加工表面质量、刀具磨损及刀具耐用度等。加工过程中轴向分力的不断变化影响工件表面质量，径向分力的不断变化影响工件的形状精度。切削状态的细微变化可以通过切削力的数值反映出来，加工过程中出现的刀具磨损、机床发生的故障以及产生的颤振等现象也都可以通过切削力的监测及时发现。可以说，切削力的变化贯穿整个切削过程，因此，实时、准确地监测切削过程中的切削力，对于研究切削机理、优化切削工艺参数以及确定刀具的几何角度等有着重要作用，对于提高机械制造水平也有重大意义。

（2）数控机床外部数据感知

传感器可将从数控机床获取的变量转换为可测量的信号，并提供给测控系统，是获取数控机床外部数据的有效手段。传感器具有信号敏感、数据品质高等优势，采集的数据是数控系统内部电控数据的良好补充。

① 温度传感器。在数控机床运行过程中，丝杠、轴承、主轴、进给轴等部件会发生不同程度的热变形，为检测数控机床的热变形信号，需要在机床的相应位置安装温度传感器。温度传感器通过接触或非接触的方式将温度测量出来，并将温度高低转变为电阻值大小或其他电信号进行传输。温度传感器类型繁多，常见的有以铂/铜为主的热电阻传感器、以半导体材料为主的热敏电阻传感器和热电偶传感器等。

在实际应用中，一般采取在适当位置打孔并嵌入温度传感器的直接测量手段。根据机床关键部件（如螺母副、电机等）的温度变化数据，可实现数控机床的过热保护或温度补偿，降低热变形对加工精度的影响。

② 振动传感器。数控机床在运行过程中不可避免地发生不同程度的振动，处于正常状态的机床具有典型的振动频谱，但是当机床磨损、基础下沉或部位变形时，机床原有的振动特征将发生变化，并通过机床振动频谱正确地反映出来。因此，振动数据是反映零件加工精度的重要因素，振动信号的分析在数控机床状态监测与故障诊断中有着重要作用。

振动传感器是通过检测冲击力或加速度实现机床振动信号的检测，检测方法包括机械式测量、光学式测量和电测量。电测量是应用最为广泛的方式，将机械振动的参量转换成电信号，经放大后进行测量和记录，实现振动信号的采集。

为了检测机床振动的幅度和频率，需要在机床关键零部件处安装振动传感器，包括机床箱体、主轴、刀具等位置。振动传感器已被广泛应用于切削稳定性监测、刀具破损监测、进给系统波动分析、主轴健康监测与故障诊断等场景。图 4-28 所示的 DMG MORI 的 DMC 80 FD duoBLOCK 铣/车复合加工中心，关键部位上共安装了 60 多个附加传感器，这些传感器持续记录设备加工过程中的振动、受力及温度数据，并将这些数据采集到一个特殊处理系统中进行处理及存储。

图 4-28　铣/车复合加工中心在关键部位安装附加传感器

③ 声发射传感器。声发射传感器负责将被传输到传感器表面的应力波信号转换为电信号，并传输至信号处理器完成电信号处理。在声发射检测系统中，声发射传感器是系统的核心部分，常用的有谐振式传感器和宽频带响应传感器等。声发射传感器采用动态无损检测技术，对环境要求低，抗干扰能力强。与传统无损检测相比，被测能量来自于被测量物体本身，是一种实时、动态的信号监测方式。

声发射传感器可用于强度试验、疲劳试验、检漏及安全监测等一系列应用。在数控加工过程中，由于刀具磨损存在随机性，利用刀具磨损寿命统计值与刀具磨损量之间的数学模型，通过理论推导难以验证模型准确性。刀具在加工受力下产生变形或裂纹时，会释放出弹性应力波，通过声发射传感器监测刀具磨损及其高频弹性应力波信号，避开加工过程中低频区的振动和音频噪声，能够辅助理论模型准确地预测刀具磨损。

④ RFID 传感器。RFID（radio frequency identification，射频识别）是 20 世纪 90 年代兴起的一种自动识别技术，通过射频信号自动识别目标对象并获取相关的对象数据信息，具有非接触读写、能够自动识别对象、信息存储量大等优点。

RFID 技术可用于数控机床关键零部件使用寿命监测等一系列生产场景。例如，在刀具上植入 RFID 智能芯片，同时在机床内部安装 RFID 智能模块自动采集芯片信息，可实现刀具的自动监管（图 4-29）。此外，RFID 自动识别技术也可应用于车间制造过程，将车间日常的生产过程管理信息（如派工、加工、装配和零件出入库等），由人工介入转化为自动信息采集与处理，通过手持 RFID 读写器对在制品的身份进行自动识别，为车间不同角色的操作人员快速、准确地提供物料信息，从一定程度上摆脱传统车间耗时的人工操作，降低制造过程中信息流动以及互动过程中的出错率。

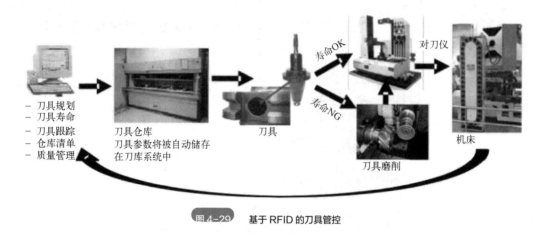

图 4-29　基于 RFID 的刀具管控

⑤ 条形码/二维码传感器。从技术原理来看，条形码/二维码在代码编制上使用若干与二进制相对应的几何形体来表示数值信息，并通过图像输入设备或光电扫描设备实现信息的自动识读。在数控机床领域，条形码可用于物料管理、生产管理、设备标识等应用场景。

与条形码相比，二维码最大的优点是支持汉字、图片、指纹等数字化信息的编码，信息容量较大，可达条形码信息容量的几十倍到几百倍，译码可靠性高。在数控机床领域，通过二维码记录加工零件的生产信息，包括生产时间、操作人员、生产状态等，可实现对各产品生产过程的长期、有效监控，为生产企业带来极大的附加应用价值。将数控机床的生产信息以二维码的方式存储在数控系统中，通过移动设备扫码实现生产统计数据向云端上传，数据完整性不再受机床网络状态的影响。另外，还可以基于机床故障信息生成对应的二维码，通过移动设备扫码快速获取故障解决方案，降低机床的维护成本。总之，二维码识别技术在零件标识、产品追溯、远程运维、生产统计、质量追踪等方面具有广泛的应用场景，正在数控机床领域形成更多的解决方案。

（3）数控机床测量数据

数控机床运行过程中的感知、分析、决策等重要环节都离不开机床测量技术，刀具磨损、数控机床健康状态、几何量、智能传动装置及油液状态等都需要精密测量，并通过误差补偿来提高机床使用寿命及工件加工精度。目前，数控系统测量设备层出不穷，比较常用的有激光干涉仪和机床测头等。

① 激光干涉仪。激光干涉仪是以激光波长为长度计量基准的高精度测量仪器，可用于几何精度、位置精度、转台分度精度、双轴定位精度的检测、自动补偿，以及动态性能检测等。在数控加工中，它可检测数控机床直线度、垂直度、俯仰与偏摆、平面度、平行度、定位精度、

重复定位精度、微量位移精度等。例如，利用雷尼绍双激光干涉仪系统可同步测量大型龙门移动式数控机床由双伺服驱动某一轴向运动的定位精度。而且可用激光干涉仪进行机床振动测试与分析、滚珠丝杠的动态特性分析、伺服驱动系统的响应特性分析、导轨的动态特性（低速爬行）分析等。

　　② 机床测头。数控加工中，工件的装夹找正及刀具尺寸的测量往往会耗费大量人力与时间。工件测头系统可在机床上快速、准确地测量工件位置，并直接将测量结果反馈到数控系统中，从而修正机床的工件坐标系。对于具备数控转台的机床，机床测头能够自动找正工件基准面，自动完成诸如基面调整、工件坐标系设定等工作，简化工装夹具，缩短机床的辅助时间，大大提高机床的切削效率，且可使切削余量均匀，保证切削过程的平稳性。在利用刀具半径补偿的批量加工过程中，机床测头可自动测量工件尺寸，并根据测量结果自动修正刀具的偏置量，补偿刀具磨损，保证工件尺寸及精度一致性。

4.3.3　数控机床大数据传输

　　数据传输是数据从感知到应用的必需环节，主要表现为以通信技术为主的各种网络，依赖于物理设备的硬件互联和通信网络的协议互通。其中，硬件互联是指系统通过各类硬件接口与外部通信模块实现连接，主要包括主流数控系统均具备的 RS-232/422/485、USB 和 RJ-45 等接口。随着移动通信技术与工业领域的融合，移动通信网络正在被广泛应用于工业数据传输，如窄带物联网、4G/5G 移动网络等。

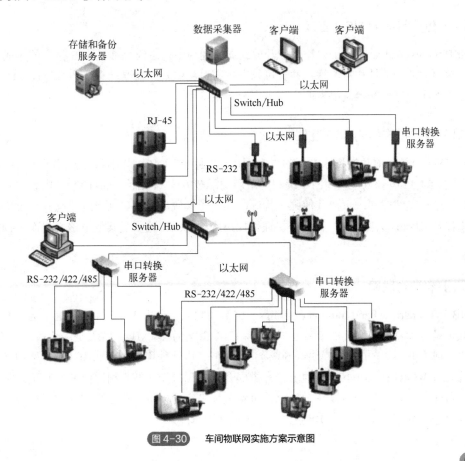

图4-30　车间物联网实施方案示意图

协议互通是指数据通过规范的协议进行通信，一方面是数控系统通过现场总线协议与底层驱动器进行互通，如 EtherCAT、PROFINET、NCUC 等；另一方面是数控系统通过各种互联通信协议与数据应用进行数据传输，如 MT-Connect、Umati、NC-Link 等。图 4-30 所示为典型的基于 RS-232/422/485、USB 和 RJ-45 接口的车间物联网实施方案。

（1）数控机床的 RS-232/422/485 互联

串口通信具备简单成熟、性能可靠、价格低廉等特点，一般通过串口服务器实现与计算机的网络连接，是数控机床最基本的数据传输方式。其中，串口服务器能够将 RS-232/422/485 串口转换成 TCP/IP 网络接口，使得数控机床基于串口具备 TCP/IP 网络接口功能，实现 RS-232/422/485 串口与 TCP/IP 网络接口的数据双向传输。

RS-232 是数控机床最简单的一种串口通信方式，只作用于数据的传输通路上，并不内含对数据的处理方式，即 RS-232 接口可以实现点对点的通信，但不能支持数控机床的联网功能。

RS-485 标准采用差分传输方式，支持一点对多点的联网方案，以此实现一台计算机与多台数控机床之间的数据传输，具备抗噪声干扰性好、数据传输距离长、设备组网操作简单等特点。

RS-422 的电气性能与 RS-485 完全一致，主要区别在于：RS-485 采用半双工模式，常用于数控机床总线网的数据传输；RS-422 采用全双工模式，数据收/发需要单独信道，一般适用于两个站之间星形网或环网的通信。

（2）数控机床的 USB 互联

USB（universal serial bus）是一种开放式新型通用串行总线标准。USB 接口的集成使数控系统具有更大的开放性和灵活性，并且可以在生产过程中根据需要动态地增减外设。USB 总线在工业级的实时通信和控制等方面实现了广泛应用。

（3）数控机床的 RJ-45 互联

RJ-45 接口是目前数控机床常用的以太网接口，通过 RJ-45 连接器可将数控机床快捷接入工业以太网。RJ-45 信号电缆采用网状编织屏蔽层的屏蔽方式，内部组线时的差分电缆通常采用双绞传输，电缆走线时要求远离其他强干扰源，如电源模块，最好单独走线或与其他模拟以及功率线缆保持 10cm 以上距离，目的是保证数控机床的数据传输不受其他电磁干扰而导致数据丢包。

（4）窄带物联网

NB-IoT（narrow band internet of things，窄带物联网）是由 3GPP 标准化组织定义的一种技术标准，是专为物联网设计的窄带通信方式，工作带宽为 180kHz，特点是：覆盖广、连接多、速率快、成本低（比一般 4G 模块低 50%）、功耗低（电池使用寿命可达 10 年）、架构优、海量连接（比 2G/3G/4G 有 50～100 倍的上行容量提升）。与现有无线技术相比，NB-IoT 可支持 50~100 倍的设备接入量，覆盖能力提高 100 倍，可将数控机床的加工过程参数和影响运行可靠性的各种参数发送到数据信息平台，实现生产过程的远程实时监控。

（5）5G 移动网络

第五代移动通信技术（5th generation mobile networks，5G）是最新一代蜂窝移动通信技术，是现有的无线通信技术的一个融合。与 4G 网络处理自发能力有限相比，5G 具备两个优点：一个是数据传输速率远远高于现有蜂窝网络，另一个是网络延迟低于 1ms。

目前，整体叶盘加工面临的一大问题就是加工过程长且很难监测其质量，瑞典爱立信公司利用 5G 技术的超低延时为整体叶盘加工提供了解决方案：爱立信 5G 试验系统与整体叶盘上的传感器相连，通过 5G 将振动频谱实时采集到评估系统，接近 1ms 的超低延迟使运维人员可以通过振动及时定位生产机械中的相应部件，迅速调整生产工艺，降低返工率。

4.3.4 数控机床大数据处理

根据数据实时性或数据量等需求，数控机床大数据的处理方式一般有两种：云端数据处理和边缘数据处理。图 4-31 展示了云计算和边缘计算数据处理的典型架构。其中，云端数据处理是指各种底层设备（如数控机床、机器人、AGV 小车等）通过网络连接将数据上传至云端，并在云端对数据进行存储和分析；边缘数据处理是指各种底层设备通过网络连接直接把数据存储于边缘端，以低延迟的方式对数据进行就近处理，从而及时向控制设备反馈处理结果。

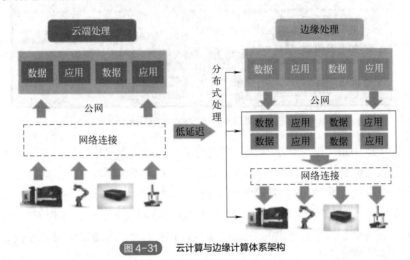

图 4-31　云计算与边缘计算体系架构

（1）云端数据处理方式

云端数据处理方式伴随着云计算技术的提出与发展得到广泛应用。云计算是一种"云-管-端"的计算模型，利用分布式计算和虚拟资源管理技术，通过网络将分散的计算资源（包括计算与存储服务器、应用运行平台、软件等）集中起来形成共享的资源池，并以动态按需和可度量的方式向用户提供服务。

数控机床大数据的云端处理方式是利用云数据中心超强的计算能力来集中式解决计算和存储问题，实现不同机床设备间的数据与应用共享，具有集中管理、按需分配、扩展性强、支持海量数据等优势。

现有工业领域中，基于云计算的大数据处理平台的典型代表主要有 MindSphere 和 Predix。其中，MindSphere 是西门子推出的基于云的开放式物联网操作系统，如图 4-32 所示，其智能网关可广泛连接第三方设备，支持系统集成商把企业资源计划（ERP）、制造执行系统（MES）等涉及生产、物流或业务运营的不同系统的数据汇集到云端，在云端实现全面的系统集成和数据融合。制造商通过 MindSphere 网关可快速高效地采集海量数据并挖掘数据中的价值，以最少的投入大幅提高生产设备的性能和可用性。

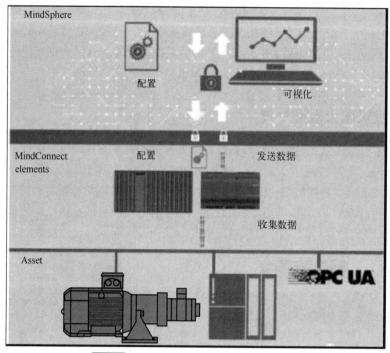

图 4-32　西门子 MindSphere 物联网操作系统

Predix 是由美国通用电气公司（GE）推出的用于工业数据采集与分析的操作系统，它不仅能实时监控包括飞机发动机、涡轮、核磁共振仪在内的各类机器设备，还能捕捉飞机在飞行过程中高速产生的海量数据，对这些数据进行分析和管理，实现对机器的实时监测、调整和优化。

此外，海尔集团的 COSMOPlat 平台利用 RFID 物联网技术，在云端提供数据分析、判断、指令下达等一系列服务。华为推出的 OceanConnect IoT 平台在云端提供设备连接、设备数据采集与存储、设备维护等功能。

云计算技术在机床控制上的应用还处于探索阶段，主要体现为：通过应用云计算技术的控制系统，以有偿的形式向机床提供技术服务；在营销服务体系上，与物联网相结合，对产品的流动进行全面掌控，增强产品信息的存储和库存的管理；从产品的原材料到产品出厂，进行企业级的云管理控制，注重不同设备和不同部件的无缝连接，减少部件转运过程中的时间。中国移动发布了 OneNET 平台（图 4-33），支持基于数字孪生实现智能制造，通过机床通信和加装传感设备获取机床实时数据，并通过 4G 移动蜂窝网络直接上传 OneNET 云端。OneNET 平台对采集上传的数据进行存储，并对生产设备及流程进行建模，实现数控加工过程的数字孪生功能，监测机床的实时状态，对产品质量进行实时控制与分析，对车间能耗进行优化与预测。华中数控推出的 iNC-Cloud 平台是专门面向数控系统的工业互联网平台，支持工业设备的快速接入，并基于云端数据分析服务，为数控机床提供智能优化、智能决策、智能维护等功能。

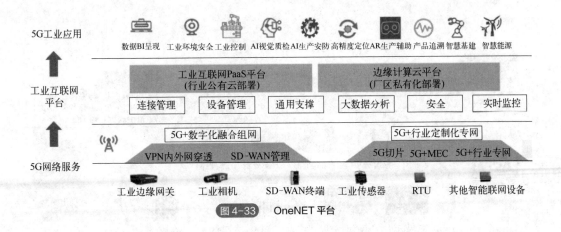

图 4-33　OneNET 平台

（2）边缘数据处理方式

边缘计算是指靠近物理实体或者数据源头的网络边缘侧，融合了网络、计算、存储、应用等核心能力的开放平台，就近提供边缘智能服务。通俗来说，边缘计算就是将云端的计算、存储能力下沉到网络边缘，用分布式的计算与存储技术在本地直接处理或解决特定的业务需求，从而满足不断出现的新业态对于网络高带宽、低延迟的硬性要求。

在边缘进行数据的计算处理，可以减少边缘设备和数据中心的数据传输量和带宽压力，不需要通过网络请求云计算中心的响应，大大减少系统延迟，增强服务响应能力。

随着数控系统信息采集能力和采集频率的不断提高，数控机床产生的数据量呈几何级数增加，这对数控机床大数据的传输带宽提出了更高的要求，推动了边缘计算在工业数据处理中的应用。例如，研华科技公司推出了设备边缘智能联网解决方案——IoT 边缘智能服务器（EIS），在边缘端对数据进行采集与处理，并做出实时反馈。西门子推出了即插即用数据接入网关 NanoBox 和 Nanopanel，利用边缘计算设备来分析传感器数据，并借助人工智能分析机器运行参数，实时监测生产过程中的异常，判断未来出现故障的可能性。华中数控推出了基于 AI 芯片的边缘计算方案。

边缘计算与云计算在数据应用中呈现出不同的优势与局限性，边缘与云端之间进行协同，构建边-云协同的海量数据采集与分析应用的服务体系是数控机床大数据处理的最佳有效方式。边-云协同可合理优化任务分配策略，利用云端强大的计算能力承担公共计算任务，减轻边缘计算压力，并基于边缘计算的实时响应能力，为数控机床提供实时反馈。

4.3.5　智能数控机床大数据应用——iNC Cloud 服务平台

iNC Cloud 平台的实质是数控资源集聚共享的有效载体，为工业智能化应用的创新与集成提供数据和平台，推进传统制造业向智能制造的转型升级。如图 4-34 所示，其应用可分为数据传输、数据存储、数据分析和智能决策四大模块。

数据传输模块支持多种设备联网模式，包括窄带物联网、移动网络、二维码、扫码枪等，并提供丰富的工业物联网渠道；数据存储模块对生产过程的大数据进行存储，包括设备属性、调机记录、故障记录、体检特征、机床状态、加工计件等；数据分析模块包括故障分类、机床能耗、产量统计等；智能决策模块包括智能报表、设备维护等。通过这四大模块实现 iNC Cloud 平台的智能化应用。

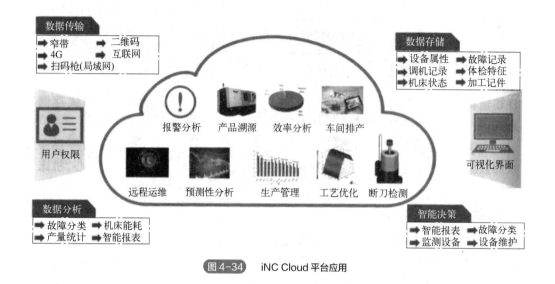

图 4-34   iNC Cloud 平台应用

（1）产品全生命周期追溯

iNC Cloud 平台建立全生命周期机床数据档案（即机床档案库），记录设备全生命周期（出厂、使用、维护、回收）的过程数据，包括系统信息、关键功能部件信息、维修保养信息、装配质量数据、系统联调数据等，形成产品全生命周期信息知识库，为系统或设备的性能优化、功能改进、运维保养等应用提供数据支持。

（2）设备定位

iNC Cloud 平台提供机床位置和分布展示功能，在 Web 端和移动终端可展示机床的地理分布情况，设备位置一目了然，方便用户实时查看定位情况，进行精准化资产管理，建立弹性的售后服务制度，指引客服工程师提供精准的维修、回访服务。

（3）机床自主维修

iNC Cloud 平台构建常见故障案例知识库（图 4-35），为用户提供故障案例解决方案的快速获取通道，可以让用户及时获得设备资料，支持用户根据指导信息自行解决故障。在降低设备厂/系统厂运维成本的同时，极大缩短设备停机时间，大大提升设备可用率，同时支持用户及厂商将故障案例经验上传至故障案例知识库，定向进行资源共享。

（4）故障在线报修

对于用户无法自助解决的故障，iNC Cloud 平台提供设备在线报修"通道"，在线报修可以更准确地向系统厂、机床厂反馈设备的状态和联络信息，通过文字、照片、视频等多种媒体方式采集和传递数据。用户将故障信息远程提交至机床厂或数控系统厂家的相关部门，如图 4-36 所示，相关部门对故障订单进行在线派遣，并由维修工程师快速跟进。该功能集故障报修、派遣、跟踪、完成、评价、回访等全流程服务于一体，打破了传统售后申请步骤繁琐的局限，提高设备运维效率。

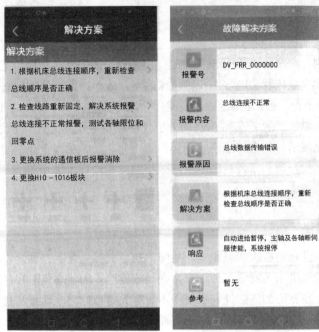

(a) 故障案例知识库示意　　　(b) 机床故障解决方案示意

图 4-35　iNC Cloud 平台故障案例

(a) 故障在线报修　　　　　　(b) 用户报修订单管理

图 4-36　iNC Cloud 平台故障在线报修示意

（5）生产过程实时监测

基于平台对机床数据高速存取的支持，通过该平台可对机床状态（如运行、待机、离线、报警）进行实时监测，在 Web 端和移动终端可随时随地查看产线、车间、工厂的生产情况。利用机床状态数据可建立机床状态时序图，为机床的生产效率统计提供数据支持。

基于 iNC Cloud 平台，根据机床的生产过程大数据构建生产过程的数字化"镜像"，支持数控机床开机率、运行率、产量/产值等信息的分析统计，并通过饼状图、柱状图、折线图、时序图等方式进行可视化展示，将车间生产"黑箱"透明化，及时反馈企业车间的生产状况，帮助车间管理人员动态掌握资源利用，对影响生产效率的问题进行改进和跟踪，为车间的高效生产管理和排产提供信息依据。

（6）预测性维修

数控机床预测性维修集机床状态监测、故障诊断、故障（状态）预测、维修决策支持和维修活动于一体，通过对机床关键零部件进行定期（或连续）的状态监测和故障诊断，判断零部件所处的健康状态，预测诸如零部件剩余使用寿命等关键指标，从而预测机床整机健康状态未来的发展趋势和可能发生的故障模式，为机床制定预测性维修计划。iNC Cloud 平台基于上述理念，通过监测机床的生产过程数据对机床关键功能部件（刀具、主轴、进给轴等）的加工状态进行实时感知，并通过大数据分析生成可视化的部件健康指数，直观地显示当前机床状态与基准状态之间的差距，判断其当前的磨损状况，预测其潜在的故障风险。

4.4 智能数控机床的互联通信

数控机床的互联通信是打通现场设备层，将智能装备通过通信技术有机连接起来，实现全生产过程的数据集成。不同品牌和型号的数控机床来自不同的厂家，遵循不同的通信协议，多源异构数据横向融合以及制造全流程数据纵向打通的问题亟待解决。数控机床互联通信有利于打破数据壁垒，是实现资源共享与高效管理的核心环节，也是实现智能制造的关键基础。

从机床大数据在数控机床和外部应用系统之间的流通需求（数据感知、数据传输、数据应用）来看，数控机床互联通信协议可分为三个层次：感知层、通信层、语义层，如图 4-37 所示。

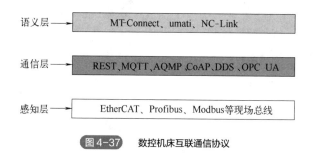

图 4-37 数控机床互联通信协议

感知层互联通信协议解决的是数控系统对以传感器信号为代表的各类数据的采集与管理，主要以各类现场总线协议为主，常见的现场总线协议包括 Profibus、EtherCAT、TwinCAT、CANope、ControlNet、Ethernet、PROFINET、Modbus、RS-232/RS-485、CC-Link 等 40 余种。

通信层互联通信协议负责实现从数控系统到应用系统之间的数据传输，主要以各类以太网协议为主，常用的以太网协议包括 CoAP（constrained application protocol）、MQTT（message queuing telemetry transport）、DDS（data distribution service for real-time systems）、AMQP（advanced message queuing protocol）、OPC UA 等。

语义层互联通信协议具备面向应用集成的对机床模型含义的数据解释能力，主要指包含模型设计和数据字典的协议。当前，常用的语义层协议包括 MT-Connect、umati 以及 NC-Link 等。

4.4.1　数控机床大数据的互联、互通、互操作

数控机床互联通信实现了数控机床大数据的互联、互通、互操作，是沟通设备与数据应用的使能技术，是"让设备说话"的技术。互联（interconnection）是指构成数控机床与数据应用信息交互系统的物理部件和介质，主要包括设备本体、传输介质、通信接口；互通（intercommunication）是数控机床向外部传输数据的"数字化载体"；互操作（interoperability）是将数控机床的数据进行"翻译"，使应用程序或其他设备可以理解数据的物理意义，为数据应用提供基础。由此可见，互联使数控机床与数据应用之间的信号传输成为可能，互通使数据在互联的基础上可以准确无误地进行传输，在互联、互通的前提下，完成数控机床与数据应用的互操作，实现信息交互与融合。

（1）数控机床大数据的互联

数控机床大数据互联的实现基础是机床在物理上的连接，使数控系统与各控制单元、伺服驱动、I/O 逻辑控制、应用程序物理载体等装置之间实现信号传递，为数据交互提供物质基础和条件。

早期数控机床采用 I/O 通信和串口通信，随着计算机通信技术的发展，以太网凭借实时性好、可靠性高等优势，已成为数控系统的主流互联方式。

以太网中常用的有线传输介质包括双绞线、光纤，无线通信传输介质主要是无线电波。

双绞线通过电脉冲传输信号，物理上由两根具有绝缘保护层的铜导线组成，可降低信号干扰的程度，适用于干扰较大和数据远距离传输的生产控制。光纤是一种由玻璃或塑料制成的纤维，以光脉冲的形式来传输信号，因此不受外界电磁信号的干扰，信号的衰减速度很慢，传输距离比较远，信号实时性强，特别适用于电磁环境恶劣的生产环境。

无线电波是一种在自由空间内进行信号传播的无线通信介质，具有支持覆盖力强、超低功耗、巨量终端接入的非时延敏感（上行时延可放宽至 10s 以上）的低速业务（支持单用户上下行至少 160bit/s）需求的能力。

综上，设备互联解决的是数控机床与内外部功能模块在物理层的信号传输使能，为数据层的互通提供前提。

（2）数控机床大数据的互通

无论什么类型的信号（电脉冲、光脉冲等），最终都需要组织成某种形式的数据帧进行传输，设备互通是负责完成"信号"到"数据帧"的转换，实现通信双方统一的数据交互方式，

使得数据可以被数据交互双方正确解析。目前，数控机床大数据的互通层协议有 TCP/IP、MQTT、TSN、CC-Link、OPC UA 等。

TCP/IP 是以太网通信的基础，为终端接入互联网以及数据传输制定了统一的标准。工业现场的多数智能设备和 I/O 模块均配置有执行 TCP/IP 网络协议的标准以太网通信接口。例如，华中 8 型数控系统的开放式二次开发接口就是基于 TCP/IP 协议实现机床与数据应用的数据互通。

MQTT（message queuing telemetry transport，消息队列遥测传输协议）是基于 TCP/IP 协议的轻量级的消息传输协议，能够以极少的代码和有限的带宽，为远程设备连接提供实时、可靠的数据传输服务。华中数控"互联网+"服务平台（iNC Cloud）与数控机床的数据互通便是基于 MQTT 协议实现的。

综上，数据的互通解决的是互联信号的传输和控制，实现端到端的数据流通，使数据交互双方可以正确解析出接收到的数据，为数控机床大数据的互操作提供基础。

（3）数控机床大数据的互操作

美国电气和电子工程师协议（IEEE）对互操作的要求是：数据交互双方完全理解信息的语义并正确使用已交换信息。互联与互通虽然实现了大数据的流通，但未解决数据发生端和数据应用端的信息交互，即使数据可以被数据应用端（包括数控机床、各种智能应用等）获取，应用端也无法理解数据内所蕴含的信息。互通层协议只能实现数据的解析，但无法支撑数据接收方对数据的理解，不能形成数据交互双方之间的互操作行为。

数控机床大数据的互操作需要对数据进行统一、明确的规范，以及建立将数据与数据产生的制造操作相关联的机制。互操作要求数据交互双方不仅能正确解析数据，而且能够正确理解数据，并以正确的动作完成响应，这依赖于数控机床和智能应用之间统一的语义系统。语义系统是指语素按照一定规则组成的信息传递系统，主要由语素和语法两部分组成。

语素是构成语义系统的最小单位。对于数控机床而言，数据采集的目的是数据应用，这个过程需要数据来源、物理意义和时间特性（采样时间、采样频率）。语素部分用于对数控机床的数据表达方式进行统一定义。

语法部分就是按照某一规则进行推导所形成的"语法树"，树中的每个内部节点表示一个运算，而该节点的子节点表示该运算的分量。在数控机床领域，数控机床的语法树可以推导为数控机床数字化模型和数据交互方法，其中，数字化模型指明数据是什么，数据交互方法代表数据操作方法。以 NC-Link 协议为例，设备模型和接口要求共同构成语法部分。其中，设备模型定义了数控机床的数字化描述方法，指明数控机床可以提供的数据是什么；接口要求定义了数据交互方法。数控机床数据种类繁多，每一种数据的用途、产生周期、产生部位都不同，但每一种数据都与某个特定的机床部件相关，而机床是各个部件通过有序装配组成的整体，NC-Link 协议基于这种装配关系将数据与部件进行关联，构建树状结构的设备模型，并以此自动标识各项数据的类型。

以 NC-Link 协议为例，其语义系统由数据字典、设备模型和接口要求构成。其中，数据字典为语素部分，设备模型和接口要求为语法部分。假设"查询 X 轴的电流数据"，那么：①利用数据字典定义电流数据的表达方式，通过数据标识、数据名称、数据类型、数据描述、数据值、数据来源、数据单位等信息对电流数据进行统一描述；②通过树状组织结构的设备模型，识别出数据是来源于数控机床的 X 轴的电流数据，并基于数据字典对数据意义进行理解；③通过接口要求定义电流数据的操作方法，使得数控机床可以识别发送的"查询"请求，并根据设备模型解析出查询的是 X 轴的电流数据，根据数据字典对数据进行组织和打包后，向智能应用发送。

综上，数控机床大数据的互操作是基于统一的语义模型实现"数据帧"的适配，使得交互双方能够正确"理解"交换的信息，并根据"理解"的结果做出正确的响应，实现数控机床与智能应用之间的数据"沟通"。除 NC-Link 外，支持数控机床大数据互操作的通信协议还有 MT-Connect、umati 等。

4.4.2 数控系统互联通信协议

（1）OPC UA 协议

OPC UA 是当前应用比较广泛的数控系统互联通信协议，为工厂车间和企业之间的数据和信息传递提供一个与平台无关的互操作性标准。通过 OPC UA，所有需要的信息在任何时间和任何地点对每个授权的应用、每个授权的人员都开放，这种功能独立于制造厂商的原始应用、编程语言和操作系统。工业 4.0 环境下的 OPC UA，目的是为不同生产厂商生产的成套装置、机械设备和部件之间提供一种统一的通信方式使数据采集模型化，同时使工厂底层与企业层面之间的通信更加安全、可靠。

OPC UA 的主要优点有：OPC UA 有效地将现有的 OPC 规范［数据访问（DC）、报警和事件（A&E）、历史数据访问（HDA）、命令、复杂数据和对象类型］集成，成为新的 OPC UA 规范；OPC UA 在提高互通性的同时降低了维护和额外配置费用；OPC UA 软件的开发不受限于任何特定的操作平台，可在 Windows、Linux、UNIX、Mac 等平台上实现。OPC UA 的技术优势使得越来越多的公司将其作为开放的数据标准，例如，西门子智能物联网网关通过内嵌 OPC UA 技术实现了不同数据之间的通信协调。国内许多工业控制软件已经认可 OPC UA 技术，对其在离散制造车间监控、智能制造实时数据服务、统一化数据中心访问平台等方面的应用进行了研究与推进。

但是，OPC UA 在通信实时性上具有局限性，不适用于工业现场级的数据互通。目前，OPC UA 正在积极与 TSN（time-sensitive networking，时间敏感网络）进行融合。TSN 与 OPC UA 融合技术可为数控机床大数据的采集、传输、融合与分享构建更高效的通信网络，成为 OPC UA 协议在工业预测性维护、远程运维、生产监控、可视化信息管理等方面进行应用的关键推动因素。

（2）MT-Connect 协议

MT-Connect 是针对制造设备中统一通信接口与标准的问题而开发的数控设备互联通信协议，该协议允许不同来源的数据进行交流和识别，支持不同数控系统、设备和应用软件之间更广泛的互操作，创造了一种"即插即用"的应用环境。MT-Connect 标准中的语义模型提供完整描述数据所需的信息，允许软件应用程序轻松"解释"来自各种数据源的数据，从而降低应用程序开发的复杂性和工作量。

MT-Connect 协议的主要优点有：①网络传输的跨平台能力好；②使用 XML 作为数据表示方式，使用 HTTP 协议作为传输方式，XML 高度的开放性、可读性、兼容性以及 HTTP 网络传输的跨平台能力，解决了数据跨平台交换、数据格式不兼容的问题；③由代理器（Agent）软件模块担任 XML 数据格式转换，应用程序开发者无须考虑底层数据的格式，直接使用 Agent 提供的统一数据访问接口，程序通用性好；④协议涵盖数据模型，解决了数据采集协议不一致、数据格式不兼容、数据响应方式不同等问题，使异构制造设备的数据集成更加灵活简单。

MT-Connect 的技术优势吸引了众多设备厂商纷纷推出支持该协议的接口，包括西门子、发那科、马扎克、海德汉等。例如，日本马扎克公司积极支持通过 MT-Connect 协议提供完整的制造解决方案，在其产品中集成 MT-Connect 适配器，以实现生产数据的采集与融合；FANUC 公司也在其机床通信协议 FOCAS 接口中兼容了 MT-Connect 协议，支持工业设备与应用软件通过 MT-Connect 格式数据进行互操作。

（3）umati 协议

umati 是架设在 OPC UA 基础之上的工业互联通信协议，是一种面向机床互联通信的通用接口，核心是通过基于通信规范 OPC 统一架构的信息模型提供一种标准化的语义系统。对于非标准化的参数和数据接口，umati 支持机床生产商和用户的特定扩展，提供的规范在全球范围内具有普遍适用性。

2019 年 9 月的 EMO 汉诺威金属加工世界展会上，umati 展示了与来自 70 个跨国企业和合作伙伴的 110 台设备的互联通信，证明了 umati 通信接口在工业产品应用中的通用性。目前，西门子公司已通过 umati 通信接口实现了设备加工件数统计、零件加工时间统计、批量生产计划、加工零件质量评测等功能。

4.4.3　NC-Link 协议

NC-Link 协议是由数控机床互联互通产业联盟（以下简称"联盟"）研发的具有自主知识产权的数控机床互联通信协议标准，旨在打造具有中国自主知识产权的机床互联通信标准，提供更加适合数控机床的互联通信协议。

（1）NC-Link 协议特点

NC-Link 协议提供标准化接口和标准化数据结构，支持多源异构数据采集、集成和反馈控制，可实现单个数控装备、智能产线和智能工厂的数据交互，以及多个云数据中心之间的互联通信，主要具备以下特点：

① 独特的数控装备信息模型。NC-Link 协议定义的数控装备模型采用 JSON（java script object notation，对象简谱）树状结构化模型文件，能贴切地反映机床及其各个功能部件的逻辑关系，具备丰富的数据类型，可完全覆盖数控机床各类信息的描述需求。

② 支持自定义的组合数据。NC-Link 支持以多种标准在数控装备端把同一时间段（或者其他形式对齐方式）产生的一组数据组成一组数据块，大大提高数据传输效率，也为数据的关联分析提供基础。

③ 轻量级数据交换格式。采用弱类型的 JSON 进行模型描述与数据传输，带宽压力低，实时性强，决定了 NC-Link 实时双向控制的特性。

④ 对异构设备或平台高度兼容。NC-Link 信息模型具备高灵活性和可扩充性，可以兼容现有的主流工业互联的数据交互协议，包括 OPC UA、MT-Connect、umati 等。

⑤ 独特的安全性设计。NC-Link 协议支持数控装备端到端的安全通信，支持设备与终端的接入安全、权限控制以及数据传输安全，并在设备端对数据操作权限实施严格的权限控制与身份授权。

NC-Link 实现了我国互联通信技术的完全自主可控，可改变我国在数控机床国际市场竞争中的被动局面，加快推动我国智能制造业的发展。目前，NC-Link 已实现与 MT-Connect、OPC UA、iport 等通信协议的互联互通，支持华中数控、i5、广州数控、科德数控等数控系统，应用设备对象可覆盖数控机床、机器人、AGV 小车、PLC 模块等。

（2）NC-Link 标准组成

NC-Link 标准包含五部分内容（图4-38）：通用要求、模型定义、数据字典、接口要求和安全要求。其中，通用要求是 NC-Link 标准的基础，对标准的定位、组成、基础软硬环境做整体描述；模型定义是 NC-Link 标准的核心，定义数控装备的数字化描述方法；数据字典是 NC-Link 标准的语义字典，描述数据的层次结构和语义表达；接口要求定义数据交互方法；安全要求定义设备接入、数据传输以及数据访问的安全规范。设备模型、数据字典和接口要求共同构成了 NC-Link 协议的语义系统，决定了 NC-Link 协议的互操作能力。

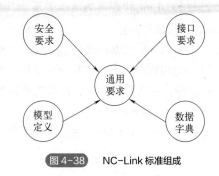

图 4-38　NC-Link 标准组成

（3）NC-Link 体系架构

NC-Link 标准的体系结构包括：设备层、NC-Link 层、应用层，如图 4-39 所示。设备层由独立的数控装备组成，是原始数据源；应用层是数据的最终使用方；NC-Link 层在设备层与应用层之间执行数据转发，是 NC-link 体系架构的核心。数据的传输流向为"设备层→NC-Link 层→应用层"或"应用层→NC Link 层→设备层"。

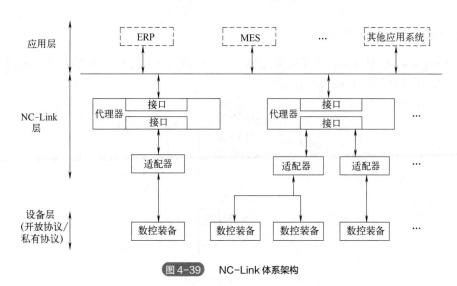

图 4-39　NC-Link 体系架构

作为 NC-Link 体系架构的核心层，NC-Link 层主要由适配器层和代理器层组成。NC-Link 适配器层由一个或多个相互独立的适配器组成，负责从数控装备采集数据，并把采集到的数据传输到代理器，或者从代理器获取数据，并把数据传输至数控装备。适配器包括三个部分：与设备层通信的驱动模块、数据解析模块和通信模块，如图 4-40 所示。驱动模块负责建立适配器与设备层的通信关系，为设备层与数控装备的数据交互提供传输通道。数据解析模块实质是一个"数据翻译器"，负责完成数控装备专用语言和 NC-Link 标准语言的转换，将从数控装备采集到的数据转换为 NC-Link 数据，或者将 NC-Link 标准数据转换为数控装备可以识别的数据。该模块决定了 NC-Link 协议对多源异构设备的兼容。通信模块负责建立 NC-Link 适配器与 NC-Link 代理器的通信关系，实现适配器与代理器之间的数据传输。

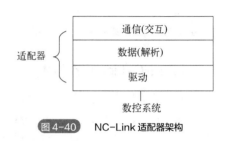

图 4-40　NC-Link 适配器架构

NC-Link 代理器层由一个或多个相互独立的 NC-Link 代理器组成，主要负责适配器与应用层之间的数据路由及转发，支持基于 NC-Link 标准数据的双向通信。NC-Link 代理器主要包括三部分：应用系统接口、管理层和适配器接口，如图 4-41 所示。其中，适配器接口负责代理器与适配器之间的数据交互；应用系统接口负责代理器与应用层之间的数据交互；管理层提供身份认证、访问控制和传输安全等服务。

图 4-41　NC-Link 代理器架构

（4）NC-Link 接口要求

NC-Link 接口是 NC-Link 层与设备层/应用层进行数据交互的唯一通道。NC-Link 接口要求与设备模型共同构成 NC-Link 的语法部分。

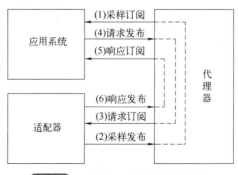

图 4-42　NC-Link 协议的接口交互模型

在数据交互时，有四类操作：模型文件的操作（包括查询与设置）、数据查询、数据下发、数据采样。NC-Link 以尽可能少的接口覆盖所有交互需求。NC-Link 接口在设计时考虑到数据变动特性和实际需求，将请求/响应模型和订阅/发布模型进行整合，并强制规定"只有不断变化的状态数据才可以进行采样"。

NC-link 适配器、代理器和应用系统之间的接口访问模型如图 4-42 所示。

① 发布/订阅模型。NC-link 协议采用发布/订阅与请求/响应相结合的模式实现数据访问与传输，这种混合模式能够增强信息交互的效率和实时性。

发布/订阅（publish/subscribe）模型涉及三种身份：发布者（publisher）、代理（服务器）（broker）和订阅者（subscriber），如图 4-43 所示。发布者向代理发送消息，订阅者订阅消息，代理向订阅者推送消息。发布者与订阅者之间并没有绝对的对应关系：一个发布者可以对应很多个订阅者，一个订阅者可以向多个发布者订阅消息，消息发布者可以同时是订阅者。在 NC-Link 协议框架下，NC-Link 适配器可以是发布者或订阅者，应用系统也可以是发布者或订阅者。基于这种发布/订阅模式，NC-Link 协议实现了数据的双向传输和高频交互。

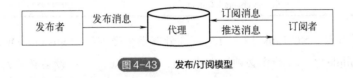

图 4-43　发布/订阅模型

数据双向传输机制是指适配器与应用程序均可发送、接收数据。在发布/订阅模式下，适配器的发送/接收通道和代理器的发送/接收通道是彼此独立的。NC-Link 适配器和应用系统可向彼此订阅数据并获取数据。数据双向传输机制为 NC-Link 协议向数控机床的反馈控制提供使能条件。

发布/订阅模式支持数据的一次订阅、多次获取。对于数控机床的采样数据，应用系统只需向代理器订阅一次，即可周期性地获取采样数据。发布/订阅方式的数据交互主要具备三个关键因素：消息主题（topic）、消息负载（payload）、消息服务质量（QoS）。

消息主题（topic）描述传输数据的标签，可以理解为消息的类型。订阅者按照主题名进行订阅，发布者将消息发送给匹配订阅标签的所有客户端（即订阅者）。消息负载（payload）可以理解为消息的内容，指订阅者具体要使用的内容。发布/订阅模式提供三种服务质量："QoS0"是最低级别，代表消息至多发送一次，即发送者发送完数据之后，不关心消息是否已经投递到接收者；"OoS1"是中间级别，代表发送者至少发送一次消息，确保接收者接收到消息；"QoS2"是最高级别，代表接收者收到且仅收到一次消息，代表"确保接收，并只接收一次"。

② 接口指令。目前，NC-Link 协议定义八种接口：设备注册、校对版本号、设备发现、模型侦测、模型设置、数据查询和数据下发。实现某种接口，即表示提供某种服务。例如，NC-Link 适配器实现数据采样接口，即表示该适配器提供数据采样服务；某应用系统实现数据查询接口，即表示该应用系统支持数控机床数据项的查询能力；NC-Link 代理器实现设备发现接口，即表示该代理器对应用层提供设备发现服务。表 4-2 对 NC-Link 接口指令进行了简要说明，表中的"dev_uuid"代表特定设备的编号，用于设备的唯一标识，如数控机床的 SN 码。

表 4-2　NC-Link 接口指令

指令分类	指令	含义	QoS
设备注册	Register/Request	注册请求	0
设备发现	Discovery/Request	终端发现请求	0
	Discovery/Response	终端发现响应	0
模型侦测	Probe/Query/Request/dev_uuid	模型文件查询	0
	Probe/Query/Response/dev_uuid	模型文件查询响应	0
数据查询	Query/Request/dev_uuid	数据查询	1
	Query/Response/dev_uuid	数据查询响应	1
数据下发	Set/Request/dev_uuid	数据下发	2
	Set/Response/dev_uuid	数据下发响应	2
数据采样	Sample/dev_uuid	采样上传	2
模型设置	Probe/Set/Request/dev_uuid	模型文件设置	2
	Probe/Set/Response/dev_uuid	模型文件设置响应	2
版本号校验	Probe/Version/dev_uuid	版本号校验	0

从表中可以看出，NC-Link 指令分为三部分：指令必须为 Register、Discovery、Probe、Query、Set、Sample 之一；动作必须为 Request、Response 之一；设备必须为设备标识（表中的"dev_uuid"），要求全球唯一。

③ 接口交互流程。NC-Link 接口交互主要包括两部分：模型交互和数据交互。模型交互是数据交互的基础，因为 NC-Link 数据的解析依赖对应的模型文件信息。适配器只负责信息（模型和数据）转发，因此，NC-Link 接口交互可以看作适配器与应用系统之间的交互。图 4-44 展示了 NC-Link 接口整体的交互流程。下面从设备信息的两个流向介绍 NC-Link 接口交互机制。

a. 从适配器到应用系统的模型文件交互流程：适配器向应用系统发布设备注册指令，完成设备向代理器的注册→适配器向应用系统发布设备当前模型版本号，应用系统判断设备当前模型版本号与历史版本号（若存在）是否一致→若版本号不一致（或不存在），应用系统向适配器请求订阅当前模型文件→适配器向应用系统发布设备当前模型文件→应用系统接收设备当前模型文件并解析。

b. 从适配器到应用系统的采样数据交互流程：应用系统向适配器订阅采样数据→适配器定时向应用系统发布采样数据→应用系统接收到采样数据，必要时根据设备当前模型文件的解析结果解析采样数据。

c. 从适配器到应用系统的数据查询流程：应用系统向适配器订阅指定数据查询响应→应用系统向适配器发布数据查询指令→适配器向应用系统发布数据查询结果→应用系统接收到数据查询结果。

d. 应用系统向适配器设置模型：应用系统向适配器发布模型文件→适配器接收到模型文件→应用系统根据模型设置响应判断是否设置成功。

e. 应用系统向适配器设置数据：应用系统向适配器发布数据设置指令→适配器接收到数据设置信息，向应用系统发布数据设置响应→应用系统根据数据设置响应判断是否设置成功。

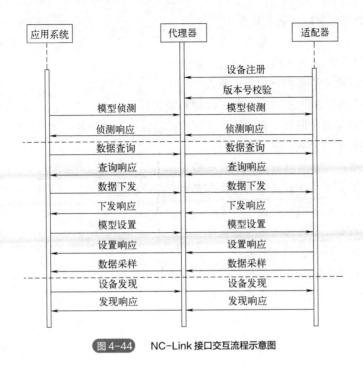

应用系统　　　　　代理器　　　　　适配器

设备注册
版本号校验
模型侦测　　　模型侦测
侦测响应　　　侦测响应
数据查询　　　数据查询
查询响应　　　查询响应
数据下发　　　数据下发
下发响应　　　下发响应
模型设置　　　模型设置
设置响应　　　设置响应
数据采样　　　数据采样
设备发现　　　设备发现
发现响应　　　发现响应

图 4-44　　NC-Link 接口交互流程示意图

本章小结

　　本章主要介绍数控机床的高性能技术，这些技术是数控机床发展到智能数控机床的关键。首先讲解数控机床的误差补偿，重点是影响机床加工精度的热误差、几何误差以及力误差的补偿方法；接着讲解了数控机床的振动抑制技术，介绍了振动测试方法、主轴振动形成原因和抑制方法、进给轴振动形成原因和抑制方法、刀具振动形成原因和抑制方法；随后围绕大数据技术，介绍了数控机床的大数据应用层次、大数据感知来源、大数据传输与处理方式，梳理了 iNC Cloud 服务平台的功能；最后围绕智能数控机床的互联通信，介绍了数据互联方式、互通协议、互操作方案，数控系统主流的互联通信协议，特别针对我国的 NC-Link 协议，介绍了其特点、组成、体系架构以及接口交互流程。

 思考题

（1）简述数控机床的主要误差。
（2）简述数控机床的热误差测量方法。
（3）简述数控机床的热误差补偿方法。
（4）举例说明数控机床的高性能热误差补偿功能。
（5）数控机床的几何误差来源有哪些？
（6）数控机床的几何误差的补偿方式有哪些？
（7）举例说明高性能数控系统的几何误差补偿功能。
（8）简述数控机床的力误差补偿方法。

（9）简述数控机床的振动测试方法。

（10）数控机床主轴振动的形成原因有哪些？

（11）简述数控机床常用的主轴振动抑制措施。

（12）数控机床进给轴振动的形成原因有哪些？

（13）简述数控机床常用的进给轴振动抑制措施。

（14）简述刀具切削振颤的两种控制方法（被动控制和主动控制）。

（15）数控机床内部感知数据有哪些？

（16）数控机床外部数据的感知手段有哪些？

（17）数控机床主要的数据传输方式有哪些？

（18）简述数控机床的大数据处理方式。

（19）常用的数控系统互联通信协议有哪些？

（20）简述 NC-Link 协议的特点。

（21）简要说明 NC-Link 协议的体系架构。

（22）NC-Link 协议的接口交互流程是怎样的？

第 5 章

数控加工工艺及其智能化

本章思维导图

扫码获取本书资源

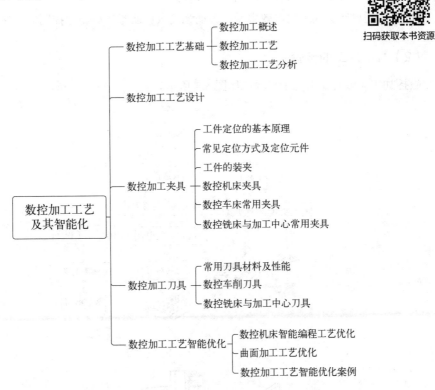

```
                              ┌── 数控加工概述
              ┌─ 数控加工工艺基础 ┼── 数控加工工艺
              │               └── 数控加工工艺分析
              │
              ├─ 数控加工工艺设计
              │
              │                ┌── 工件定位的基本原理
              │                ├── 常见定位方式及定位元件
数控加工工艺      │                ├── 工件的装夹
及其智能化  ─────┼─ 数控加工夹具 ──┼── 数控机床夹具
              │                ├── 数控车床常用夹具
              │                └── 数控铣床与加工中心常用夹具
              │
              │                ┌── 常用刀具材料及性能
              ├─ 数控加工刀具 ──┼── 数控车削刀具
              │                └── 数控铣床与加工中心刀具
              │
              │                    ┌── 数控机床智能编程工艺优化
              └─ 数控加工工艺智能优化 ┼── 曲面加工工艺优化
                                   └── 数控加工工艺智能优化案例
```

本章学习目标

（1）掌握数控加工工艺基础知识；

（2）掌握数控加工工艺设计的主要内容；

（3）掌握工件定位的基本原理，熟悉常见夹具功能及定位方式；

（4）熟悉常用数控车床、铣床和加工中心的刀具用途；

（5）了解数控加工工艺智能优化项目及方法。

5.1 数控加工工艺基础

5.1.1 数控加工概述

（1）数控加工的对象

根据数控加工的特点，最适合数控加工的零件是：

① 多品种、多规格、中小批量的零件生产，特别适合新产品的试制生产；

② 加工精度、表面粗糙度要求高的零件；

③ 形状、结构复杂，尤其是具有复杂曲线、曲面轮廓的零件；

④ 加工中的错误会造成浪费严重的贵重零件；

⑤ 在加工过程中必须进行多种加工的零件；

⑥ 在普通机床上加工生产效率低、劳动强度大、质量难以稳定控制的零件。

（2）数控加工的步骤

数控加工大致有如下几个步骤，如图 5-1 所示。

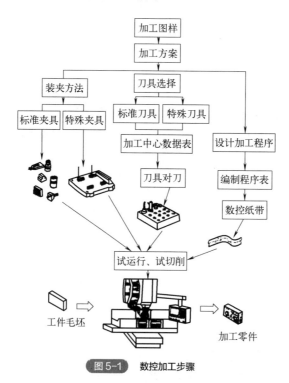

图 5-1　数控加工步骤

第一步：阅读零件图样，充分了解图样的技术要求，如尺寸精度、形位公差、表面粗糙度、工件的材料、硬度、加工性能以及工件数量等。

第二步：根据零件图样的要求进行工艺分析，其中包括零件的结构工艺性分析、材料和设计精度合理性分析，并根据工艺分析制订出加工所需要的一切工艺信息，如加工工艺路线、工艺要求、刀具的运动轨迹、位移量、切削用量（主轴转速、进给量、吃刀深度）以及辅助功能（换刀、主轴正转或反转、切削液开或关）等，形成加工工艺方案，填写加工工序卡和工艺过程卡。

第三步：根据零件图样和制订的加工工艺方案，再按照所用数控系统规定的指令代码及程序格式进行数控编程。

第四步：将零件加工程序存储在程序载体上（如 U 盘），或通过网络输入数控机床的数控系统内。

第五步：检验与修改加工程序。调整好机床并调用该程序后，进行首件试加工以进一步修改加工程序，并对现场问题进行处理，直到加工出符合图纸要求的零件，最后确认保存所编制的加工程序。

（3）机械加工精度

机械加工精度是指零件加工后的实际几何参数（尺寸、几何形状和相对位置）与理想几何参数相符合的程度。理想的几何参数，对尺寸而言，就是平均尺寸；对表面几何形状而言，就是绝对的圆、圆柱、平面、锥面和直线等；对表面之间的相对位置而言，就是绝对的平行、垂直、同轴、对称等。

零件加工后的实际几何参数与理想几何参数的偏离程度称为加工误差。加工误差的大小反映了加工精度的高低。加工精度与加工误差都是评价加工表面几何参数的术语。加工精度的高低是以国家有关公差等级衡量，等级值越小，其精度越高；加工误差用数值表示，数值越大，其误差越大，反之亦然。

加工精度主要包括三方面内容：

① 尺寸精度：加工表面本身的尺寸（如圆柱面的直径）和表面间的尺寸（如孔间距等）的精确程度，如长度、宽度、高度及直径等。尺寸精度的高低，用尺寸公差的大小表示。尺寸公差分 20 个等级，IT 后面的数字代表公差等级，数字越大，公差值越大，公差等级越低，尺寸精度越低。

② 形状精度：加工后的零件表面的实际几何形状与理想几何形状的相符合程度，如圆度、圆柱度、平面度及锥度等。

③ 位置精度：加工后零件有关表面之间的实际位置与理想位置相符合程度，如平行度、垂直度及同轴度等。

国家标准《产品几何技术规范（GPS） 几何公差 形状、方向、位置和跳动公差标注》（GB/T 1182—2018）中规定，形状和位置公差共有 14 个项目，各项目的名称及符号如表 5-1 所示。

表5-1　形状和位置公差名称和符号

公差		特征项目	符号	有或无基准要求	公差		特征项目	符号	有或无基准要求
形状	形状	直线度	—	无	位置	定向	平行度	//	有
		平面度	▱	无			垂直度	⊥	有
		圆度	○	无			倾斜度	∠	有
		圆柱度	⌀	无		定位	位置度	⊕	有或无
形状或位置	轮廓	线轮廓度	⌒	有或无			同轴度	◎	有
							对称度	=	有
						跳动	圆跳动	↗	有
		面轮廓度	⌓	有或无			全跳动	⌭	有

（4）机械加工表面质量

机械加工表面质量是指零件在机械加工后表面层的微观几何形状误差和物理、化学及力学性能。产品的工作性能、可靠性、寿命在很大程度上取决于主要零件的表面质量。

机械加工表面质量的含义有两方面的内容：一方面是表面的几何特性，另一方面是表面层的物理力学性能。

表面的几何特性：如图 5-2 所示，加工表面的几何形状，总是以"峰""谷"形式交替出现，其偏差又有宏观、微观的差别。

① 表面粗糙度：加工表面的微观几何形状误差，如图 5-2 所示，其波长 L_3 与波高 H_3 的比值一般小于 50，主要由刀具的形状以及切削过程中塑性变形和振动等因素决定。表面粗糙度参数值一般用 Ra 表示。

② 表面波度：介于宏观几何形状误差（$L_1/H_1>1000$）与微观表面粗糙度（$L_3/H_3<50$）之间的周期性几何形状误差，主要由机械加工过程中工艺系统的低频振动引起，如图 5-2 所示，其波长 L_2 与波高 H_2 的比值一般为 50~1000。

③ 表面纹理方向：表面刀纹的方向，取决于该表面所采用的机械加工方法及其主运动和进给运动的关系。一般对运动副或密封件有纹理方向的要求。

④ 伤痕：在加工表面的一些个别位置上出现的缺陷。它们大多是随机分布的，如砂眼、气孔、裂痕和划痕等。

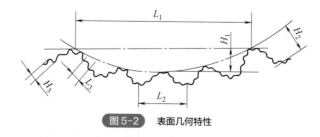

图 5-2　表面几何特性

表面层的物理力学性能：由于机械加工中切削力和切削热的综合作用，加工表面层金属的物理、力学和化学性能发生一定的变化，主要表现在以下几方面。

① 加工表面的冷作硬化：工件经机械加工后表面层的强度、硬度有提高的现象，也称为表面层的强化。

② 表面层金相组织变化：机械加工（特别是磨削）中的高温使工件表面层金属的金相组织发生变化，大大降低零件的使用性能。

③ 表面层产生残余应力或造成原有残余应力的变化。

5.1.2　数控加工工艺

数控加工工艺是采用数控机床加工零件时所运用的各种方法和技术手段的总和，是人们对大量数控加工实践的总结。数控加工工艺是数控编程的前提和依据。数控编程就是将所制订的数控加工工艺内容格式化、符号化，形成数控加工程序，以使数控机床能够正常地识别和执行。

（1）提高机械加工表面质量的工艺措施

① 选择合理的切削用量。

适当减少进给量 f：在粗加工和半精加工中，当 $f > 0.15$mm/r 时，进给量 f 的大小决定了加工表面残留面积的大小，因而，适当减少进给量 f 将使表面粗糙度 Ra 值减少。

选择适当的切削速度 v：切削速度对表面粗糙度的影响比较复杂，一般情况下，在低速或高速切削时，不会产生积屑瘤，故加工后表面粗糙度值较小，切削速度越高，表面粗糙度值越小；在中等切削速度时，刀刃上易出现积屑瘤，它将使加工的表面粗糙度值增大。

选择适当的切削深度 a_p：一般切削深度 a_p 对表面粗糙度的影响不明显。但当 a_p 小到一定数值以下时，由于刀刃不可能刃磨得绝对尖锐而具有一定的刃口半径，正常的切削就不能维持，常出现挤压、打滑和周期性地切入加工表面，从而使表面粗糙度值增大。为降低加工表面粗糙度值，应根据刀具刃口的锋利情况选取相应的切削深度值。

② 选择适当的刀具几何参数。一般来说，增大刃倾角对降低表面粗糙度值有利。因为刃倾角增大，实际工作前角也随之增大，切削过程中的金属塑性变形程度随之下降，于是切削力也明显下降，这会显著地减轻工艺系统的振动，从而使加工表面粗糙度值减小。减小刀具的主偏角和副偏角、增大刀尖圆弧半径，可减小切削残留面积，使粗糙度值减小。

③ 改善工件材料的性能。采取热处理工艺来改善工件材料的性能是减小其表面粗糙度值的有效措施。工件材料金属组织的晶粒越均匀，粒度越细，加工时越能获得较小的表面粗糙度值。为此，对工件进行正火或回火处理后再加工，能使加工表面粗糙度值明显减小。

④ 选择合适的切削液。切削液的冷却和润滑作用对减小加工的表面粗糙度值有利。

⑤ 选择合理的刀具材料。实践证明，在相同的切削条件下，用硬质合金刀具加工工件所获得的表面粗糙度值要比高速钢刀具的小。

⑥ 防止或减小工艺系统的振动。工艺系统的低频振动一般会在工件的加工表面上产生表面波度，而工艺系统的高频振动将对加工的表面粗糙度产生影响。为降低加工的表面粗糙度值，应采取相应措施以防止加工过程中的振动产生。

（2）数控加工工艺规程设计

机械加工工艺规程是零件生产中关键性的指导文件。生产人员必须严格按工艺规程进行生产，检验人员必须按照工艺规程进行检验，一切与生产有关的人员必须严格执行工艺规程。工艺规程应注意引入国内外已成熟的先进技术，及时吸收技术人员的创造发明和革新成果，使之不断完善。

① 工艺规程的设计原则。设计工艺规程的原则是：在一定的生产条件下，在保证产品质量的前提下，应尽量提高生产率和降低成本，获得良好的经济效益和社会效益。因此，设计工艺规程时，应了解国内外本行业工艺技术的发展，尽可能采用先进的工艺和工艺装备；应通过成本核算或评价，选择一定生产条件下经济上最合理的方案，使产品成本最低；应注意格式上的规范性，所用术语、符号、计量单位、编号等都要符合相应标准。

② 工艺规程的设计步骤。为保证工艺规程的完整，建议按照步骤设计工艺规程，即：分析产品的装配图和零件图；选择毛坯；选择定位基准；拟定工艺路线；确定各工序的设备、刀具、量具和夹具等；确定各工序的加工余量、计算工序尺寸及公差；确定各工序的切削用量和时间定额；确定各工序的技术要求和检验方法；通过技术经济分析，选择最佳方案；填写工艺文件。

③ 数控加工工艺的主要内容。数控加工工艺主要包括以下内容：选择适合在数控机床上加工的零件，确定数控加工内容；对被加工零件的图样进行工艺分析，明确加工内容及技术要求，并根据数控编程的要求对零件图做数学处理；确定零件的加工方案，设计数控加工工艺路线；具体进行工序设计；特殊工艺问题的处理，如对刀点和换刀点的选择、刀具补偿等；编制工艺文件。

数控加工工艺问题的处理与普通加工工艺基本相同，但需要考虑利于数控程序的编写及数控加工本身的特点。数控加工工艺中的工序内容要更加详细，详细到每一次走刀路线和每一个操作细节，即普通加工中通常留给操作者完成的工艺与操作内容（如工步的安排、刀具几何形状及安装位置等），都必须在数控加工工艺编制中预先确定。数控加工中失误的主要原因多为工艺方面考虑不周、计算或编程粗心大意。

5.1.3 数控加工工艺分析

（1）数控加工的零件图分析

首先应分析零件在产品中的作用、位置、装配关系和工作条件，搞清楚各项技术要求对零件装配质量和使用性能的影响，找出主要的和关键的技术要求，然后对零件图样进行详细分析。

① 零件图的完整性和正确性分析：零件的视图是否足够、正确，表达是否直观、清楚，绘制是否符合国家标准，尺寸、公差的标注是否齐全、合理等。

② 零件的技术要求分析：零件的技术要求主要包括加工表面的尺寸精度、主要加工表面的形状精度、主要加工表面之间的相对位置精度、加工表面的粗糙度以及表面质量方面的其他要求、热处理要求等。特别要分析主要表面的技术要求，因为主要表面的加工决定了零件工艺过程的大致轮廓。只有在分析零件技术要求的基础上，才能对加工方法、装夹方式、刀具及切削用量进行正确而合理的选择。要分析这些要求在保证使用性能的前提下是否经济合理，过高的精度和表面粗糙度要求会使工艺过程复杂、成本提高。

③ 零件材料分析：在满足使用性能的前提下，所选的零件材料应经济合理、切削性能好。要分析毛坯材质本身的力学性能和热处理状态，毛坯的铸造品质和被加工部位的材料硬度，了解其加工的难易程度，为选择刀具材料和切削用量提供依据。

　　分析零件的形状及原材料的热处理状态，判断是否会在加工过程中变形，哪些部位最容易变形。针对可能的变形，应采取一些必要的工艺措施进行预防，如对钢件进行调质处理、对铸铝件进行退火处理等。此外，还要分析加工后的变形问题，采取相应的工艺措施来解决。

　　④ 零件尺寸标注分析：尺寸标注应符合数控加工的特点，既要满足设计要求，又要便于加工。由于数控加工程序是以坐标来编制的，因而图形中各几何要素间的相互关系（如相切、相交、垂直和平行等）应明确，各几何要素的条件要充分。

　　零件图上的尺寸标注方法有局部分散标注法、集中标注法和坐标标注法等。在数控加工的零件图上，尺寸标注方法要适应数控加工的特点，不建议采用局部分散的标注方法，应采用同一基准标注尺寸或直接给出坐标尺寸，这样既便于编程，又有利于设计基准、工艺基准和编程原点的统一。

（2）数控加工零件的结构工艺性分析

　　零件的结构工艺性是指零件在满足使用性能的前提下，制造的可行性和加工的经济性。好的结构工艺性会使零件加工容易，节省工时、节省材料。差的结构工艺性会使加工困难，浪费工时、浪费材料，甚至无法加工。零件的结构工艺性涉及的面很广，具有综合性，必须全面综合地分析。表 5-2 列出了常见的零件机械加工结构工艺性对比的一些实例。

表 5-2　零件的机械加工结构工艺性对照表

序号	零件结构			备注
	工艺性差		工艺性好	
1		接触面太大，既增加工工时、浪费材料，又降低接触连接精度	轴承座减少了底面的加工面积，节省工时，保证配合面的接触质量	有利于减少加工劳动量
2		内表面的加工既不方便，又不便于测量和装配	外表面的加工要比内表面加工方便经济，又便于测量	尽量避免或简化内表面的加工
3		不同尺寸的退刀槽就需不同尺寸的切槽	可使用同一把切槽刀	零件的有关尺寸应力求一致，并能用标准刀具加工
4		不等高的两个加工面需二次调整刀具加工，生产率低	等高的两个凸台，可以一次调整刀具加工，生产率高	

续表

序号	零件结构				备注
	工艺性差		工艺性好		
5	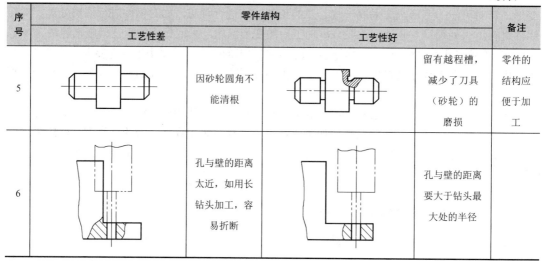	因砂轮圆角不能清根		留有越程槽，减少了刀具（砂轮）的磨损	零件的结构应便于加工
6		孔与壁的距离太近，如用长钻头加工，容易折断		孔与壁的距离要大于钻头最大处的半径	

5.2 数控加工工艺设计

数控加工工艺设计主要包括定位基准的选择、各表面加工方法及步骤的确定、加工阶段的划分、加工顺序的安排和工序集中与分散的程度等问题。加工工艺设计将直接影响整个零件的机械加工质量、生产率和经济性。目前主要采用在生产实践中总结出的一些带有经验性和综合性的原则，根据具体生产类型和生产条件，提出几个方案，通过比较，选择最佳的工艺路线。

5.2.1 毛坯种类及选择

（1）毛坯种类

机械零件常用的毛坯种类有铸件、锻件、焊接件、冲压件、型材等。

① 铸件。铸件形状一般不受限制，可以用于形状较复杂的零件毛坯，如机架、变速箱、泵体、阀体等。铸件材料有灰铸铁、球墨铸铁、中碳钢、铜合金、铝合金等。其铸造方法有砂型铸造、金属型铸造、压力铸造、熔模铸造等。

② 锻件。锻件适用于机械强度和韧度较高、形状比较简单的零件毛坯，如机床主轴、曲轴、齿轮、锻模等。锻件材料有中碳钢及合金结构钢。其锻造方法有自由锻和模锻两种。自由锻毛坯精度低、加工余量大、生产率低，适用于单件小批量生产以及大型零件毛坯。模锻毛坯精度高、加工余量小、生产率高，但成本也高，适用于中小型零件毛坯的大批量生产。

③ 焊接件。焊接件尺寸和形状一般不受限制，是根据需要将型材或钢板等焊接而成的毛坯件，如立柱、工作台等。焊接件材料有低碳钢、低合金钢、不锈钢及铝合金等。其优点是制造简单，生产周期短；缺点是焊接件的抗振性差，焊接变形大，须经时效处理后才能进行机械加工。

④ 冲压件。冲压件是在冲床上用冲模将板料冲制而成，冲压件毛坯可以非常接近成品要求，在小型机械、仪表、轻工电子产品方面应用广泛。冲压件材料有低碳钢及有色金属薄板，

适用于加工批量较大而厚度较小的中小型零件。

⑤ 型材。型材主要用于形状简单的零件，如螺母、销等。型材有热轧和冷拉两种。热轧适用于尺寸较大、精度较低的毛坯；冷拉适用于尺寸较小、精度较高的毛坯。

（2）毛坯选择

数控加工中，选择合适的毛坯，对零件的加工质量、加工成本、生产效率都有很大的影响。毛坯的尺寸和形状越接近成品零件，加工工时就越少，但是毛坯的制造成本就越高。所以应根据生产类型及生产条件，综合考虑毛坯制造和机加工的费用来确定毛坯，以取得最佳效果。毛坯选择时应考虑下列因素。

① 零件的材料及其力学性能。零件的材料和力学性能大致决定毛坯的种类。如零件的材料是铸铁或青铜，一般选铸造毛坯，不能选锻件；若材料是钢材，当零件的力学性能要求较高时，不论形状简单还是复杂，都应选锻件，当零件的力学性能无过高要求时，可选型材或铸钢件。

② 生产类型。不同的生产类型决定了不同的毛坯制造方法。大批量生产中，应采用精度和生产率都较高的先进的毛坯制造方法，如铸件应采用金属模机器造型，锻件应采用模锻或精密锻造；单件小批量生产则一般采用木模手工造型或自由锻等比较简单方便的毛坯制造方法。

③ 零件的结构形状及外形尺寸。各种毛坯制造方法对零件结构形状和尺寸的适应能力不同。对于结构形状复杂的中小型零件，多选铸件毛坯；对于结构形状较为复杂，且抗冲击能力、抗疲劳强度要求较高的中小型零件，宜选择模锻件毛坯；轴类零件的毛坯，若各台阶直径相差不大，可用棒料，若各台阶尺寸相差较大，则宜选择锻件。

④ 生产条件。为满足零件的使用要求和降低生产成本，选择毛坯时必须考虑本企业具体生产条件，可能时应尽可能组织外协，以降低成本。随着毛坯制造方面的新工艺、新技术和新材料的应用，应充分考虑精铸、精锻、冷轧、冷挤压、粉末冶金、工程塑料等在机械中的应用，以减少机械加工量。

5.2.2 定位基准的选择

基准，是零件上用来确定其他点、线、面位置所依据的点、线、面。根据基准作用不同，它分为设计基准和工艺基准两大类。定位基准属于工艺基准，是指工件在机床上或夹具中占据正确位置所依据的基准。例如，用夹具装夹时，工件与定位元件相接触的面就是定位基准（定位基面）。作为定位基准的点、线、面，可能存在于工件上，也可能是看不见、摸不着的中心线、中心平面、球心等，这种情况下往往需要通过工件某些定位表面来体现，这些表面称为定位基面。例如，三爪卡盘装夹工件外圆，轴线为定位基准，外圆面则为定位基面。

定位基准有粗基准和精基准之分。用未加工过的毛坯表面作定位基准，称为粗基准；用加工过的表面作定位基准，称为精基准。选择定位基准时，为了保证零件的加工精度，首先考虑的是选择精基准，精基准选定之后，再考虑合理选择粗基准。

（1）精基准的选择原则

选择精基准时，重点考虑减少工件的定位误差，保证零件的加工精度和加工表面之间的位置精度，同时也要考虑零件装夹方便、可靠与准确。选择原则如下。

① 基准重合原则。直接选用设计基准为定位基准，称为基准重合原则。遵循基准重合原则可以避免定位基准和设计基准不重合引起的定位误差（基准不重合误差）。

图 5-3（a）为零件图，设计尺寸为 B 和 A，现底面 1 和面 2 已加工好，欲加工孔 3，其设计基准是面 2，要保证设计尺寸 A。如图 5-3（b）所示，以面 1 为定位基准，在用调整法加工孔时，定位基准 1 与设计基准 2 不重合，直接保证的尺寸是 C。这时尺寸 A 是通过控制尺寸 B 和 C 来间接保证的，则尺寸 A 可能的误差值为：$A_{max}-A_{min}=C_{max}-B_{min}-(C_{min}-B_{max})=B_{max}-B_{min}+C_{max}-C_{min}$，即 $T_A=T_B+T_C$。

由于采用基准不重合的定位方案，必须控制该工序的加工误差和基准不重合误差（从定位基准到设计基准之间尺寸 B 的误差）的总和不超过尺寸 A 的公差 T_A。只有提高本道工序尺寸 C 的加工精度，才能保证尺寸 A 的精度，当 C 的加工精度不能满足要求时，还需提高前道工序尺寸 B 的加工精度，增加了加工难度和加工成本。所以，选择定位基准时，应尽量使定位基准与设计基准相重合。如图 5-3（c）所示，用面 2 定位，则符合基准重合原则，可以直接保证尺寸 A 的精度。

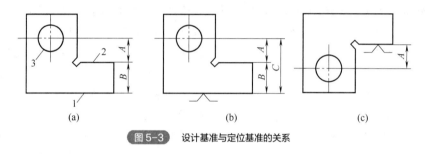

图 5-3　设计基准与定位基准的关系

② 基准统一原则。同一零件的多道工序尽可能选择同一个（一组）定位基准，称为基准统一原则。这样既可保证各加工表面间的相对位置精度，避免因基准转换带来的误差，而且可简化夹具设计与制造，降低了成本，缩短了生产准备周期。当基准重合和基准统一原则出现矛盾时，对尺寸精度要求较高的表面采用基准重合原则，其他表面应用基准统一原则。

③ 自为基准原则。采用加工表面本身作为定位基准，称为自为基准原则。某些要求加工余量小而均匀的精加工工序，常采用这项原则。浮动镗刀镗孔、珩磨孔、拉孔都是自为基准的实例。

④ 互为基准反复加工原则。为使加工面间有较高的位置精度，又使加工余量小而均匀，可采取两个加工面互为基准反复加工的方法，称为互为基准原则。例如，车床主轴支撑轴颈与前锥孔，同轴度要求很高，加工中先以主轴轴颈外圆为定位基准加工锥孔，再以锥孔为定位基准加工主轴轴颈外圆，这样反复加工来达到要求。

⑤ 便于装夹原则。所选精基准应能保证工件定位准确、夹紧可靠、操作方便灵活。

（2）粗基准的选择原则

选择粗基准时，主要要求保证加工面与不加工面间的位置要求，并使各加工面有足够的余量。选择原则如下。

① 重要表面原则。为保证工件上重要表面的加工余量小而均匀，应选择重要表面为粗基准。例如，机床床身的导轨面是机床的重要表面，在加工床身时，应以导轨面为粗基准加工床腿底

面，然后，再以床腿底面为精基准加工导轨面，保证导轨面的加工余量小而均匀，如图 5-4 所示。

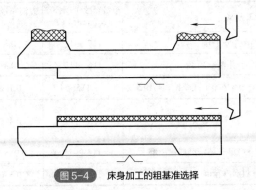

图 5-4　床身加工的粗基准选择

② 相对位置要求原则。为了保证加工面与不加工面间的位置要求，应选择不加工面为粗基准，以达到壁厚均匀、外形对称等要求。若工件上有几个不加工面，则应选其中与加工面位置精度要求较高的不加工面为粗基准。

③ 加工余量合理分配原则。为了保证各加工面有足够的加工余量，应以加工余量最小的表面为粗基准。

④ 不重复使用原则。因为粗基准是未经机械加工的毛坯面，其表面比较粗糙且精度低，若重复使用将产生较大的误差。因此，粗基准一般不应重复使用。

⑤ 便于装夹原则。选粗基准的表面，应尽量平整光洁，没有飞边、冒口、浇口或其他缺陷，以使定位和夹紧可靠。

综上，粗、精基准的选择使用，必须注意精基准选择在前，使用在后；粗基准选择在后，使用在前。对零件图进行工艺分析之后，首先选择精基准，以保证零件的主要加工精度，此后，才考虑选择粗基准，将零件加工出来。粗、精基准选择的各条原则是从不同方面提出的，在实际生产中，要完全符合上述原则很难做到，需要灵活运用这些原则，保证其主要的技术要求。

5.2.3　表面加工方法的选择

选择表面加工方法时，一般先根据零件的加工要求，查表或根据经验来确定哪些加工方法能达到所要求的加工精度，然后再确定精加工前准备工序的加工方法。由于获得同一精度和粗糙度的加工方法往往有几种，在选择时除了考虑生产率要求和经济效益外，还应根据零件的材料、结构形状、尺寸、生产类型及企业的具体生产条件等因素，选择相应的加工方法和加工方案。各种典型表面的加工方法和加工方案可查阅有关工艺手册，表 5-3~表 5-5 分别摘录了外圆、内孔和平面的加工方案，仅供选择加工方法时参考。

表 5-3　外圆柱面加工方案

序号	加工方案	经济精度（以公差等级表示）	表面粗糙度 Ra 值 /μm	适用范围
1	粗车	IT11~IT13	50~12.5	适用于淬火钢以外的各种金属
2	粗车→半精车	IT8~IT10	6.3~3.2	
3	粗车→半精车→精车	IT7~IT8	1.6~0.8	
4	粗车→半精车→精车→滚压（或抛光）	IT7~IT8	0.2~0.025	

续表

序号	加工方案	经济精度（以公差等级表示）	表面粗糙度 Ra 值/μm	适用范围
5	粗车→半精车→磨削	IT7～IT8	0.8～0.4	主要用于淬火钢，也可用于未淬火钢，但不宜加工有色金属
6	粗车→半精车→粗磨→精磨	IT6～IT7	0.4～0.1	
7	粗车→半精车→粗磨→精磨→超精加工（或轮式超精磨）	IT5	0.1～Rz0.1	
8	粗车→半精车→精车→金刚车	IT6～IT7	0.4～0.025	主要用于要求较高的有色金属加工
9	粗车→半精车→粗磨→精磨→超精磨或镜面磨	IT5 以上	0.025～0.006	主要用于极高精度的外圆加工
10	粗车→半精车→粗磨→精磨→研磨	IT5 以上	0.1～0.006	

表 5-4　内孔加工方案

序号	加工方案	经济精度（以公差等级表示）	表面粗糙度 Ra 值/μm	适用范围
1	钻	IT11～IT13	12.5	加工未淬火钢及铸铁的实心毛坯，也可用于加工有色金属（孔径小于 15～20mm）
2	钻→铰	IT8	3.2～1.6	
3	钻→铰→精铰	IT7～IT8	1.6～0.8	
4	钻→扩	IT10～IT11	12.5～6.3	加工未淬火钢及铸铁的实心毛坯，也可用于加工有色金属（孔径大于 15～20mm）
5	钻→扩→铰	IT8～IT9	3.2～1.6	
6	钻→扩→粗铰→精铰	IT7	1.6～0.8	
7	钻→扩→机铰→手铰	IT6～IT7	0.4～0.1	
8	钻→扩→拉	IT7～IT9	1.6～0.1	大批大量生产（精度由拉刀的精度而定）
9	粗镗（或扩孔）	IT11～IT13	12.5～6.3	除淬火钢外各种材料，毛坯有铸出孔或锻出孔
10	粗镗（粗扩）→半精镗（精扩）	IT9～IT10	3.2～1.6	
11	粗镗（粗扩）→半精镗（精扩）→精镗（铰）	IT7～IT8	1.6～0.8	
12	粗镗（粗扩）→半精镗（精扩）→精镗→浮动镗刀精镗	IT6～IT7	0.8～0.4	
13	粗镗（粗扩）→半精镗→磨孔	IT7～IT8	0.8～0.2	主要用于淬火钢，也可用于未淬火钢，但不宜用于有色金属
14	粗镗（粗扩）→半精镗→粗磨→精磨	IT6～IT7	0.2～0.1	
15	粗镗→半精镗→精镗→金刚镗	IT6～IT7	0.4～0.05	主要用于精度要求高的有色金属加工
16	钻→（扩）→粗铰→精铰→珩磨；钻→（扩）→拉→珩磨；粗镗→半精镗→精镗→珩磨	IT6～IT7	0.2～0.025	主要用于精度要求很高的孔
17	以研磨代替方案 16 中的珩磨	IT6 级以上		

表 5-5　平面加工方案

序号	加工方案	经济精度（以公差等级表示）	表面粗糙度 Ra 值 /μm	适用范围
1	粗车→半精车	IT8~IT10	6.3~3.2	端面
2	粗车→半精车→精车	IT7~IT8	1.6~0.8	
3	粗车→半精车→磨削	IT8~IT9	0.8~0.2	
4	粗刨（或粗铣）→精刨（或精铣）	IT8~IT10	6.3~1.6	一般不淬硬平面（端铣表面粗糙度较小）
5	粗刨（或粗铣）→精刨（或精铣）→刮研	IT6~IT7	0.8~0.1	精度要求较高的不淬硬平面，批量较大时宜采用宽刃精刨方案
6	以宽刃刨削代替方案 5 的刮研	IT7	0.8~0.2	
7	粗刨（或粗铣）→精刨（或精铣）→磨削	IT7	0.8~0.2	精度要求高的淬硬平面或不淬硬平面
8	粗刨（或粗铣）→精刨（或精铣）→粗磨→精磨	IT6~IT7	0.4~0.02	
9	粗铣→拉	IT7~IT9	0.8~0.2	大量生产，较小的平面（精度视拉刀精度而定）
10	粗铣→精铣→磨削→研磨	IT6 级以上	0.1~Rz0.05	高精度平面

5.2.4　加工阶段的划分

零件的加工质量要求较高时，通常将整个工艺路线划分为粗加工、半精加工和精加工三个阶段。加工质量要求特别高时，还要增加光整加工和超精密加工阶段。

① 粗加工阶段。这一阶段要切除各表面上的大量加工余量，使毛坯在形状和尺寸上接近零件成品。其主要目标是提高生产率。

② 半精加工阶段。这一阶段为主要表面的精加工做好准备，并完成一些次要表面的加工（钻孔、攻螺纹、铣键槽等），一般在热处理之前进行。

③ 精加工阶段。保证各主要表面达到图样规定的尺寸精度和表面粗糙度要求。其主要目标是全面保证加工质量。

④ 光整加工阶段。对于零件上表面粗糙度值要求很小和尺寸精度要求很高的表面，需进行光整加工。其主要目标是提高尺寸精度和减小表面粗糙度值，一般不用来纠正形状精度和位置精度。

⑤ 超精密加工阶段。该阶段是按照超稳定、超微量切除等原则，实现加工尺寸误差和形状误差在 0.1μm 以下的加工技术。

应当指出，加工阶段的划分是对整个工艺过程而言的，因而要以工件的主要加工面来分析，不要以工件的个别主要表面（或次要表面）和个别工序来判断。多轴加工中心常在一次装夹下完成全部粗、精加工，不划分加工阶段。为减少粗加工中产生的各种变形对加工质量的影响，在粗加工后，常松开夹紧机构，让工件充分变形，然后再用较小的夹紧力重新夹紧，继续进行精加工。

5.2.5　加工顺序的安排

复杂零件的数控加工工艺路线一般包括切削加工、热处理和辅助工序。

（1）切削加工顺序的安排原则

① 先粗后精原则。对各个表面先安排粗加工，中间安排半精加工，然后安排精加工，逐步提高加工表面的精度和减小表面粗糙度。

② 基面先行原则。选作精基准的表面，应首先加工出来，为后续的加工提供定位基准。例如，箱体类零件先加工定位用的平面和定位孔，再以平面和定位孔为精基准加工孔系和其他平面。

③ 先主后次原则。先加工主要表面（如零件上精度要求较高的工作表面及装配面），后加工次要表面（如自由表面、键槽、紧固用的螺纹孔和光孔等表面）。次要表面精度要求较低，加工量较少，可穿插在各加工阶段进行，一般安排在主要表面半精加工后、最终精加工之前。

④ 先面后孔原则。对于箱体、支架等机体类零件，一般先加工用作定位的平面和孔的端面，后加工孔和其他尺寸。

（2）热处理工序的安排

① 预备热处理：目的是改善材料的切削性能及消除残余应力，一般安排在粗加工前后和需要去除内应力处。常用的方法有退火、正火、时效和调质等。

退火或正火的目的是改善金属的加工性能。退火与正火一般安排在粗加工之前进行。对高碳钢零件需用退火降低其硬度，对低碳钢零件需用正火提高其硬度，来获得较好的切削性能，同时消除毛坯制造中的应力。

时效处理的目的是消除内应力，减少工件变形。对于一般铸件，常在粗加工前或后安排一次时效处理；对于要求较高的零件，在半精加工后还需再安排一次时效处理；对于一些刚性较差、精度要求特别高的重要零件（如精密丝杠、主轴等），常常在每个加工阶段之间都安排一次时效处理。

调质是零件淬火后再高温回火，能消除内应力、改善切削性能并能获得较好的综合力学性能，一般安排在粗加工之后进行。对于一些性能要求不高的零件，调质也常作为最终热处理。

② 最终热处理：目的是提高零件的强度、硬度和耐磨性，应安排在精加工前后。常用的方法有表面淬火、渗碳、渗氮。变形较大的热处理，如渗碳淬火常安排在精加工(磨削)之前进行，以便在精加工中纠正热处理的变形。变形较小的热处理，如渗氮，由于热处理温度较低，零件变形很小，可以安排在半精磨之后，精磨之前。

（3）辅助工序的安排

辅助工序的种类较多，如检验、去毛刺、倒棱、去磁、清洗、平衡、涂防锈漆和包装等。辅助工序也是保证产品质量所必要的工序，对辅助工序的安排应给予充分重视。检验工序是主要的辅助工序，在每道工序进行中、粗加工之后精加工之前、重要工序之后、全部加工完毕进库之前，一般要安排检验工序。

5.2.6 加工余量的确定

加工余量是指加工过程中从加工表面上所切去的金属层厚度。加工余量有工序余量和加工总余量之分。工序余量是某一表面在一道工序中被切除的金属层厚度，即为前后相邻两工序的工序尺寸之差。加工总余量是指由毛坯加工成零件过程中，从某一加工表面上切除的金属层总厚度（也称为毛坯余量），其值等于某一表面的毛坯尺寸与成品零件图的设计尺寸之差。一般来说，加工总余量并非一次切除，而是在各工序中逐渐切除，故也等于各工序余量之和。

加工余量根据零件的不同结构，有单边余量和双边余量之分。对于平面，加工余量是单边余量，等于实际切削的金属层厚度。对于外圆和内孔等旋转表面，加工余量是指双边余量，实际切削的金属层厚度是直径上的加工余量的一半。

确定加工余量的方法通常有以下三种。

① 查表修正法。这种方法是根据各工厂的生产实践和实验研究积累的数据，先制成各种切削条件下的加工余量表格，再汇集成手册。确定加工余量时先查阅手册，再结合工厂的实际情况进行适当修改。

② 经验估计法。这种方法是根据工艺编制人员的实际经验来估计和确定加工余量。经验估计法常用于单件小批量生产。

③ 分析计算法。这种方法是根据一定的试验资料数据和加工余量计算公式，分析影响加工余量的各项因素，通过计算确定零件的加工余量。

5.2.7 切削用量的确定

切削用量包括切削速度（主轴转速）、背吃刀量、进给量。选择切削用量，就是在保证零件加工精度和表面粗糙度前提下，充分发挥机床性能和刀具切削性能，使切削效率最高，加工成本最低。

（1）切削用量的选择原则

选择合理的切削用量就是选择切削用量三要素的最佳组合，在保持刀具合理寿命的前提下，获得最高的生产率。因此，选择切削用量的基本原则是：粗加工时，一般以提高生产率为主，但也应考虑经济性和加工成本；半精加工和精加工时，应在保证加工质量的前提下，兼顾切削效率、经济性和加工成本。具体数值应根据机床说明书、切削用量手册，并结合经验而定。

从刀具的耐用度出发，切削用量的选择顺序是：首先，选取尽可能大的背吃刀量 a_p；其次，根据机床动力和刚性限制条件或已加工表面粗糙度的要求，选取尽可能大的进给速度 f；最后，利用切削用量手册选取或者用公式计算确定切削速度 v。

（2）背吃刀量的选定

背吃刀量由机床、工件和刀具的刚度来决定，在刚度允许的条件下，应尽可能使背吃刀量等于工件的加工余量，以减少走刀次数，提高生产效率。确定背吃刀量的一般方法有：

① 在工件表面粗糙度值要求为 Ra=12.5~25μm 时，如果数控加工的加工余量小于 5~6mm，粗加工一次进给就可以达到要求。但在加工余量较大、工艺系统刚性较差或机床动力不足时，

可分多次进给完成。

② 在工件表面粗糙度值要求为 Ra=3.2~12.5μm 时，可分粗加工和半精加工两步进行。粗加工时的背吃刀量选取同前。粗加工后留 0.5~1.0mm 加工余量，在半精加工时切除。

③ 在工件表面粗糙度值要求为 Ra=0.8~3.2μm 时，可分粗加工、半精加工、精加工三步进行。半精加工时的背吃刀量取 1.5~2mm，精加工时的背吃刀量取 0.3~0.5mm。

（3）进给量的确定

进给量 f（mm/r）或进给速度 v_f（mm/min）主要根据零件的加工精度和表面粗糙度要求以及刀具、工件的材料选取。最大进给速度受机床刚度和进给系统的性能限制。粗加工时，工件表面质量要求不高，但切削力往往很大，合理进给量的大小主要受机床进给机构强度、刀具的强度与刚性、工件的装夹刚度等因素的限制。精加工时，合理进给量的大小则主要受工件加工精度和表面粗糙度的限制。

（4）切削速度的选择

根据已经选定的背吃刀量、进给量及刀具耐用度选择切削速度。选择切削速度时，可根据生产实践经验在机床说明书允许的切削速度范围内查表选取。切削速度的选取原则是：粗车时，因背吃刀量和进给量都较大，切削速度受刀具耐用度和机床功率的限制，应选较低的切削速度；精加工时，背吃刀量和进给量都较小，切削速度主要受工件加工质量和刀具耐用度的限制，一般应选较高的切削速度。

当加工材料强度、硬度较高时，选较低的切削速度，反之选较高的切削速度。刀具材料的切削性能越好，切削速度越高。断续切削时，为减小冲击和热应力，要适当降低切削速度。在易发生振动的情况下，切削速度应避开自激振动的临界速度。

切削速度确定后，可计算主轴转速 n，主轴转速根据允许的切削速度和工件（或刀具）直径来计算，计算的主轴转速 n 最后要根据机床说明书选取机床具有的或较接近的转速。计算公式为：

$$n=1000v/(\pi D)$$

式中　　v——切削速度，m/min；

　　　　n——主轴转速，r/min；

　　　　D——工件直径或刀具直径，mm。

5.2.8　走刀路线的确定

在数控加工过程中，每道工序的走刀路线直接影响零件的加工精度与表面粗糙度。刀具刀位点相对于零件运动的轨迹称为走刀路线，包括切削加工的路径和刀具切入、切出等空行程。数控加工中，必须拟定好刀具的走刀路线来指导数控程序的编写。

确定走刀路线时，要综合考虑工件的形状与刚度、加工余量大小、机床与刀具的刚度等情况，遵循以下几点原则：走刀路线应保证被加工零件的精度和表面粗糙度；应使加工路线最短，来缩短数控加工程序，提高加工效率；要尽量简化数值计算，以减少编程工作量。

（1）数控车削加工走刀路线

数控车削加工应按其形状特点规划走刀路线。

① 外圆车削。外圆加工主要利用水平直线车削，应注意的是，当车刀切削至台肩时，有时切削深度会急剧增加，应对该状态走刀路线可采取的措施有：增加刀片强度；增加一个车端面的工序，如图 5-5 所示，当刀片车到台肩（图中❹所在的位置），切深 a_p 会比位置❶大很多，所以台肩处采用位置❺所示的由外向内进刀的方法。

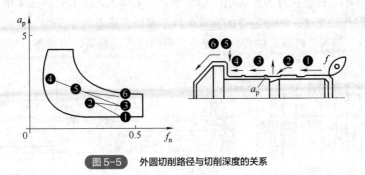

图 5-5　外圆切削路径与切削深度的关系

② 台肩车削。对于不同的台肩尺寸及形式，采取的走刀路线不同。当工件台肩高度不超过切削刃口长度时，可以采用图 5-6（a）所示的走刀路线；当台肩高度超过切削刃口长度时，采用图 5-6（b）所示的走刀路线。

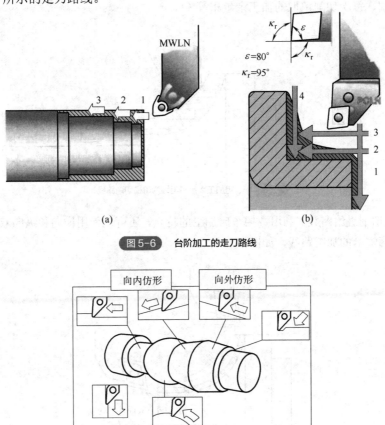

图 5-6　台阶加工的走刀路线

图 5-7　向内仿形和向外仿形

③ 仿形车削。仿形车削分为向外仿形和向内仿形，如图 5-7 所示，向外仿形是指刀具在斜线或圆弧面上由小径向大径方向做进给运动；向内仿形是指刀具在斜线或圆弧面上由大径向小径方向做进给运动。

④ 切槽。现代切槽、切断刀采用机夹刀片，为了获得垂直的表面和减小振动，应将刀片安装成与工件中心线呈 90°。

粗加工宽槽的常用走刀路线方案包括多步切槽、直插式车削、坡走车削等，如图 5-8 所示。如果槽宽比槽深小，推荐执行多步切槽；如果槽宽比槽深大，推荐直插式车削，每次刀片插入的深度不超过刀片的宽度；如果零件细长或棒料强度低，推荐坡走车削。虽然坡走车削槽需要 2 倍的切削次数，但对工件施加的径向力较小，可降低振动趋势，且获得良好的切屑控制。

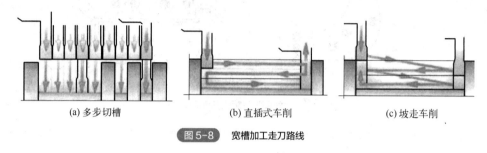

(a) 多步切槽　　　　　(b) 直插式车削　　　　　(c) 坡走车削

图 5-8　宽槽加工走刀路线

⑤ 阶梯切削路线。图 5-9 所示为粗加工大余量工件的加工路线，加工方式按照序号 1~5 的顺序进行切削，每次切削留取的加工余量相等。

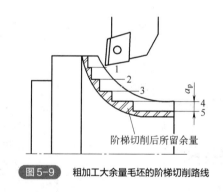

阶梯切削后所留余量

图 5-9　粗加工大余量毛坯的阶梯切削路线

⑥ 双向切削进给路线。利用数控车床加工的特点，还可以使用横向和纵向双向进刀，沿着零件毛坯轮廓进给的加工路线，如图 5-10 所示。

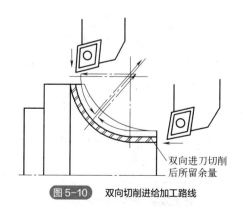

双向进刀切削后所留余量

图 5-10　双向切削进给加工路线

　　另外，车削加工时，如果零件各加工表面的精度要求相差不大，应以最高的精度要求为准，一次连续走刀加工完成零件的所有加工部位；如果零件各加工部位的精度要求相差很大，应把精度接近的各加工表面安排在同一把车刀的走刀路线内，并应先加工精度要求较低的加工部位，再加工精度要求较高的加工部位。

　　规划精加工路线时，零件的最终轮廓应该由最后一刀连续加工完成，并且要考虑加工刀具的进刀、退刀位置，尽量不要在连续的轮廓轨迹中安排切入、切出以及换刀和停顿，以免造成工件的弹性变形、表面划伤等缺陷。刀具的切入、切出以及接刀点，应该尽量取在有空槽或零件表面有拐点和转角的位置处。

（2）数控铣削加工走刀路线

① 铣削加工的切入和切出。

数控铣削加工中，为减少接刀的痕迹，保证轮廓表面的质量，切入、切出部分应考虑外延，如图 5-11 所示，铣削外表面轮廓时，铣刀的切入和切出应沿工件轮廓曲线的延长线切向切入和切出工件表面，而不应沿法线直接切入、切出工件，避免在加工表面上产生划痕，这点尤其在精铣中需要注意。

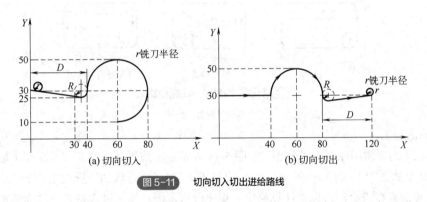

(a) 切向切入　　　　　　　　　(b) 切向切出

图 5-11　切向切入切出进给路线

　　铣削整圆时，不但要注意安排好刀具的切入、切出，还要尽量避免在交接处重复加工，以免出现明显的界痕。在整圆加工完毕后，不要在切点处取消刀具补偿和退刀，而要安排一段沿切线方向继续运动的距离，避免取消刀具补偿时因刀具与工件相撞而使工件和刀具报废。

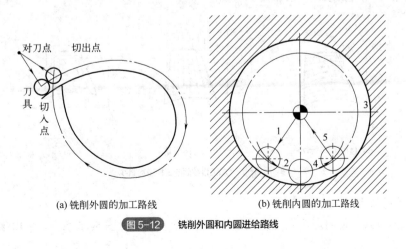

(a) 铣削外圆的加工路线　　　　　　　(b) 铣削内圆的加工路线

图 5-12　铣削外圆和内圆进给路线

如图 5-12（a）所示为铣削外圆的加工路线。当铣削内圆时，也应切向切入，最好安排从圆弧过渡到圆弧的加工路线，切出时也应多安排一段过渡圆弧再退刀，以降低接刀处的接痕。如图 5-12（b）所示为铣削内圆的加工路线示意图。

② 铣削内槽。

用立铣刀铣削内表面轮廓时，切入和切出都无法外延，这时铣刀只有沿工件轮廓的法线方向切入和切出，可将切入点和切出点选在工件轮廓两几何元素的交点处。

图 5-13 所示为加工内槽的三种进给路线。所谓内槽是指以封闭曲线为边界的平底凹坑。这种内槽在飞机零件中常见，一般用平底立铣刀加工，刀具圆角半径应符合内槽的图纸要求。图 5-13 中的（a）和（b）分别表示用行切法和环切法的进给路线。行切法在每两次走刀的起点与终点间留下残留高度而达不到要求的表面粗糙度。环切法需要逐次向外扩展轮廓线，其刀位点计算稍微复杂，而且从走刀路线的长短比较，环切法也逊于行切法。图 5-13（c）表示先用行切法，最后环切一刀精加工轮廓表面，这样光整了轮廓表面而获得较好的效果。因此，三种方案中，图 5-3（c）代表的方案最佳。

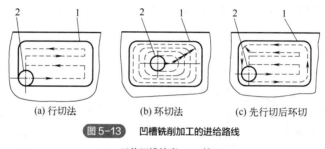

(a) 行切法　　　　　(b) 环切法　　　　　(c) 先行切后环切

图 5-13　凹槽铣削加工的进给路线

1—工件凹槽轮廓；2—铣刀

③ 曲面加工。

铣削曲面时，常用球头刀进行加工。图 5-14 表示加工边界敞开的直纹曲面可采取的三种进给路线，即沿曲面的 Y 向行切、沿 X 向的行切和环切。对于直母线的叶面加工，采用图 5-14（b）的方案，每次直线进给，刀位点计算简单，程序段短，而且加工过程符合直纹面的形成规律，可以准确保证母线的直线度。采用图 5-14（a）的方案，符合这类工件表面数据的给出情况，便于加工后检验，保证叶形的准确度高。图 5-14（c）所示的环切方案一般应用在凹槽加工中，在型面加工中由于编程繁琐，一般不用。

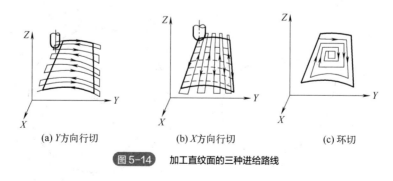

(a) Y 方向行切　　　　　(b) X 方向行切　　　　　(c) 环切

图 5-14　加工直纹面的三种进给路线

④ 型腔粗加工。

一般入刀方式可使用球头立铣刀或整体硬质合金刀具，如图 5-15 所示，采用啄铣回路来达到最大的轴向切深，铣掉型腔中的第一层金属，然后重复这一过程，直至型腔加工完成为止。这种方法的缺点是立铣刀中心的排屑困难。与啄铣相比，替代的方法是采用圆弧螺旋插补铣来实现最大轴向切深，可以帮助排屑。

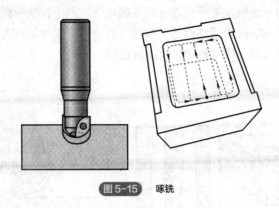

图5-15　啄铣

替代啄铣的另一种方法是坡走铣，如图5-16所示，即使用具有坡走功能的立铣刀和面铣刀，在X、Y或Z轴方向进行线性坡走，达到刀具在轴向的最大切深。坡走铣既可以从内向外，也可以从外向内进行，取决于如何以最佳方法排屑。在高速加工中，尤其要考虑排屑问题。

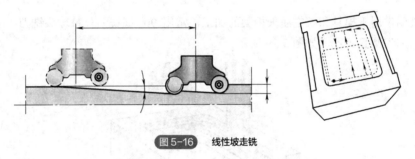

图5-16　线性坡走铣

对于小功率机床和窄深型腔，可采用三轴坡走铣（螺旋线插补），如图5-17所示。这种方式是在主轴的轴向以螺旋线方式下刀，相对于直线坡走下刀方式，螺旋线插补下刀切削更稳定，断屑和排屑功能强，抗振性好。

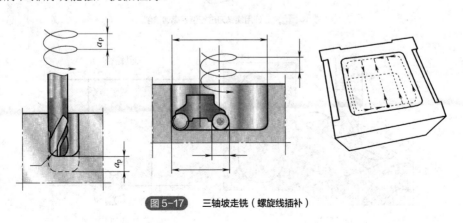

图5-17　三轴坡走铣（螺旋线插补）

⑤ 型腔精加工。

仿形铣削是传统的型腔精铣与半精铣加工方式，刀具一般使用球头立铣刀。但是这种铣削方式刀具频繁切入切出工件，且来程和去程分别为顺铣和逆铣，容易产生刀具弹变刀痕；刀具在进出工件和触及型腔根部时，余量变化对刀具造成冲击，产生过切或让刀，引起形状误差。所以，型腔半精铣或精铣推荐采用轮廓铣削，如图 5-18 所示。这种方式每一层落刀都采用螺旋插补避免径向入刀，每一层铣削都采用连续顺铣或逆铣，利于保证一致的表面质量和型腔的形状公差。该方式避免了球头铣刀顶端的零切削速度点，最大限度发挥刀具大直径刃切削速度高的优势，特别适合在四轴以上联动机床以及高速铣削中使用。

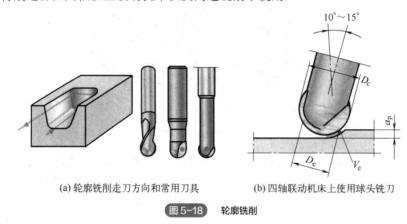

(a) 轮廓铣削走刀方向和常用刀具　　　　(b) 四轴联动机床上使用球头铣刀

图 5-18　轮廓铣削

型腔铣削常用于模具和航空航天机架的加工，常用 90° 端铣刀代替球头铣刀，端铣刀一般具有较大的刀尖圆弧半径，如图 5-19 所示。

图 5-19　使用端铣刀进行型腔高速铣削

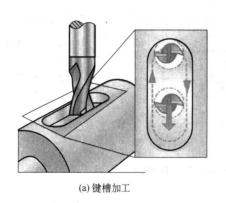
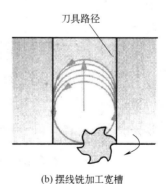

(a) 键槽加工　　　　　　　　(b) 摆线铣加工宽槽

图 5-20　铣槽

⑥ 铣槽。

键槽立铣刀较短，切削比较平稳。铣削键槽时，常选用比键槽宽度小的铣刀直径，刀具路径如图 5-20（a）所示，先用刀具直接挖出键槽，然后用逆铣的方式将键槽铣出，可保证键槽壁的垂直度。

铣宽槽时，一般要求刀具轴向切深不超过刀具直径，但是利用 CAM 软件编程时，可以采用摆线铣的方法，如图 5-20（b）所示，每次进刀的切宽非常小（一般小于 0.1mm），但是切削速度却比传统方法大 10 倍，而且轴向切深可达全部刃口的长度，切削效率也很高。

⑦ 铣削曲面。

粗铣时根据被加工曲面给出的余量，用立铣刀按等高面一层一层铣削，效率高，粗铣后的台阶高度视粗铣精度而定；半精铣一般采用球头铣刀加工，铣掉残留的台阶，使被加工表面更接近于理论曲面，并为精加工工序留出加工余量；精加工用球头铣刀加工出理论曲面，一般用行切法。

5.2.9 数控加工工艺文件的编制

数控加工工艺文件既是数控加工和产品验收的依据，也是操作者遵守和执行的规程，同时还为企业零件重复生产积累了必要的工艺资料。工艺文件是对数控加工的具体说明，目的是让操作者更明确加工程序的内容、装夹方式、各个加工部位所选用的刀具及其他技术问题。数控加工工艺文件主要有：数控加工工序卡片、数控加工刀具卡片、数控加工走刀路线图等。文件格式可根据企业实际情况自行设计，以下提供常用文件格式。

（1）数控加工工序卡片

数控加工工序卡是按照每道工序所编制的一种工艺文件。一般具有工序简图（图上应标明定位基准、工序尺寸及公差、形位公差和表面粗糙度要求，用粗实线表示加工部位等），并详细说明该工序中每个工步的加工内容、工艺参数、操作要求以及所用设备和工艺装备等。数控加工工序卡与机械加工工序卡很相似，所不同的是：其工序简图中应注明编程原点与对刀点，要有编程说明（如程序编号、刀具半径补偿等）。它是操作人员进行数控加工的主要指导性工艺资料，详见表 5-6。表 5-7 是加工某零件的工序卡实例。

表 5-6 数控加工工序卡片

单位	数控加工工序卡片	产品名称或代号		零件名称	零件图号
		车　间		使用设备	
		工艺序号		程序编号	
		夹具名称		夹具编号	
	工序简图				

续表

工步号	工步作业内容	加工面	刀具号	刀补量	主轴转速	进给速度	背吃刀量	备注
编制		审核		批准		年月日	共　页	第　页

表 5-7　铜接头加工工序卡

机械加工工序卡	零件图号	零件名称	文件编号	第　页
	CF-AD316Z0	铜接头		

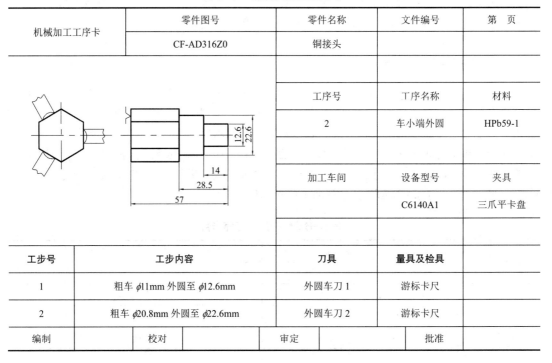

	工序号	工序名称	材料
	2	车小端外圆	HPb59-1
	加工车间	设备型号	夹具
		C6140A1	三爪平卡盘

工步号	工步内容	刀具	量具及检具
1	粗车 $\phi 11$mm 外圆至 $\phi 12.6$mm	外圆车刀 1	游标卡尺
2	粗车 $\phi 20.8$mm 外圆至 $\phi 22.6$mm	外圆车刀 2	游标卡尺
编制	校对	审定	批准

（2）数控加工刀具卡片

数控加工刀具卡主要反映刀具编号、规格名称、数量、刀片型号和材料、刀长、加工表面等内容。表 5-8 为一刀具卡片的例子。

表 5-8　数控加工刀具卡片

产品名称或代号		×××		零件名称		×××	零件图号		×××
序号	刀具号	刀　具				加工表面		备注	
序号	刀具号	规格名称	数量	刀长／mm		加工表面		备注	
1	T01	φ125mm 可转位面铣刀	1			铣上下表面			
2	T02	φ4mm 中心钻	1			钻中心孔			
3	T03	φ7.8mm 钻头	1	50		钻 φ8mm H9 孔和工艺孔底孔			
4	T04	φ9.8mm 钻头	1	50		钻 2-φ10mm H9 孔底孔			
5	T05	φ8mm 铰刀	1	50		铰 φ8mm H9 孔和工艺孔			
6	T06	φ10mm 铰刀	1	50		铰 2-φ10mm H9 孔			
7	T07	φ10mm 高速钢立铣刀	1	50		铣削矩形槽、外形		r_ε=1mm	
编制	×××	审核	×××	批准	×××	年　月　日		共　页	第　页

（3）数控加工走刀路线图

在数控加工中，常常要防止刀具在运动过程中与夹具或工件发生意外碰撞，为此通过走刀路线图告诉操作者程序中的刀具运动路线（如从哪里下刀、在哪里抬刀、哪里是斜下刀等）。为简化走刀路线图，一般可采用统一约定的符号来表示。不同的机床可以采用不同的图例与格式，表 5-9 为一种常用格式的例子。

表 5-9　数控加工走刀路线图

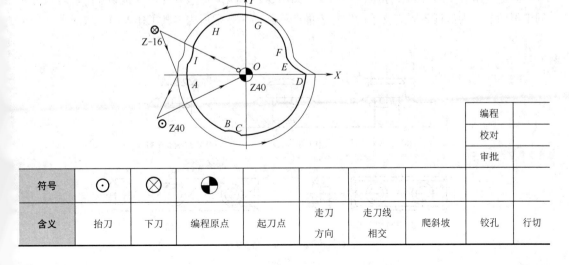

数控加工走刀路线图		零件图号	NC01	工序号		工步号		程序号	0100
机床型号	XK5032	程序段号	N10~N170	加工内容		铣轮廓周边		共 1 页	第　页

						编程
						校对
						审批

符号	⊙	⊗	◐						
含义	抬刀	下刀	编程原点	起刀点	走刀方向	走刀线相交	爬斜坡	铰孔	行切

5.3 数控加工夹具

5.3.1 工件定位的基本原理

定位就是限制自由度。一个在空间处于自由状态的工件有 6 个自由度，如图 5-21 所示，即

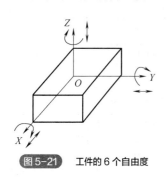

图 5-21 工件的 6 个自由度

沿 X、Y、Z 三个直角坐标轴方向的移动自由度 $\vec{x}$、$\vec{y}$、$\vec{z}$ 和绕这三个坐标轴的转动自由度 $\hat{x}$、$\hat{y}$、$\hat{z}$。要完全确定工件的位置（定位），就需要按一定的要求合理布置 6 个支承点（即定位元件）来限制工件的 6 个自由度，这就是工件定位的"六点定位原理"。在生产实际中，起支承点作用的是一定形状的几何体，这些用来限制工件自由度的几何体就是定位元件。

"六点定位原理"对于任何形状的零件都适用。关于定位支承点限制工件自由度的作用，应理解为定位支承点与工件定位基准面始终保持紧贴接触，若二者脱离，则意味着失去定位作用。机械加工中，为了使工件在夹具中迅速获得正确的位置并简化夹具的定位元件结构，一般只对影响本工序加工尺寸的自由度加以限制即可，对于不影响加工要求的自由度，有时可不必限制。

5.3.2 常见定位方式及定位元件

工件的定位是通过工件上的定位基准面和夹具上定位元件工作表面之间的配合或接触实现的。一般应根据工件上定位基准面的形状，选择相应的定位元件。

（1）工件以平面定位

工件以平面作为定位基准面，是生产中常见的定位方式之一。常用的定位元件（即支承件）有固定支承、可调支承、浮动支承和辅助支承等。除辅助支承外，其余均对工件起定位作用。

固定支承有支承钉和支承板两种形式，如图 5-22 所示，在使用中都不能调整，高度尺寸是固定不动的。为保证各固定支承的定位表面严格共面，装配后需将其工作表面一次磨平。平头

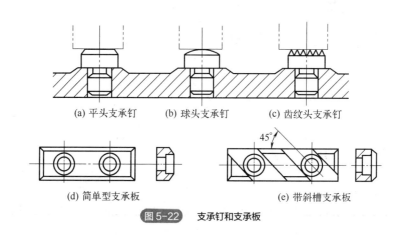

(a) 平头支承钉　　(b) 球头支承钉　　(c) 齿纹头支承钉

(d) 简单型支承板　　　　(e) 带斜槽支承板

图 5-22 支承钉和支承板

支承钉和支承板用于已加工平面的定位。球头支承钉主要用于毛坯面定位。齿纹头支承钉用于侧面定位，以增大摩擦系数，防止工件滑动。简单型支承板结构简单，但孔边切屑不易清除干净，故适用于工件侧面和顶面定位。带斜槽支承板便于清除切屑，适用于工件底面定位。

可调支承用于工件定位过程中支承钉高度需调整的场合，如图 5-23 所示。调节时松开螺母 2，将调整钉 1 高度尺寸调整好后，用锁紧螺母 2 固定。可调支承大多用于毛坯尺寸、形状变化较大以及粗加工定位，以调整补偿各批毛坯尺寸误差。一般不对每个工件进行一次调整，而是对一批毛坯调整一次。

浮动支承是在工件定位过程中，能随着工件定位基准位置的变化而自动调节的支承，常用的有三点式浮动支承 [图 5-24（a）] 和两点式浮动支承 [图 5-24（b）]。这类支承的特点是：定位基面压下其中一点，其余点便上升，直至各点都与工件接触为止。无论哪种形式的浮动支承，其作用都相当于一个固定支承，只限制一个自由度，主要目的是提高工件的刚性和稳定性，适用于工件以毛坯面定位或刚性不足的场合。

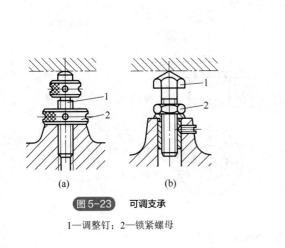

（a）　　　　　（b）

图 5-23　可调支承

1—调整钉；2—锁紧螺母

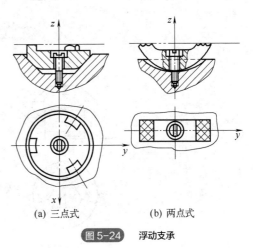

（a）三点式　　　　（b）两点式

图 5-24　浮动支承

（2）工件以圆孔定位

各类套筒、盘类、杠杆、拨叉等零件，常以圆柱孔定位。这种定位方式的基本特点是：定位孔与定位元件之间处于配合状态，并要求确保孔中心线与夹具规定的轴线相重合。圆孔定位还经常与平面定位联合使用。常用的定位元件有定位销、定位心轴、圆锥销。

定位销分为短销和长销。短销只能限制 2 个移动自由度，而长销除限制两个移动自由度外，还可限制 2 个转动自由度，主要用于零件上的中小孔定位。定位销的结构已标准化。

定位心轴主要用于盘套类工件的定位。图 5-25（a）所示为间隙配合心轴，间隙配合拆卸工件方便，但定心精度不高。图 5-25（b）所示是过盈配合心轴，由引导部分 1、工作部分 2 和传动部分 3 组成。这种心轴制造简单，定心准确，不用另设夹紧装置，但装卸工件不便，易损伤工件定位孔，多用于定心精度要求高的精加工。图 5-25（c）所示是花键心轴，用于加工以花键孔定位的工件。

圆锥销定位时与工件圆孔的接触线为一个圆，限制工件的 $\vec{x}$、$\vec{y}$、$\vec{z}$ 三个移动自由度。图 5-26 所示是工件以圆孔在圆锥销上定位的示意图，图（a）用于粗定位基面，图（b）用于精定位基面。

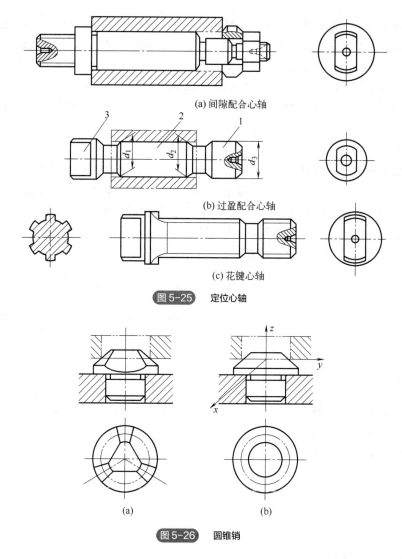

(a) 间隙配合心轴

(b) 过盈配合心轴

(c) 花键心轴

图 5-25　定位心轴

图 5-26　圆锥销

工件在单个圆锥销上定位容易倾斜，为此圆锥销一般与其他定位元件组合定位，如图 5-27 所示。图 5-27（a）为圆锥-圆柱组合心轴，锥度部分使工件准确定心，圆柱部分可减少工件倾斜。图 5-27（b）以工件底面作为主要定位基面，圆锥销是活动的，即使工件的孔径变化较大，也能准确定位。图 5-27（c）为工件以双圆锥销定位。以上三种定位方式均限制工件的 5 个自由度。

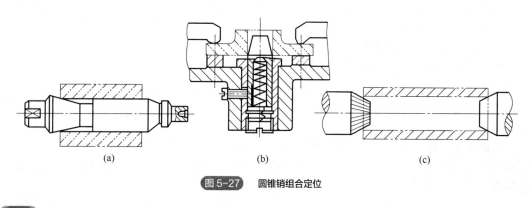

(a)　　　　　　　　　(b)　　　　　　　　　(c)

图 5-27　圆锥销组合定位

（3）工件以外圆柱面定位

工件以外圆柱面定位包括支承定位和定心定位两种。支承定位最常见的是 V 形块定位，此外也可用套筒、半圆孔衬套、锥套作为定位元件。

V 形块是外圆柱面定位时用得最多的定位元件。V 形块可用于完整或不完整的圆柱面定位，可用于精基准，也可用于粗基准，对中性好，可以使工件的定位基准轴线保持在 V 形块两斜面的对称平面上，而且不受工件直径误差的影响，安装方便。图 5-28 所示为常见 V 形块结构，其中，图（a）用于较短工件精基准定位，图（b）用于较长工件粗基准定位，图（c）用于工件两段精基准面相距较远的场合。如果定位基准与长度较大，则 V 形块不必做成整体钢件，而采用铸铁底座镶淬火钢垫，如图 5-28（d）所示。长 V 形块限制工件的 4 个自由度，短 V 形块限制工件的 2 个自由度。V 形块两斜面的夹角有 60°、90°和 120°三种，其中，以 90°为最常用。

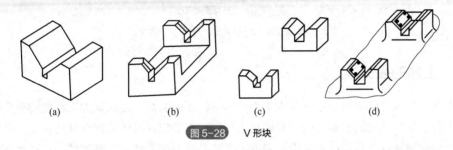

(a)　　　　(b)　　　　(c)　　　　(d)

图 5-28　V 形块

套筒定位结构简单，但定心精度不高。为防止工件偏斜，常采用套筒内孔与端面联合定位。如图 5-29 所示，图（a）是短套筒孔，相当于两点定位，限制工件的 2 个自由度；图（b）是长套筒孔，相当于四点定位，限制工件的 4 个自由度。

剖分套筒为半圆孔定位元件，主要适用于大型轴类零件的精密轴颈定位，如图 5-30 所示，将同一圆周表面的定位件分成两半，下半孔放在夹具体上，起定位作用，上半孔装在可卸式或铰链式的盖上，仅起夹紧作用。

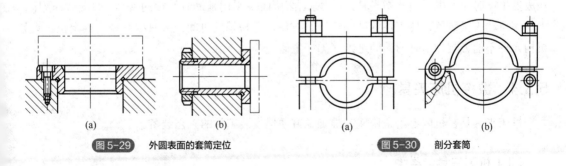

(a)　　　　(b)

图 5-29　外圆表面的套筒定位

(a)　　　　(b)

图 5-30　剖分套筒

（4）工件以一面两孔定位

一面两孔定位是机械加工过程中最常用的定位方式之一，如加工箱体、杠杆、盖板等。这种定位方式简单、可靠、夹紧方便，易于做到工艺过程中的基准统一。工件采用一面两孔定位时，定位平面一般是加工过的精基准面，两孔可以是工件结构上原有的，也可以是为定位需要专门设置的工艺孔。相应的定位元件是支承板和两定位销。如图 5-31 所示，为了避免两销定位时与工件的两孔产生过定位干涉，将其中一销做成削边销；为保证削边销的强度，小直径的削边销一般做成菱形结构，又称菱形销。

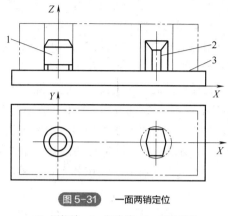

图 5-31 　一面两销定位

1—圆柱销；2—削边销；3—定位平面

5.3.3 工件的装夹

工件从定位到夹紧的整个过程称为工件的装夹。正确的装夹是保证加工精度的重要条件。数控加工时，工件装夹的基本原则与普通机床相同，都要根据具体情况合理选择定位基准和夹紧方案，但应注意以下几点：力求设计基准、工艺基准与编程计算的基准统一；尽量减少工件的装夹次数和辅助时间，即尽可能在工件的一次装夹中加工出全部待加工表面；避免采用占机人工调整方案，以充分发挥数控机床的效能；对于加工中心，工件在工作台上的安放位置要兼顾各个工位的加工，要考虑刀具长度及其刚度对加工质量的影响。

数控加工的特点对夹具提出了两个基本要求：一是要保证夹具的坐标方向与机床的坐标方向相对固定；二是要协调工件和机床坐标系的尺寸关系。除此之外，还要考虑以下几点：在单件小批量生产条件下，应尽量采用组合夹具、可调夹具及其他通用夹具，以缩短生产准备时间；在成批生产时才考虑采用专用夹具，并力求结构简单；采用辅助时间短的夹具，如气动、液压、电动等自动夹紧装置，使工件的装卸迅速、方便，缩短辅助时间；夹具要开敞，其定位、夹紧机构元件不能影响加工时刀具的进给（如产生碰撞等）。

5.3.4 数控机床夹具

机床夹具是在机床上用来快速、准确、方便地安装工件的工艺装备。

（1）机床夹具的类型

机床夹具按专门化程度分类有以下几种：

① 通用夹具：已经标准化、无需调整或稍加调整就可用于装夹不同工件的夹具，如三爪自定心卡盘和四爪单动卡盘、平口钳、回转工作台、分度头等。这种夹具主要用于单件、小批量生产。

② 专用夹具：专为某一工件的一定加工工序而设计制造的夹具。这种夹具结构紧凑、操作方便，主要用于固定产品的大批量生产。

③ 可调夹具：加工完一种工件后，通过调整或更换个别元件就可加工形状相似、尺寸相近的其他工件。这种夹具多用于中小批量生产。

④ 组合夹具：按一定的工艺要求，由一套预先制造好的通用标准元件和部件组合而成的夹具。这种夹具使用完后，可进行拆卸或重新组装成新的夹具。这种夹具适用于新产品的试制及多品种、小批量的生产。

（2）机床夹具的组成

虽然机床夹具种类很多，但它们的基本组成是相同的（图 5-32），都包括：

① 定位装置：由定位元件及其组合构成，它用于确定工件在夹具中的正确位置，如图 5-32 中的圆柱销、菱形销、夹具体的上平面等都是定位元件。

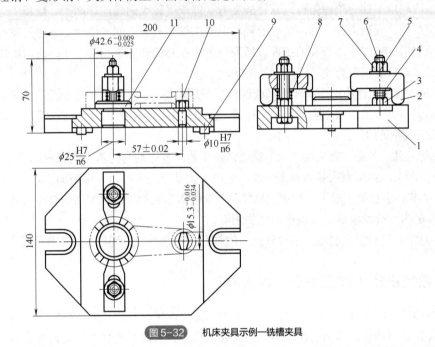

图 5-32　机床夹具示例—铣槽夹具

1—夹具体；2—压板；3, 7—螺母；4, 5—垫圈；6—螺栓；8—弹簧；9—定位键；10—菱形销；11—圆柱销

② 夹紧装置：用于保证工件在夹具中的既定位置，使其在外力作用下不致产生移动，包括夹紧元件、传动装置及动力装置等，如图 5-32 中的压板、螺母、垫圈、螺栓及弹簧等元件构成夹紧装置。

③ 夹具体：用于连接夹具各元件及装置，使其成为一个整体的基础件，以保证夹具的精度和刚度。

④ 其他元件及装置：如定位键、操作件和分度装置以及标准化连接元件等。

5.3.5　数控车床常用夹具

数控车床要尽量选用已有的通用夹具，且应尽量做到一次装夹中把零件所有待加工表面都加工出来。工件定位基准应尽量与设计基准重合。由于工件的形状大小和加工数量不同，常采用以下装夹方法：

① 四爪卡盘。四爪卡盘夹紧力大，但找正比较费时，适用于装夹大型或形状不规则工件。

② 三爪卡盘。三爪卡盘能自动定心，不需花很多时间找正工件，安装效率比四爪卡盘高，但夹紧力没有四爪卡盘大，适用于装夹大批量中小规格的零件。

③ 两顶尖间装夹工件。对于较长的或必须经多次装夹才能加工好的工件（如长轴、长丝杠，或车削后还要铣、磨的工件），可用两顶尖装夹。用两顶尖装夹的工件，必须先在工件端面钻出中心孔。中心孔分为 A、B、C 型。A 型不带护锥，B 型带护锥，C 型带螺纹孔。精度要求一般的工件用 A 型，精度要求较高、工序较多的工件用 B 型，当需要将其他零件轴向固定在工件上时用 C 型。

④ 一夹一顶装夹工件。两顶尖装夹工件虽然精度高，但刚度较差，因此，加工较重的零件时，采用一端夹紧（用三爪或四爪卡盘），另一端用后顶尖顶住的装夹方式，并且在卡盘内装一限位支撑，或利用工件台阶作限位。这种装夹方式能承受较大的轴向切削力。后顶尖分为死顶尖和活顶尖两种，死顶尖刚度好，定心准确，但与工件中心孔之间产生滑动摩擦而发热多，故适用于低速加工、精度要求较高的工件。活顶尖能在很高的转速下正常工作，应用很广泛，但装配误差较大，或磨损后会使顶尖产生径向跳动。

⑤ 软爪。有时卡盘用的卡爪（三爪或四爪）不是淬硬卡爪，而是硬度较低的卡爪，加工前先按工件的大小对卡爪车削一遍（卡爪外圈套一圆圈，并反向夹紧）。这种方法适用于精度要求较高的小批量零件的加工。

⑥ 自动卡盘。工件装夹采用气动卡盘或液压卡盘，其作用与三爪卡盘相同。

⑦ 弹簧夹头。弹簧夹头装夹方便快速，适用于大批量的中小型零件的加工。

⑧ 中心架。中心架一般用于车削长轴零件、车削大而长的工件的端面或钻中心孔、车削较长套类工件的内孔或螺纹等情况以提高轴的刚度。

⑨ 跟刀架。跟刀架主要用于不允许接刀的细长工件的加工，用以提高工件刚度。

5.3.6　数控铣床与加工中心常用夹具

铣床与加工中心夹具主要用于加工工件上的平面、键槽、缺口及成形表面等，加工的切削力较大，又是断续切削，容易引起振动，因此要求夹具具有足够的强度，夹紧力足够大，有较好的自锁性。在考虑夹紧方案时，夹紧力应力求靠近主要支承点，或在支承点所组成的三角内，并力求靠近切削部位及刚性好的地方，尽量不要在被加工孔的上方。同时，考虑各个夹紧部件不要与加工部位和所用刀具发生干涉。当采用某些措施仍不能控制零件变形，可将粗、精加工工序分开，粗加工后放松夹具，使零件消除变形后，再继续进行精加工。

（1）通用夹具

数控加工中的夹具结构力求简单，夹具的标准化、通用化和自动化对加工效率的提高及加工费用的降低有很大影响。对形状简单的单件小批量生产的零件，可选用通用夹具，主要有虎钳、分度头和三爪卡盘等。

当粗加工、半精加工和加工精度要求不高时，对于较小的零件通常采用机用虎钳进行装夹[图 5-33（a）]。对于结构尺寸不大且外表面不需要进行加工的圆形零件，可以利用三爪卡盘进行装夹[图 5-33（b）]。

在单件或小批量生产中，有时利用角铁和 V 形铁装夹工件。如图 5-34 （a）所示，工件安装在角铁上时，工件与角铁侧面接触的表面为定位基准面。拧紧弓形夹上的螺钉，工件即被夹紧。这类角铁常用来安装要求表面互相垂直的工件。圆柱形工件(如轴类零件)通常用 V 形铁装夹，利用压板将工件夹紧，如图 5-34 （b）所示。

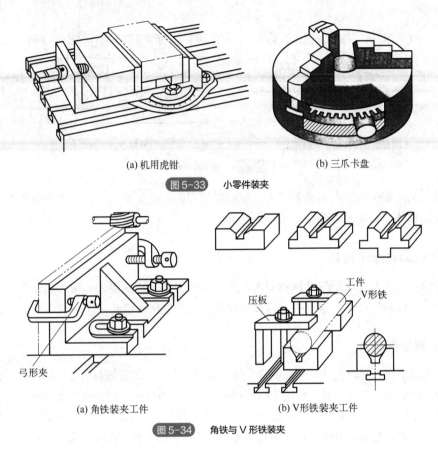

(a) 机用虎钳　　　　　　　　　　　(b) 三爪卡盘

图 5-33　小零件装夹

(a) 角铁装夹工件　　　　　　　　　(b) V形铁装夹工件

图 5-34　角铁与 V 形铁装夹

（2）专用夹具

专用夹具是根据某一零件的结构特点专门设计的夹具，具有结构合理、刚性强、装夹稳定可靠、操作方便、提高安装精度及装夹速度等优点。专用夹具一般在批量生产或研制必要时采用。对于工厂的主导产品，批量较大、精度要求较高的关键性零件，选用专用夹具是非常必要的。

（3）组合夹具

组合夹具是由一套结构已经标准化、尺寸已经规格化的标准元件构成。标准元件有不同的形状、尺寸和规格，应用时可以按工件的加工需要组成各种功用的夹具。组合夹具的主要特点是元件可以长期重复使用，结构灵活多样。

组合夹具有槽系组合夹具和孔系组合夹具。图 5-35 为使用组合夹具装夹工件的例子。

（4）成组夹具

成组夹具是随成组加工工艺的发展而出现的。使用成组夹具的基础是对零件进行分类编码，

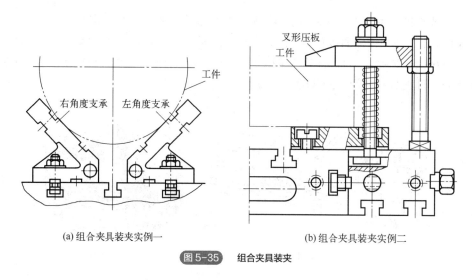

(a) 组合夹具装夹实例一　　　　　　　(b) 组合夹具装夹实例二

图 5-35　组合夹具装夹

编制成组工艺，把定位、夹紧和加工方法相同或相似的零件集中起来，统筹考虑夹具的设计方案。对于结构外形相似的零件，采用成组夹具。

（5）气动或液压夹具

气动或液压夹具适用于生产批量较大，采用其他夹具又特别费工、费力的工件，能减轻工人劳动强度和提高生产率，但此类夹具结构较复杂，造价往往较高，而且制造周期较长。

（6）真空夹具

真空夹具适用于有较大定位平面或具有较大可密封面积的工件。有的数控铣床自身带有通用真空平台，在安装工件时，对于形状规则的矩形毛坯，可直接用特制的橡胶条（有一定尺寸要求的空心或实心圆形截面）嵌入夹具的密封槽内，再将毛坯放上，开动真空泵，就可以将毛坯夹紧。对于形状不规则的毛坯，可以采用特制的过渡真空平台，将其叠加在通用真空平台上使用。

5.4　数控加工刀具

5.4.1　常用刀具材料及性能

切削刀具材料及技术的发展是机械加工行业现代化的重要基础。刀具的切削性能首先取决于刀具材料，其次是几何形状、表面强化、热处理等，所以选择刀具的第一步是选择刀具材料，对刀具材料的性能要求主要是耐磨性、强硬性和红硬性（高温硬度）。不同类型刀具和不同切削条件对刀具性能的要求不同，如在重切削无冷却液的条件下刀具的红硬性最重要；精车淬硬钢时，刀具的耐磨性最重要；断续切削则要求刀具有硬度与韧性的最佳搭配。

（1）高速钢

高速钢的强度高、韧度好、性能比较稳定、工艺性好，能制作各种形状和尺寸的刀具，特别是大型复杂刀具，600℃时仍保持切削加工所要求的硬度。

高速钢的韧性是硬质合金的2倍，硬质合金的韧性是陶瓷的3倍，但陶瓷刀具的耐磨性、热稳定性和化学稳定性要比硬质合金的好很多。

（2）硬质合金

硬质合金具有高速钢的韧性，高切削速度下的耐磨性与红硬性好，特别是涂层技术的应用，使涂层硬质合金成为机夹刀具的首选。非涂层硬质合金刀具和焊接硬质合金刀具广泛应用于铝合金加工和非标准刀具制造。硬质合金比高速钢有更高的硬度、耐磨性、耐高温性以及抗腐蚀能力，允许切削温度在800~1000℃，但其常温下的冲击韧性远不及高速钢。硬质合金的应用范围非常广泛，几乎所有的工件材料都可以用硬质合金刀具来加工。

（3）陶瓷

陶瓷刀具具有高硬度、高耐磨性、优良的化学稳定性和低摩擦系数，尤其是其优良的红硬性（在790℃高温下，仍保持较高硬度），适用于高速切削和高速重切削，但其缺点是抗弯强度和冲击韧性较差。其目前主要用于金属材料的半精加工和精加工。

陶瓷刀具的红硬性强、耐磨性好、化学稳定性强，适用于加工各种铸铁和不同钢料，也适用于加工有色金属和非金属材料。使用陶瓷刀具，无论什么情况下都要用负前角，这是为了不易崩刃，必要时可将刃口倒钝。

（4）立方氮化硼

立方氮化硼的硬度仅次于金刚石，是高硬度、高耐磨性和高红硬性的刀具材料。它的韧度比陶瓷高一些，有一定的抗冲击性。立方氮化硼刀具虽然比陶瓷刀具硬，但是其化学稳定性和热稳定性不如陶瓷刀具。它主要加工锻造钢的硬皮、淬硬钢、冷硬铸铁、钴基和铁基的粉末冶金工件材料。

（5）人造金刚石

人造金刚石是目前最硬的刀具材料，耐磨性很高，通常也作为砂轮的主要成分，用来磨削硬质合金刀具或修正其他陶瓷砂轮的外形。人造金刚石刀具的寿命数倍于硬质合金刀具，但是切削区域的温度不能超过600℃，所以切削加工需要充足的冷却液，要求切削工艺环境稳定、无冲击。

（6）刀具材料与常用的切削速度

高速钢刀具：20~30m/min（车削260HB普通钢材）

硬质合金刀具：70~90m/min（车削260HB普通钢材）

TiN涂层硬质合金刀具：100~120m/min（车削260HB普通钢材）

氧化铝涂层硬质合金刀具：200~400m/min（车削260HB普通钢材）

金属陶瓷刀具：200~350m/min（车削260HB奥氏体不锈钢）

陶瓷刀具：200~400m/min（车削300HB灰口铸铁）

立方氮化硼刀具：400~800m/min（车削灰口铸铁和淬硬钢及耐热合金）

金刚石刀具：1000~3000m/min（车削铝合金）

5.4.2 数控车削刀具

数控车削刀具可完成工件的车外圆、车端面、车内孔、切槽或切断，以及车内外螺纹等加工工艺。按车刀所加工的表面特征来划分有外圆车刀、端面车刀、内（外）切槽车刀、内（外）螺纹车刀、内孔车刀、切断刀等，如图5-36所示。

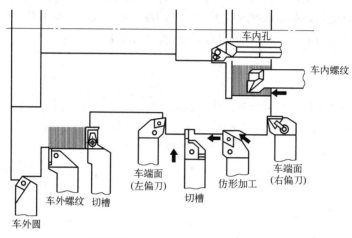

图 5-36　常用车刀的种类、形状和用途

（1）机夹可转位车刀的选用

数控车床一般选用硬质合金可转位车刀，把经过研磨的可转位多边形刀片用夹紧组件夹在刀杆上，如图5-37所示。车刀在使用过程中，一旦切削刃磨钝后，通过刀片的转位，即可用新的切削刃继续切削，只有当多边形刀片所有的刀刃都磨钝后，才需要更换刀片。

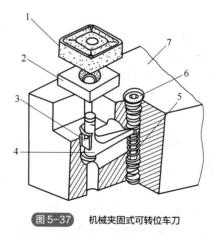

图 5-37　机械夹固式可转位车刀

1—刀片；2—刀垫；3—卡簧；4—杠杆；5—弹簧；6—螺钉；7—刀柄

由于可转位车刀的形式多种多样，并采用多种刀具结构和几何参数，因此可转位车刀的品

种越来越多，使用范围很广。刀片和刀具选择应注意下列问题：

① 刀片材料的选择。常见刀片材料有高速钢、硬质合金、涂层硬质合金、陶瓷、立方氮化硼和金刚石等，其中应用最多的是硬质合金和涂层硬质合金刀片。选择刀片材料的主要依据是被加工工件的材料、被加工表面的精度、表面质量要求、切削载荷的大小以及切削过程中有无冲击和振动等。

② 刀片形状的选择。刀片形状主要与被加工工件的表面形状、切削方法、刀具寿命和有效刃数等有关。一般外圆车削常用 60°凸三边形（T 型）、四方形（S 型）和 80°菱形（C 型）刀片。仿形加工常用 55°（D 型）菱形、35°（V 型）菱形和圆形（R 型）刀片。不同的刀片形状有不同的刀尖强度，一般刀尖角越大，刀尖强度越大。圆形（R 型）刀片刀尖角最大，35°（V 型）菱形刀片刀尖角最小。在选用时，在机床刚性和功率允许的条件下，大余量、粗加工应选用刀尖角较大的刀片；反之，在机床刚性和功率较小时，小余量、精加工时宜选用刀尖角较小的刀片。

③ 刀片后角的选择。常用的刀片后角有 N（0°）、C（7°）、P（11°）、E（20°）等类型。一般粗加工、半精加工可用 N 型；半精加工、精加工可用 C、P 型，也可用带断屑槽的 N 型刀片；加工铸铁、硬钢可用 N 型，加工不锈钢可用 C、P 型，加工铝合金可用 P、E 型等，加工韧性好的材料可选用较大一些的后角。一般孔加工刀片可选用 C、P 型，大尺寸孔加工可选用 N 型。

④ 刀尖圆弧半径的选择。刀尖圆弧半径不仅影响切削效率，而且影响被加工表面的粗糙度及加工精度。从刀尖圆弧半径与最大进给量关系来看，最大进给量不应超过刀尖圆弧半径尺寸的 80%，否则将恶化切削条件，甚至出现螺纹状表面和打刀等问题。刀尖圆弧半径还与断屑的可靠性有关，从断屑可靠性出发，通常对于小余量、小进给车削加工，应采用小的刀尖圆弧半径，反之，采用较大的刀尖圆弧半径。

粗车时进给量不能超过表 5-10 给出的最大进给量。作为经验法则，一般进给量可取刀尖圆弧半径的一半。

表 5-10 不同刀尖半径时最大进给量

刀尖半径/mm	0.4	0.8	1.2	1.6	2.4
最大推荐进给量/（mm/r）	0.25~0.35	0.4~0.7	0.5~1.0	0.7~1.3	1.0~1.8

⑤ 刀杆头部形式选择。刀杆头部形式按主偏角和直、弯头分有 15~18 种，各形式规定了相应的代码，在国家标准和刀具样本中都一一列出，可以根据实际情况选择。有直角台阶的工件，可选主偏角大于或等于 90°的刀杆；一般粗车可选主偏角 45°~90°的刀杆；精车可选 45°~75°的刀杆；中间切入、仿形车削则可选 45°~107.5°的刀杆。工艺系统刚性好时可选较小值，工艺系统刚性差时可选较大值。当刀杆为弯头结构时，则既可加工外圆，又可加工端面。

⑥ 左右手柄的选择。有三种选择：R（右手）、L（左手）和 N（左右手）。要注意区分左、右手的方向，选择时要考虑机床刀架是前置式还是后置式、前刀面向上还是向下、主轴的旋转方向以及需要的进给方向等。

（2）数控车削用工具系统

数控车削用工具系统的构成和结构，与机床刀架的形式、刀具类型及刀具是否需要动力驱动等因素有关。数控车削用工具系统必须根据刀架刀盘结构形式进行选择。

经济型低档数控车床配套的刀架通常为电动立式四方刀架，一般将车刀直接安装在刀架的矩形槽中。

中高档数控车床一般配有卧轴转塔刀架。这类刀架的刀盘一般为槽形结构，即刀盘上设有矩形槽安装接口，有较多的刀位，一般有6、8、12、16位等。在端面矩形槽中，可以通过刀座或直接安装外圆刀具。在与刀盘轴线平行的多棱面上，可以通过刀座、刀套等附件安装镗刀、钻头等孔加工刀具。图5-38所示为与这类刀架刀盘配套的工具系统。

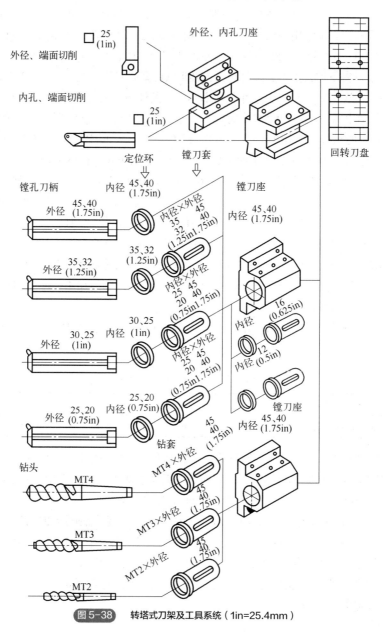

图5-38 转塔式刀架及工具系统（1in=25.4mm）

高档数控车床或车削中心一般配置了高档动力刀架。这类刀架的刀盘一般为孔形结构，刀架的刀盘表面经精密加工，并在其上开有精密安装孔。不同刀具通过各种不同的刀座附件以端面和孔为定位基准安装到刀盘上。图5-39所示为数控车削用工具系统的一般结构体系。

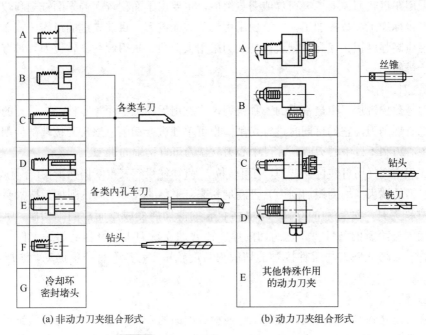

(a) 非动力刀夹组合形式　　　　　　(b) 动力刀夹组合形式

图 5-39　数控车削用工具系统的一般结构体系

5.4.3　数控铣床与加工中心刀具

数控铣床和加工中心上使用的刀具主要有铣削刀具和孔加工刀具两大类。

（1）铣削刀具的选择

数控铣削加工要求铣刀刚性要好、耐用度要高。除此以外，铣刀切削刃几何角度的参数选择及排屑性能等也非常重要，切屑粘刀形成积屑瘤在数控铣削中是十分忌讳的。

实际应用中，根据不同的加工材料和加工精度要求，选择不同参数的铣刀进行加工，刀具的尺寸应与被加工工件的表面尺寸和形状相适应。

加工平面零件周边轮廓时（内凹或外凸轮廓），加工凹槽、较小的台阶面等常采用立铣刀；加工凸台或凹槽时，可选用高速钢立铣刀；加工毛坯表面时，可选用镶硬质合金的玉米铣刀；粗铣平面时，切削力大，宜选较小直径的铣刀，以减少切削扭矩；精铣时，可选大直径铣刀，尽量能包容工件加工面的宽度，以提高效率和加工表面质量；加工较大的平面应选择面铣刀；加工空间曲面、模具型腔或凸模成形表面等多选用模具铣刀；加工封闭的键槽选用键槽铣刀；加工变斜角零件的变斜角面应选用鼓形铣刀；加工各种直的或圆弧形的凹槽、斜角面、特殊孔等应选用成形铣刀；曲面加工常采用球头铣刀，但加工曲面较平坦的部位时，刀具以球头顶端刃切削，切削条件较差，这时应选用环形铣刀。

（2）常用铣刀

被加工零件的几何形状是选择刀具类型的主要依据。

① 面铣刀。

一般采用在盘状刀体上机夹刀片或刀头组成,主要用于面积较大的平面铣削和较平坦的立体轮廓的多坐标加工。数控加工中广泛使用可转位式面铣刀。目前先进的可转位式面铣刀的刀体趋向用轻质高强度铝、镁合金制造,切削刃采用大前角、负刃倾角,转位刀片带有三维断屑槽形,便于排屑。

② 立铣刀。

立铣刀是数控铣加工中最常用的一种铣刀,广泛用于加工平面类零件。立铣刀的圆柱表面和端面上都有切削刃,它们可同时进行切削,也可单独进行切削。立铣刀按端部切削刃的不同可分为过中心刃和不过中心刃两种,过中心刃立铣刀可直接轴向进刀。

数控加工广泛使用可转位立铣刀,由可转位刀片(往往设有三维断屑槽形)组合而成侧齿、端齿或过中心刀的端齿(均为短切削刃)可满足高速、平稳的三维空间铣削加工技术要求。

波形立铣刀是一种特别的立铣刀,能将狭长的薄切屑变成厚而短的碎切屑,使排屑变得流畅。在相同进给量的条件下,它的切削厚度比普通立铣刀大,更容易切进工件,从而提高了刀具寿命。波形立铣刀与工件接触的切削刃长度较短,刀具不易产生振动,波形切削刃利于散热。

③ 模具铣刀。

模具铣刀由立铣刀发展而成,是加工金属模具型面的铣刀的通称,可分为圆锥形立铣刀、圆柱形球头立铣刀和圆锥形球头立铣刀三种,其柄部有直柄、削平型直柄和莫氏锥柄三种。模具铣刀的结构特点是球头或端面上布满切削刃,圆周刃与球头刃圆弧连接,可以做径向和轴向进给。加工曲面时球头铣刀的应用最普遍,不但适用于加工空间曲面零件,有时也用于平面类零件较大的转接凹圆弧的补加工。由于球头铣刀的底部切削条件差,近来有用环形铣刀(包括平底铣刀)代替球头铣刀的趋势。

④ 键槽铣刀。

键槽铣刀有两个刀齿,圆柱面和端面都有切削刃,端面刃延伸至中心。用键槽铣刀铣削键槽时,一般先轴向进给达到槽深,然后沿键槽方向铣出键槽全长。由于切削力引起刀具和工件变形,一次走刀铣出的键槽形状误差较大,槽底一般不是直角。为此,通常采用两步法铣削键槽,即先用小号键槽铣刀粗加工出键槽,然后以逆铣方式精加工四周,能获得最佳精度。

⑤ 成形铣刀。

成形铣刀一般都是为特定工件或加工内容专门设计制造的,适用于加工平面类零件的特定形状(如角度面、凹槽面等),也适用于特形孔或台的加工。图5-40所示是常见的几种成形铣刀。

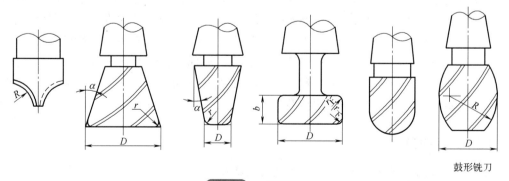

鼓形铣刀

图 5-40　成形铣刀

图 5-40 中的鼓形铣刀，其切削刃分布在半径为 R 的圆弧面上，端面无切削刃，多用来对飞机结构件中的变斜角类零件的变斜角面进行近似加工，是单件或小批量生产中取代四坐标或五坐标机床的一种变通措施。加工时控制刀具上下位置，相应改变刀刃的切削部位，可以在工件上切出从负到正的不同斜角，后期将金属残痕锉修。

（3）加工中心对刀具的基本要求

① 刀具的切削性能强。加工中心向高速、高刚性和大功率方向发展，这就要求刀具必须具有能够承受高速切削和强力切削的性能，而且要性能稳定，同一批刀具在切削性能和刀具寿命方面不得有较大差异。刀具材料一般尽可能选用硬质合金刀具，精密镗孔等还可选用性能更好、更耐磨的立方氮化硼刀具和金刚石刀具。

② 刀具的精度要求高。加工中心的 ATC 功能要求实现快速准确的自动换刀；此外，加工的零件日益复杂和精密，这就要求刀具必须具备较高的形状精度。刀具选用尽可能短的结构长度以提高刚性，尽可能通过槽键式形状连接进行完善的扭矩传递。

（4）典型孔加工刀具

① 钻孔加工。加工中心对钻头的要求较严。钻头两主切削刃必须有较高的对称度（一般为钻模钻头对称度的一半）。若工件钻孔表面不垂直于钻头轴线，钻前应在未加工表面安排锪平工序；有硬皮时，可用硬质合金立铣刀先铣去孔口表皮，再用中心钻钻中心孔，最后钻孔。

对于位置精度要求高的孔，必须采用中心钻引正，中心钻的引入深度，应使中心钻钻孔的倒角最大直径与孔径相一致。有些情况下也可用刚性好的短钻头划窝来解决毛坯表面钻孔的引正问题，还可以代替孔口倒角。

钻头的扭转刚性对钻削质量及其寿命影响较大，所以，钻头排屑槽的长度应根据钻孔深度选定。钻小孔时（ $\phi \leqslant 5\text{mm}$ ），需要较高的切削速度，要求钻头锋利，两主切削刃长度保持一致，进给量要小，以防钻头弯曲；深孔加工应采用渐进循环方式，由于加工中心有较高的定位精度，在可能的情况下，对于深孔（长径比大于 10），也可采用调头加工。

为提高工效，减少工步数和换刀次数，还可以采用阶梯式钻头。这种钻头每个阶梯均有自己的螺旋槽，比带螺旋槽的复合钻头更易于排屑。用这种钻头钻孔不仅可提高工效 2~3.5 倍，而且可以提高孔距精度。

② 扩孔加工。扩孔为铰孔前的预加工工步，也可以用来加工 IT5~IT6 级精度、粗糙度 Ra 为 12.5~6.3μm 的孔。

扩孔时余量比较小，一般为孔径的 1/12~1/10。扩孔钻容屑槽较浅，钻心厚度大，刀体强度高、刚性好，能采用较大的进给量和切削速度。扩孔只能保证孔精加工前的孔表面粗糙度和精加工余量，当孔的形位精度要求较高时，不太深的孔也可用键槽铣刀来进行铰孔前的扩孔加工，可有效纠正钻孔偏差，提高孔的加工精度。

③ 镗孔加工。在加工中心上用镗刀对箱体孔系做粗加工、半精加工，能较好地保证孔的精度、孔间距要求，以及孔轴心线的同轴、垂直、平行等精度要求。镗孔精度一般可达 IT7~IT10级。镗孔的最大特点是能修正上一工序所造成的轴线歪曲或偏斜等缺陷，所以镗孔特别适用于孔距精度要求很高的孔系加工，如箱体等。

加工中心上要求镗刀有足够的刚性和精度。对于长径比比较大的镗刀杆，精加工时应避免使用，如非用不可时，可选用进口"减振镗刀"，其长径比可达到 7。

对于跨距小的箱体孔系可从一端进刀加工，能有效保证同轴度。跨距较大的箱体孔系，可用调头镗的方式来加工，使所加工孔的轴线与主轴中心线两者重合。

常用的精镗孔刀装有精镗微调刀头。这种镗刀的径向尺寸可以在一定范围内进行微调，通用性比较好，在加工中心上应用广泛，微调镗刀前部的微调部分已标准化。

④ 铰孔加工。铰孔不能提高孔的位置精度，只能提高孔的尺寸精度、形状精度和降低表面粗糙度，一般只作为精密孔的最终精加工，也可用于磨孔或研孔前的预加工。在加工中心上，铰孔精度一般可达 IT8~IT9 级，表面粗糙度 Ra 可达 1.6~0.8mm。

铰削的特点是加工余量小，切削厚度薄，应取较小的切削量，以提高铰刀耐用度。为了保证铰孔质量，铰前孔的表面粗糙度 Ra 值不得大于 6.3μm，铰孔余量应均匀适当，一般在 0.1~0.3mm 左右。

（5）加工中心工具系统

加工中心工具的品种、规格非常多，近年来发展起来的模块式工具系统能更好地适应多品种零件的加工，有利于工具的生产、使用和管理。配备完善的、先进的工具系统，是用好加工中心的重要一环。

工具系统作为刀具与机床的接口，除包含刀具本身外，还包括实现刀具快换所必需的定位、夹紧、抓取及刀具保护等机构。数控铣床与加工中心工具系统主要为镗铣类工具系统。

工具系统从结构上可分为整体式与模块式两种。整体式工具系统由整体柄部与整体刃部组成，如常用的钻头、铣刀、铰刀等就属于整体式工具。整体式工具由于不同品种和规格的刃部都必须和对应的柄部相连接，给生产、使用和管理带来诸多不便。模块式工具系统克服了这些弱点，将刀具系统按功能进行分割，做成系列化的标准模块（如刀柄、刀杆、接长杆、接长套、刀夹、刀体、刀头、刀刃等），可根据需要快速组装成不同用途的刀具，便于减少刀具储备，节省开支。但模块式工具系统的刚性不如整体式工具好，而且一次性投资偏高。

我国工具系统型号表示方法如下：

JB（BT）40	-	XS16	-	75
①		②		③

其中①、②、③项表示的含义分别是：①项表示柄部形式及尺寸，②项表示刀柄用途及主参数，③项表示工作长度。

在整体式结构中，每把工具的柄部与夹持刀具的工作部分连成一体，不同品种和规格的工作部分都必须加工出一个能与机床相连接的柄部。这种工具系统中的刀柄代号由四部分组成，各部分的含义如下：

例：JT 45-Q 32-120

其中，JT 表示工具柄部形式，代号见表 5-11；45 对于圆锥柄表示锥度规格，对于圆柱表示直径；Q 表示工具的用途，代号见表 5-12；32 表示工具的规格；120 表示刀柄的工作长度（单位：mm）。

上述代号表示的工具为：自动换刀机床用 7：24 圆锥工具柄，锥柄号为 45 号，前部为弹簧夹头，最大夹持直径为 32mm，刀柄工作长度为 120mm。

表 5-11　工具柄部形式代号

代号	工具柄部形式
JT	自动换刀机床用 7：24 圆锥工具柄
BT	自动换刀机床用 7：24 圆锥 BT 型工具柄
ST	手动换刀机床用 7：24 圆锥工具柄
MT	带扁尾莫氏圆锥工具柄
MW	无扁尾莫氏圆锥工具柄
ZB	直柄工具柄

表 5-12　工具的用途代号及规格

用途代号	用途或名称	规格参数表示的内容
J	装直柄接杆工具	装接杆孔直径-刀柄工作长度
Q	弹簧夹头	最大夹持直径-刀柄工作长度
XP	装削平型直柄工具	装刀孔直径-刀柄工作长度
Z	装英氏短锥钻夹头	莫氏短锥号-刀柄工作长度
ZJ	装贾氏锥度钻夹头	贾氏锥柄号-刀柄工作长度
M	装带扁尾莫氏圆锥柄工具	莫氏锥柄号-刀柄工作长度
MW	装无扁尾莫氏圆锥柄工具	莫氏锥柄号-刀柄工作长度
MD	装短莫氏圆锥柄工具	莫氏锥柄号-刀柄工作长度
JF	装浮动铰刀	铰刀块宽度-刀柄工作长度
G	攻螺纹夹头	最大攻螺纹规格-刀柄工作长度
TQW	倾斜型微调性刀	最小镗孔直径-刀柄工作长度
TS	双刃镗刀	最小镗孔直径-刀柄工作长度
TZC	直角型粗镗刀	最小镗孔直径-刀柄工作长度
TQC	倾斜型粗镗刀	最小镗孔直径-刀柄工作长度
TF	复合镗刀	小孔直径／大孔直径-小孔工作长度／大孔工作长度
TK	可调镗刀头	装刀孔直径-刀柄工作长度
XS	装三面刃铣刀	刀具内孔直径-刀柄工作长度
XL	装套式立铣刀	刀具内孔直径-刀柄工作长度
XMA	装 A 类面铣刀	刀具内孔直径-刀柄工作长度
XMB	装 B 类面铣刀	刀具内孔直径-刀柄工作长度
XMC	装 C 类面铣刀	刀具内孔直径-刀柄工作长度
KJ	装扩孔钻和铰刀	1：30 圆锥大端直径-刀柄工作长度

模块式结构中，刀具被分解成柄部（主柄）、中间连接块（连接杆）、工作部（工作头）三个主要部分（即模块），分别做成系列化的标准模块。通过各种连接结构，在保证刀杆连接精度、刚性的前提下，可根据需要快速地将这三部分连接成一个整体，任意组合成钻、铣、镗、铰及攻螺纹的各种工具。

主柄模块：

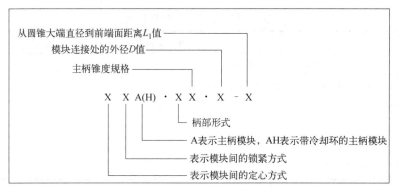

中间模块（连接杆）：

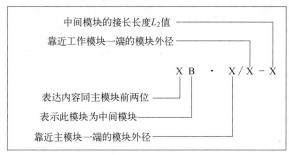

工作模块（工作头）：

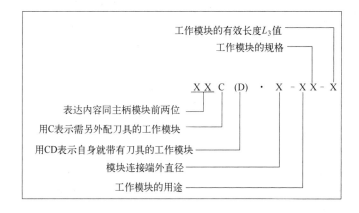

5.5 数控加工工艺智能优化

5.5.1 数控机床智能编程工艺优化

智能数控系统在大数据平台的支撑下，可在系统内实现真正的智能工艺规划，包括分析加工要求、参照机床自身参数智能匹配大数据平台中的最优工艺流程和加工参数，并在加工过程中不断记录加工参数和结果，更新工艺数据库。

传统数控系统与制造系统的交互数据接口采用 ISO 6983（G/M）标准代码，仅仅规定了工件加工轨迹信息和开关量状态，造成 CAD/CAM、CAPP 中工件描述信息及加工工艺信息无法传递到数控系统。2001 年，ISO 14649（STEP-NC）标准被提出，可与 ISO 10303 无缝衔接，用以解决数控系统和 CAD/CAM 间信息丢失和单向传递的问题。该协议使加工对象的几何信息、技术要求、拓扑信息及现场修改信息等能在数控系统及制造系统间双向交互，实现基于 STEP-NC 的工艺规划和加工程序生成，实现自主决策及加工过程优化。

目前，数控自动编程还主要是借助 CAM 软件完成。CAM（computer aided manufacturing，计算机辅助制造）软件的作用是利用计算机编程生成数控机床能够读取的代码，将零件设计、工艺和工序转换成数控程序。输入 CAM 的内容来自 CAD 的零件设计信息和 CAPP（computer-aided process planning，计算机辅助工艺规划）的零件工艺信息，这些信息通过 CAM 软件在自动或人工干预下生成数控程序，包括如下步骤：

① 准备原始数据。原始数据描述了被加工零件的所有信息，包括零件的几何形状、尺寸和几何要素之间的相互关系，刀具运动轨迹和工艺参数等。

② 输入翻译。原始数据以某种方式输入计算机后，计算机并不能立即识别和处理，必须通过编译软件将其翻译成计算机能够识别和处理的形式。

③ 数学处理。根据已经翻译过的原始数据计算出刀具相对于工件的运动轨迹。

④ 后置处理。编程系统将前置处理的结果处理成具体的数控机床所需要的输入信息，形成零件数控加工的程序。

⑤ 信息输出。将后置处理得到的程序信息，通过数控机床的通信接口，输入数控系统。

常用自动编程软件（如 UG、Catia、Mastercam、EdgeCAM 等）大多集 CAD、CAM、CAE 功能于一体，可用于计算机辅助设计、分析和制造。利用这类软件可获得可靠、精确的刀具路径，可仿真多种加工方式，便于设计组合高效率的刀具路径。软件提供完整的刀具库和加工参数管理功能，包含二轴到五轴的铣削、车削、线切割以及大型刀具库管理，可提供实体模拟切削、泛用型后处理器等功能。图 5-41 所示为使用 UG 软件进行数控编程与加工的流程。

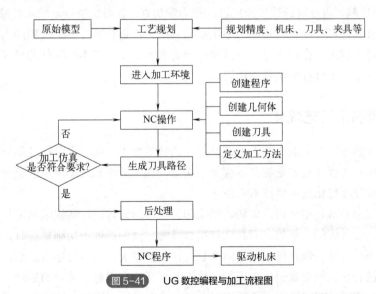

图 5-41　UG 数控编程与加工流程图

与这类软件配合的数控加工仿真软件，采用先进的三维显示及虚拟现实技术，模拟刀柄、夹具、机床的运行过程和虚拟的工厂环境，对数控加工过程进行仿真，显示出刀具切削毛坯形成零件的全过程，并可检测 CAM 软件编程中产生的错误，降低由程序错误导致的加工事故的发生率。

随着技术的发展，数控编程软件的开发和使用进入新阶段，新产品层出不穷，功能模块越来越细化，便于工艺人员在微机上设计出合理的数控加工工艺，数控编程更加便捷高效。在智能数控系统的支持下，数控系统可内嵌编程及仿真软件，减少后处理过程，实现与 CAPP 的有效集成，包括以下模块：

① 刀具轨迹智能决策模块。从 PDM 数据库读取 CAPP 输出的各工序工步特征信息和工艺信息，充分考虑机床的加工效率和要求，利用专家系统决定特征加工的走刀路线和走刀参数。

② 刀位文件生成模块。根据走刀路线决策从特征轨迹库中提取相应的算法，包含刀具轨迹选择知识库、走刀参数选择知识库等，结合特征信息、工艺信息、走刀参数生成刀位文件。

③ 数控代码生成模块。读取刀位文件、PDM 数据库中的机床信息，结合具体数控系统的指令格式、功能代码、坐标系统等，生成符合机床要求的数控代码。

④ 系统维护与开发模块。对特征轨迹库、知识库、参数库、机床库等进行记录添加、修改及优化，并接受 PDM 管理和信息共享。

智能制造过程中，通过将刀具磨损信息、工件数量质量信息、机床状态信息、能耗信息、故障信息等加工状态信息与制造系统上游进行交互，以实现加工过程优化、机床能耗与刀具寿命预测等功能，在此基础上完成工艺优化目标，包括：

① 进给速率实时优化。通过检测机床主轴的负载，运用内部的专家系统实时计算出机床最佳的进给速率，大幅提高生产效率。

② 监测刀具磨损，提高刀具利用率。在切削加工过程中对刀具磨损状态进行实时监测，了解刀具的磨损程度，适时更换刀具。

③ 实时监控加工过程。自适应控制系统可以依据控制对象的输入、输出数据，进行学习和再学习，不断辨识模型参数并进行修正。

④ 自适应控制。通过进行数控加工过程动力学仿真，获得切削稳定域和时域参数，确定切削参数的优化选择区域；在材料切削力系统实验基础上，进行数控加工过程的力学仿真，获得在各种约束条件下切削参数的优化选择区域；确定各种机床加工不同零件的最佳切削参数，形成数据库，实现在加工过程中的智能化管理。

5.5.2 曲面加工工艺优化

高性能复杂曲面零件是航空航天、模具行业的典型加工对象，也是高性能数控系统的主要应用对象。曲面加工优化技术是提升零件加工精度、加工效率和表面质量的综合应用技术，其中，轨迹平滑和速度优化是主要技术手段。

曲面加工缺陷通常包括过切、欠切、振纹和刀纹不均匀等。这些缺陷通常是加工过程中不合理的轨迹和速度导致的。例如，刀具轨迹拟合异常导致偏离理论切削轨迹时，会引起过切或欠切；异常降速时刀具在低速段停留时间变长，切削量增大，也容易造成过切；速度不平稳、加速度突变可能会导致加工表面出现振纹；轨迹不平滑容易引起进给轴的振动，在工件表面形成振纹；轨迹和速度在刀路横向上的不均匀会引起表面刀纹不均匀。

（1）曲面加工轨迹平滑方法

CAM 系统生成的刀具路径通常是 G0 连续（仅位置连续）的分段线性路径，程序段之间 G1

不连续（切向不连续），会导致数控系统频繁降速，影响加工效率。插补轨迹 G2 不连续意味着曲率不连续，此时如果降速不充分，会引起较大的加速度波动，造成机床剧烈振动，影响加工质量。因此，为了保证加工效率和加工质量，刀具路径平滑是高性能数控系统的重要功能之一。

数控加工中，刀具轨迹拟合方法主要有插值法和逼近法两类。当刀具轨迹顺序通过给定的刀位点时，称为插值轨迹；当拟合的轨迹不严格通过刀位点，只是在设定的误差范围内接近给定的刀位点，称为逼近轨迹。图 5-42 为两种拟合方法的示意图。

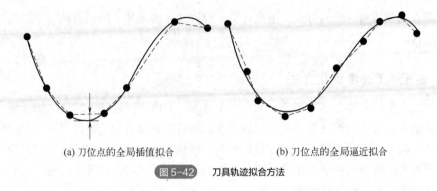

(a) 刀位点的全局插值拟合   (b) 刀位点的全局逼近拟合

图 5-42 刀具轨迹拟合方法

西门子的高档数控系统 840D、840Dsl 中均集成了小线段程序压缩器和可编程转角过渡功能（图 5-43）。程序压缩器能够根据所设的公差带将行程指令按顺序压缩成一条平滑的、曲率稳定的样条轮廓，利于提高系统速度和加速度。可编程转角过渡是通过预读，对已知尖锐转角进行圆弧倒角，即不严格通过编程角点。

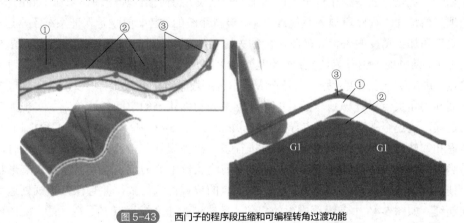

图 5-43 西门子的程序段压缩和可编程转角过渡功能

发那科的 30i、31i、32i 等高档数控系统推出了智能平滑公差控制功能（图 5-44）。智能平滑公差控制功能一方面可以根据指定允差对连续微小线段指令的加工路径进行平滑处理，提高精加工质量；另一方面通过指定公差，可实现不同指令间的转角过渡，包括直线与直线、直线与圆弧、圆弧与圆弧插补的平滑过渡。

从轨迹平滑的理论研究和实际应用中可以看出，局部构造样条轨迹和插值拟合轨迹虽然能够保证严格通过特征刀位点，最大程度忠实于 CAM 软件生成的编程轨迹，但是对于存在缺陷点的编程轨迹适用性较差，容易发生轨迹变形和异常降速。全局逼近轨迹能够过滤编程轨迹中的异常波动，甚至对噪点也能够起到平滑作用，曲线光顺性较好，对于加工速度的提升具有较大意义。然而，从西门子、发那科公布的轨迹平滑功能简介中可以看出，其所用方法均是全局

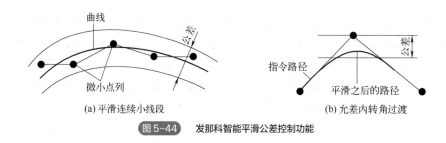

图 5-44　发那科智能平滑公差控制功能

逼近拟合配合局部转角过渡的方式，由此可见，该方法在曲面加工的刀具轨迹平滑处理中具有较高的适用性。

（2）曲面加工速度优化方法

曲面加工中，通常加工速度越高，加工误差越大，但通过降低加工速度来提升精度会影响零件的加工效率。另外，速度的不平稳、加速度突变可能会导致加工表面出现振纹。速度的横向不连续会引起加工表面刀纹不均匀。因此，在数控系统插补前需要对加工速度进行合理优化。速度优化需要考虑两方面：一方面是确定单条轨迹上各程序段的合理速度；另一方面是保证相邻轨迹的速度连续性。相邻轨迹的速度连续性是速度优化的难点。

目前，在相邻轨迹连续性速度优化方面的研究主要分为两类：一类是在数控系统前瞻阶段，通过跨相邻轨迹的大范围程序段预读，在确定单条轨迹速度的同时考虑相邻轨迹的速度连续性；另一类是在离线环境下，通过对全局轨迹的遍历和迭代，实现相邻轨迹间的速度连续。

前瞻阶段优化方法是指相对于当前加工的程序段，超前预读和处理还未加工到的程序段，并将处理后的待加工程序段放入系统缓存中，等待系统的加工。前瞻是保证系统正常运行、提高加工效率和加工精度的关键。前瞻阶段的关键工作是识别降速区间和拐角尖点（图 5-45）。实际处理中，前瞻的范围分为两类：一类是短距离的预读，仅识别轨迹行进方向的降速区间和拐角尖点，并计算降速速度；另一类是在大范围程序段预读的基础上，不仅对轨迹行进方向的降速区间和拐角尖点进行识别，而且能够建立多条相邻轨迹的空间邻近关系，实现加工速度的横向连续，避免个别轨迹缺陷点导致的异常降速。图 5-46 所示为前瞻速度预规划示意图，为了考虑相邻轨迹的降速区间和拐角尖点进行了一致性规划。当刀具加工到当前点时，系统最远前瞻程序段已经跨越了多条轨迹，通过对前瞻轨迹中的刀位点邻近关系和轨迹形状进行匹配，使相邻轨迹的降速区间分界点和拐角尖点的位置协调一致，并且保证预规划速度大小的横向连续，如图 5-46 中前瞻范围内的相邻 4 条轨迹的速度标记点 V_1、V_2、V_3、V_4 的位置和大小基本保持一致。

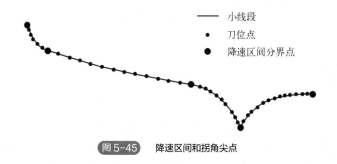

图 5-45　降速区间和拐角尖点

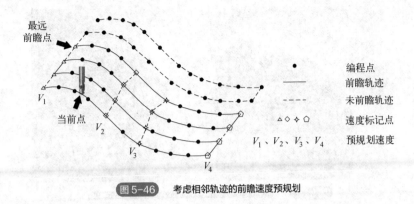

最远前瞻点

当前点

V_1

V_2

V_3

V_4

- 编程点
—— 前瞻轨迹
---- 未前瞻轨迹
△ ▽ ◇ ◻ 速度标记点
V_1、V_2、V_3、V_4　预规划速度

图 5-46　考虑相邻轨迹的前瞻速度预规划

西门子、海德汉和发那科等在前瞻方面具有较深入的研究和应用,在系统性能允许范围内,尽可能多地预读程序段,然后通过刀位点的邻近关系和轨迹的形状匹配,实现相邻几条轨迹的降速区间和拐角尖点的速度协调。

虽然系统前瞻阶段进行速度优化具有实时性好、效率较高的优点,但是受系统实时性的限制,前瞻范围虽有所增加但数量有限,只能考虑相邻几条轨迹速度的一致性,无法保证全局轨迹速度的横向连续。离线全局速度优化是在系统外部的优化软件中进行,不受实时性和内存的限制,利用更复杂的全局遍历和迭代优化算法,实现加工轨迹的全局速度优化。离线全局速度优化的结果可以通过文件输入数控系统,数控系统按照文件中的优化结果进行加工,能够有效避免由数控程序缺陷和系统实时性限制导致的加工表面缺陷,提高加工质量。

离线优化的方式虽然能够实现全局速度优化,但是由于需要在系统外部进行额外的预处理,操作流程相对复杂,优化结果在不同数控系统中无法直接复用,因此,主要用于对全局表面质量要求较高、单件零件价值较高的复杂零件进行加工优化。

（3）高性能数控系统曲面加工优化功能

不同品牌高性能数控系统均提供了相应的轨迹平滑和速度优化功能,并结合其高速高精运动控制、误差补偿和振动抑制技术实现了零件高性能曲面加工优化。

① 西门子曲面加工优化功能。西门子 840Dsl 在控制系统的"精优曲面"解决方案中集成了一系列新功能,优化的压缩器功能 COMPCAD 对轨迹进行平滑,有效提高了轮廓精度和加工效率;通过优化的预读功能,使系统在相邻铣削路径上保持相同加工状态,提高了加工表面质量的均匀性（图 5-47、图 5-48）。

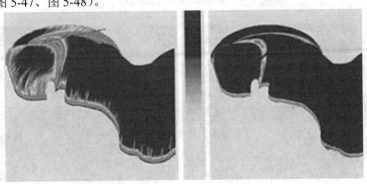

图 5-47　"精优曲面"的速度横向优化效果（深色表示高速）

图5-48   邻近铣削路径加工状态一致对表面质量的改善

为了进一步提升曲面加工质量，840Dsl数控系统又推出了"臻优曲面"功能包，包含前馈控制、连续路径切削等多种曲面加工必需的功能，能够有效改善由程序质量问题造成的工件表面光洁度受损情况。"臻优曲面"功能能够对双向往复铣削的加工轨迹进行与方向无关的平滑，并对微米范围内不平整的位置进行公差内的平滑，尽可能降低 CAM 数据质量差的影响，明显提高工件表面质量，获得更高的零件表面光洁度。

② FANUC曲面加工优化功能。FANUC系统的 AI 轮廓控制是在程序段预读的基础上，对速度和加速度进行适当的控制，通过预读的程序指令来判断零件形状，以适应力学性能的最佳速度和加速度进行加工（图5-49）。FANUC的平滑公差+控制技术是在指定的允差（公差）范围内对连续微小程序段路径进行平滑，以减小机械冲击，实现复杂零部件的高光加工（图5-50）。

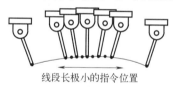

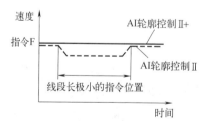

图5-49   AI 轮廓控制对加工速度的优化效果

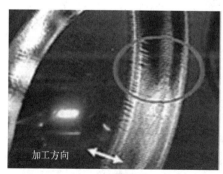
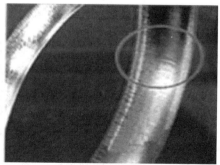

图5-50   平滑公差+控制技术对加工表面质量的改善

③ 海德汉曲面加工优化功能。在使用 CAM 软件生成自由曲面加工程序时，相邻路径通常会有偏差，导致加工的零件表面质量差。海德汉 TNC640 高档数控系统提供的高级动态预测（ADP）功能，实现了往复铣削时与方向无关的相邻轨迹平滑，使相邻路径具有较高的重复性，提高了工件表面的光洁度。

④ 华中 8 型曲面加工优化功能。华中 8 型高档数控系统针对曲面加工优化提出了基于双码联控（G 代码+i 代码）的全局速度横向优化功能。该技术可以消除 CAM 程序质量问题对插补轨迹的影响，保证相邻刀具轨迹沿零件表面特征走向的轨迹一致，实现切削余量在零件表面的均匀分布，提升零件整体加工质量。该功能首次提出了数控智能代码（i 代码）的概念，其作用之一就是对 G 代码进行加工信息的补充。利用该功能可以将全局速度横向优化信息通过 i 代码输入数控系统，并与 G 代码中的指令进行关联，实现曲面加工的全局优化（图 5-51）。

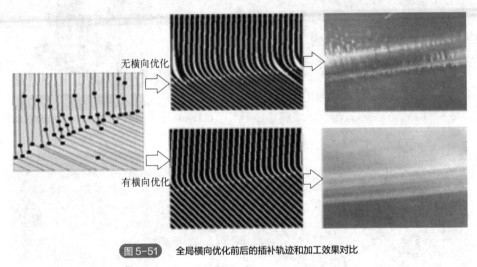

无横向优化

有横向优化

图 5-51 全局横向优化前后的插补轨迹和加工效果对比

5.5.3 数控加工工艺智能优化案例

北京精雕公司基于 SurfMill 软件实现加工工艺的智能优化。SurfMill 是一款具有北京精雕公司自主知识产权的多轴精密加工 CAD/CAM 软件，具有完善的曲面设计功能并可提供丰富的 2.5 轴、三轴和五轴加工策略。

该软件与数控系统无缝集成，与机床设备、加工环境、物料工具等深度融合，搭建了精密级加工的智能工艺平台，可实现：

① 根据在机测量结果进行加工过程的智能修正。

② 提供丰富的刀轴控制方式（图 5-52），能够根据零件不同形状智能规划刀具姿态和进刀策略，生成优化的刀具轨迹，实现高质量路径编程，最大程度发挥刀具切削性能，保障多轴加工效率和质量。

③ 工艺规划阶段映射加工实境，进行基于真实加工环境和生产物料的切削过程模拟与安全检查，提升了工艺编制的准确性和有效性。

④ 针对多种类型零件和刀具（图 5-53），利用切削专家库对切削用量进行智能匹配（图 5-54），对加工中的干涉、碰撞、切削力和变形进行预测和分析，减少或消除因参数设置错误而导致的机床故障、刀具受损，以及因切削力和切削变形造成的零件报废现象，实现加工工艺的智能优化。

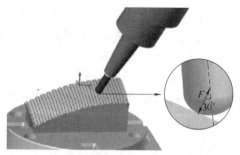

PCD刀具定点切削，保证工件表面效果

刀具侧刃加工，提高加工效率

牛鼻刀底刃加工，路径间距大，加工效率高

支持多种成形刀具编程，提升复杂特征的加工效率

图 5-52　多种刀轴控制方式

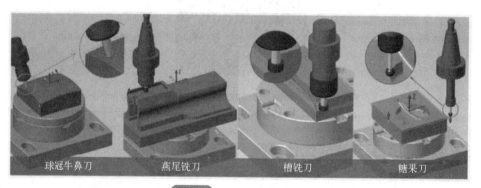

球冠牛鼻刀　　　　燕尾铣刀　　　　槽铣刀　　　　糖果刀

图 5-53　多种刀具工艺规划

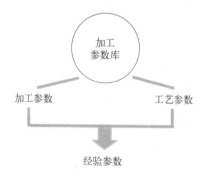

图 5-54　加工参数智能匹配

　　SurfMill 软件集成了曲面加工优化、智能刀轨生成、管控方案规划等特色功能模块，确保高

表面质量要求的精密加工效果。精雕数控系统推出下列功能进行曲面加工优化：利用微铣削和路径节点重布技术，生成更为细腻、节点均匀的路径，从而获得更好的表面质量（图5-55）；通过刀轴光顺处理，改善了多轴路径表面质量，在保证路径光滑的基础上，获得变化均匀的刀轴，反向点明显减少（图5-56）；采用刀具定点切削技术，保证线速度一致，指定刀具切削刃在某一范围进行加工，满足高质量零件对路径策略和刀轴的要求，提升刀具寿命，保证表面加工效果（图5-57）。

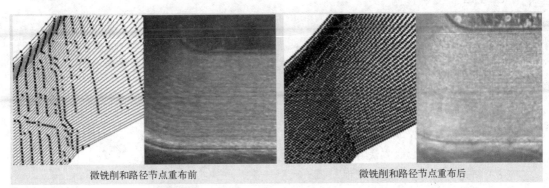

微铣削和路径节点重布前　　　　　　　　　　微铣削和路径节点重布后

图 5-55　利用微铣削和路径节点重布提高五轴路径质量

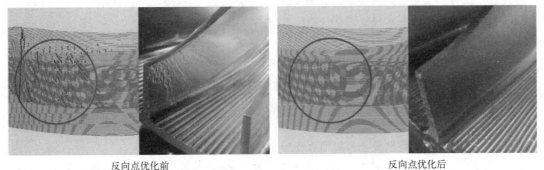

反向点优化前　　　　　　　　　　反向点优化后

图 5-56　反向点优化——发现并消除五轴加工路径反向点

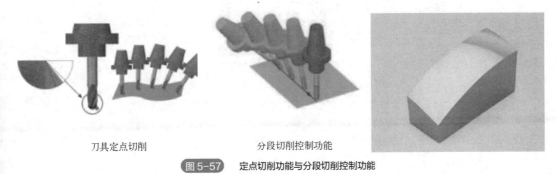

刀具定点切削　　　　　分段切削控制功能

图 5-57　定点切削功能与分段切削控制功能

本章小结

数控加工工艺是数控编程的基础，直接影响零件的加工精度和生产效率。本章介绍了数控加工工艺的基础知识，包括机械加工精度指标和表面质量指标；梳理了提高表面质量的工艺措施；详细讲解了数控加工工艺设计的主要内容，特别针对数控车削、数控铣削列举了常用走刀路线的规划；介绍了常用的数控夹具及定位方式，常用的数控刀具、材料及工具系统，数控加工工艺智能优化措施。

 思考题

（1）简述机械加工精度的主要内容。

（2）机械加工表面质量包括哪些内容？

（3）提高机械加工表面质量的工艺措施有哪些？

（4）简述数控加工工艺分析的主要内容。

（5）什么是定位基准？简述粗基准、精基准的选择原则。

（6）如何安排数控加工的切削加工顺序、热处理工序和辅助工序？

（7）确定加工余量的方法有哪些？

（8）简述切削用量的选择原则。

（9）简述工件定位的基本原理。

（10）工件加工定位的主要形式有哪些？

（11）简述夹具的基本组成。

（12）常用的数控车床夹具有哪些？

（13）常用的数控铣床与加工中心夹具有哪些？

（14）简述数控加工常用的刀具材料及其性能。

（15）典型的孔加工刀具有哪些？

（16）简述曲面加工工艺优化方法。

（17）举例说明高性能数控系统的曲面加工优化功能。

第6章

智能数控机床加工程序编制

 本章思维导图

扫码获取本书资源

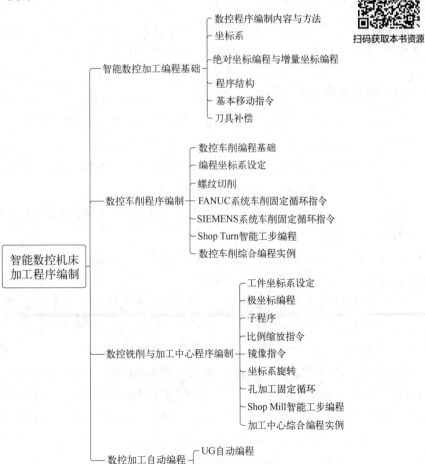

智能数控机床加工程序编制

- 智能数控加工编程基础
  - 数控程序编制内容与方法
  - 坐标系
  - 绝对坐标编程与增量坐标编程
  - 程序结构
  - 基本移动指令
  - 刀具补偿
- 数控车削程序编制
  - 数控车削编程基础
  - 编程坐标系设定
  - 螺纹切削
  - FANUC系统车削固定循环指令
  - SIEMENS系统车削固定循环指令
  - Shop Turn智能工步编程
  - 数控车削综合编程实例
- 数控铣削与加工中心程序编制
  - 工件坐标系设定
  - 极坐标编程
  - 子程序
  - 比例缩放指令
  - 镜像指令
  - 坐标系旋转
  - 孔加工固定循环
  - Shop Mill智能工步编程
  - 加工中心综合编程实例
- 数控加工自动编程
  - UG自动编程
  - SurfMill自动编程

本章学习目标

（1）掌握数控编程基本指令；

（2）掌握数控车削编程基本指令和车削固定循环指令；

（3）掌握数控铣削基本指令和子程序，缩放、镜像、旋转等指令；

（4）了解 SIEMENS 系统 Shop 智能工步编程原理与步骤；

（5）熟悉自动编程过程和步骤。

6.1　智能数控加工编程基础

智能数控系统体系结构发展的趋势是从专用封闭式向通用开放式转变，为用户提供一个与平台无关的标准化控制系统，其编程和操作更加方便。本章以市场上主流经典的数控系统（发那科和西门子）为例，介绍数控编程的指令和应用，包括为用户带来便利、让编程更加简单的智能化功能及其编程指令。

6.1.1　数控程序编制内容与方法

程序编制是数控加工的一项重要工作，理想的加工程序不仅应保证加工出符合图纸要求的合格零件，同时应能使数控机床的功能得到合理的应用与充分的发挥。

（1）数控程序编制内容

数控编程是从零件图纸到获得数控加工程序的全过程，其主要内容包括：分析零件图纸、工艺处理、数学处理、编写零件加工程序单、程序输入及校验。以下是具体步骤与要求。

① 分析零件图纸。首先要分析零件图纸，根据零件的材料、形状、尺寸、精度、毛坯形状和热处理要求等确定加工方案，选择合适的数控机床。

② 工艺处理。工艺处理涉及问题较多，包括确定加工方案、选择刀具和夹具、确定加工路线、确定切削用量等，内容详见本书第 5 章。

③ 数学处理。工艺处理工作完成后，根据零件的几何尺寸和加工路线，计算数控机床所需的输入数据。

④ 编写零件加工程序单。完成工艺处理和数学处理工作后，编程人员根据所使用数控系统的指令、程序段格式，逐段编写零件加工程序。编程人员要了解数控机床的性能、程序指令代码以及数控机床加工零件的过程，才能编写出正确的加工程序。

⑤ 程序输入及校验。程序编好后，通过 U 盘或网络传输，输入数控机床；编写好的程序需要经过校验后，才可用于正式加工。一般采用空走刀检测、空运转检测、在显示器上模拟加工过程的轨迹和图形显示检测，以及采用铝件、塑料或石蜡等易切材料进行试切等方法检验程序。通过检验，特别是试切，不仅可以确认程序的正确与否，还可知道加工精度是否符合要求。当发现不符合要求时，可修改程序或采取补偿措施。

（2）数控程序编制方法

数控编程的方法有：手工编程和自动编程（计算机辅助编程）。

① 手工编程。从工艺分析、数值计算直到数控程序的试切和修改等过程全部或主要由人工完成，就是手工编程，要求编程人员不仅要熟悉数控代码及编程规则，而且必须具备机械加工工艺知识和数值计算能力。对于几何形状不太复杂的零件，数控编程计算较简单、程序段不多，手工编程是可行的。但对于形状复杂的零件，特别是具有曲线、曲面（如叶片、复杂模具型腔）或几何形状并不复杂但程序量大的零件（如复杂孔系的箱体），手工编程很难胜任，耗时长、效率低、出错率高，这种情况适合用自动编程。

② 自动编程。编制零件加工程序的全部过程主要由计算机来完成，此种编程方法称为自动编程。自动编程由计算机代替人完成复杂的坐标计算和书写程序单的工作，效率高，程序正确性好，可以解决许多手工无法完成的复杂零件编程难题。

实现自动编程的方法主要有语言式自动编程和图形交互式自动编程两种。前者是通过高级语言的形式，表示出全部加工内容，计算机采用批处理方式，一次性处理、输出加工程序；后者是采用人机对话的处理方式，利用 CAD/CAM 功能生成加工程序。目前，应用 CAD/CAM 系统已经成为自动编程的主要手段。

不同 CAD/CAM 系统的功能、用户界面有所不同，编程操作也不尽相同，但编程的基本原理与基本步骤是一致的，如图 6-1 所示。

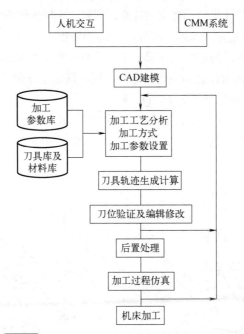

图 6-1　利用 CAD/CAM 进行数控自动编程的基本步骤

a. 几何造型。利用 CAD/CAM 系统的几何建模功能，将零件被加工部位的几何图形准确地绘制在计算机屏幕上，同时在计算机内自动形成零件图形的数据文件。

b. 加工工艺分析。这同样是自动编程的基础。通过分析零件的加工部位，确定装夹位置、工件坐标系、刀具类型及其几何参数、加工路线及切削工艺参数等，目前仍需要采用人机交互方式输入。

c. 刀具轨迹生成。刀具轨迹的生成是基于屏幕图形以人机交互方式进行的。用户根据屏幕提示通过光标选择相应的图形目标，确定待加工的零件表面及限制边界，输入切削加工的对刀点，选择切入方式和走刀方式。软件系统将自动地从图形文件中提取所需的几何信息，进行分析判断，计算节点数据，生成走刀路线，并将其转换为刀具位置数据，存入指定的刀位文件。

d. 刀位验证及刀具轨迹的编辑。对所生成的刀位文件进行加工过程仿真，验证走刀路线是否正确合理，是否有碰撞干涉或过切现象；对已生成的刀具轨迹进行编辑修改、优化处理，以得到正确的走刀轨迹。

e. 后置处理。后置处理的作用是形成具体机床的数控加工文件。由于各机床所使用的数控系统不同，其数控代码及其格式不尽相同，为此需要通过后置处理，将刀位文件转换成具体数控机床所需的加工程序。

f. 数控程序的输出。生成的数控加工程序可以通过计算机的各种外部设备输出，若数控机床附有标准的 DNC 接口，还可由计算机将加工程序直接输送给机床控制系统。

6.1.2 坐标系

（1）机床坐标系（MCS）

在数控机床上，刀具的定位点、移动轨迹等都是以坐标值的形式给出的。因此，为了实现对刀具的运动控制，必须在数控机床上建立坐标系，即确定坐标轴的方向和设定坐标原点的位置。

① 坐标系及运动方向规定。国际标准规定：数控机床的坐标系，采用右手定则的笛卡儿坐标系，如图 6-2 所示。图中，拇指指向 X 轴，食指指向 Y 轴，中指指向 Z 轴，指尖指向各坐标轴的正方向，即增大刀具和工件之间距离的方向。同时规定了分别平行于 X、Y、Z 轴的第一组附加轴为 U、V、W，第二组附加轴为 P、Q、R。

若有旋转轴，规定绕 X、Y、Z 轴的旋转轴依次为 A、B、C 轴，其方向为右旋螺纹方向，如图 6-2 所示。旋转轴的原点一般定在水平面上。若还有附加的旋转轴，则用 D、E、F 定义，其与直线轴没有固定关系。

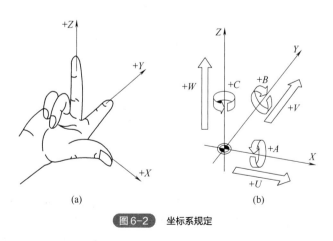

图 6-2　坐标系规定

② 坐标轴及方向规定。在确定机床坐标轴时，一般先确定 Z 轴，然后确定 X 轴和 Y 轴，最后确定其他轴。机床运动的正方向，是指增大工件和刀具之间距离的方向。

a. Z轴。Z坐标的运动是由传递切削力的主轴决定的，规定与机床主轴轴线平行的坐标轴为 Z 轴。刀具远离工件的方向为 Z 轴的正方向，如图 6-3（a）所示。如果机床上有多个主轴，则选一个垂直于工件装夹平面的主轴为 Z 轴。如果主轴能够摆动，则选垂直于工件装夹平面的方向为 Z 坐标方向，如图 6-3（b）所示的六轴加工中心机床的主轴。如果机床无主轴，则选垂直于工件装夹平面的方向为 Z 坐标方向，如图 6-3（c）所示的数控龙门铣床坐标系。

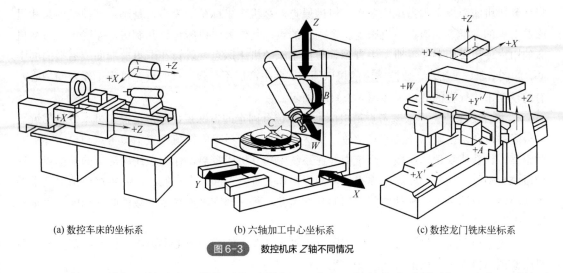

| (a) 数控车床的坐标系 | (b) 六轴加工中心坐标系 | (c) 数控龙门铣床坐标系 |

图6-3 数控机床 Z 轴不同情况

b. X轴。X 轴与 Z 轴垂直，并位于水平面内，一般与工件的装夹平面平行。确定 X 轴的正方向时，分两种情况。一是如果工件做旋转运动，则刀具离开工件的方向为 X 坐标的正方向，如图 6-3 所示数控车床的 X 轴。二是如果刀具做旋转运动，则又分为两种情况：Z 坐标水平时，沿刀具主轴向工件看，+X 方向指向右方，如图 6-4（a）所示；Z 坐标垂直时，观察者面对刀具主轴向立柱看，+X 指向右方，如图 6-4（b）所示。

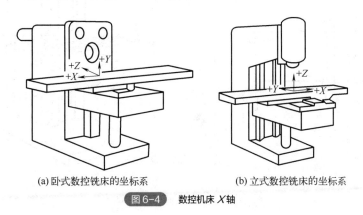

| (a)卧式数控铣床的坐标系 | (b)立式数控铣床的坐标系 |

图6-4 数控机床 X 轴

c. Y轴。在确定 X、Z 轴后，根据 X 和 Z 坐标的正方向，按照右手直角笛卡儿坐标系来确定 Y 坐标的正方向。

d. 回转轴。围绕坐标轴 X、Y、Z 旋转的运动，分别用 A、B、C 表示。它们的正方向用右手螺旋法则判定，如图 6-2（b）所示。

e. 附加轴。如果在 X、Y、Z 主要坐标轴以外，还有平行于它们的坐标轴，则用附加坐标轴 U、V、W 分别表示平行于 X、Y、Z 三个坐标轴的第二组直线运动；如还有平行于 X、Y、Z 轴的第三组直线运动，则附加坐标轴可分别指定为 P、Q 及 R 轴。

如果在第一组回转运动 A、B、C 之外还有平行或不平行 A、B、C 的第二组回转运动，可分别指定为 D、E 及 F。

③ 数控机床坐标系的建立。

a. 机床坐标系原点。在规定了机床坐标轴和方向后，必须再确定机床原点，才能建立机床坐标系。机床原点又称为机床零点、机械原点，是机床坐标系的原点，是确定其他坐标系和机床参考点的基准点。该点是机床上一个固定的点，其位置由机床设计和制造厂家确定，可从机床的用户使用说明书（手册）中查到。数控车床的机床原点一般设在卡盘前端面或后端面的中心，如图 6-5（a）所示。数控铣床的机床原点，各生产厂不一致，有的设在机床工作台的中心，有的设在进给行程的终点，如图 6-5（b）所示。

b. 机床参考点。机床参考点是机床上一个位置固定的特殊点，通常设置在机床各轴靠近正向极限的位置，由限位开关准确定位，到达参考点时所显示的数值则表示参考点与机床零点间的距离，该数值被记忆在数控系统中并在系统中建立机床零点，作为系统内运算的基准点。数控系统启动时，通常都要做回零操作，回零操作又称为返回参考点操作。回零操作是对基准的重新核定，可消除由于种种原因产生的基准偏差。每次回零时所显示的数值必须相同，否则加工有误差。

一般数控车床、数控铣床的机床原点和机床参考点位置如图 6-5 所示，但有些数控机床的机床原点与机床参考点重合。

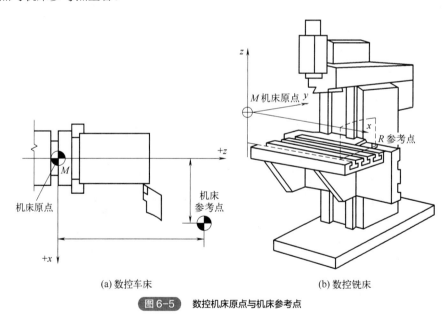

(a) 数控车床　　　　　　　　　(b) 数控铣床

图 6-5　数控机床原点与机床参考点

（2）工件坐标系（WCS）

加工程序的编制通常是针对某一工件，根据零件图样进行的。为了便于尺寸计算、检查，编程时需要针对零件图建立工件坐标系（编程坐标系）。

工件坐标系是在数控编程时用来定义工件形状和刀具相对工件运动的坐标系，为保证编程与机床加工的一致性，工件坐标系也应用右手笛卡儿坐标系。工件装夹到机床上时，应使工件坐标系与机床坐标系的坐标轴方向保持一致。

　　工件坐标系的原点称为工件原点或编程原点，建立工件坐标系的核心是选取工件坐标系的原点。工件原点位置的选取会对编程是否简便、加工精度是否易于保证等有重要影响，应合理选择。工件原点的一般选用原则为：

　　① 应尽量选择在零件的设计基准或工艺基准上。图6-6（a）所示为车削零件的工件原点，选择端面的中心处为工件原点可以省去编程时的尺寸和公差换算，减少计算工作量，更易于保证加工精度。

　　② 对于有对称几何特征的零件，工件原点一般选择在对称中心。

　　③ 工件原点应选择方便对刀操作，便于工件装夹、测量和检验的位置，如图6-6（b）所示铣削零件的工件原点位置。

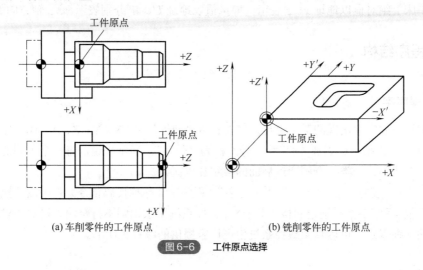

(a) 车削零件的工件原点　　　　　　　　　　(b) 铣削零件的工件原点

图6-6　工件原点选择

（3）刀具相对运动原则

　　由于机床的结构不同，有的是刀具运动、零件固定，有的是刀具固定、零件运动，为了编程方便，均假定工件不动、刀具相对于工件做进给运动而确定坐标轴正方向。实际机床加工时，如果是刀具不动、工件相对于刀具移动实现进给，则按相对运动关系，工件运动的正方向（机床坐标系的实际正方向）恰好与工件坐标系的正方向（刀具运动的正方向）相反。

6.1.3　绝对坐标编程与增量坐标编程

　　数控加工程序中表示几何点的坐标位置有绝对值和增量值两种方式，可通过准备功能指令G90、G91进行选择。G90表示输入的尺寸字数值为绝对值，G91表示输入的尺寸字数值为增量值。绝对值以"工件原点"为依据来表示坐标位置，如图6-7（a）所示。增量值以相对于"前一点"位置的坐标尺寸增量来表示坐标位置，如图6-7（b）所示。

　　加工程序中，可以采用绝对值尺寸或者增量值尺寸，或者绝对值尺寸和增量值尺寸混合使用，主要是为了编程时能方便地计算出程序段的尺寸数值。有些数控系统（如数控车床）的增量值尺寸不用G91指令，而是使用平行于x、y、z的相对坐标U、V、W。绝对值尺寸和增量值尺寸在同一程序段中可混合使用。

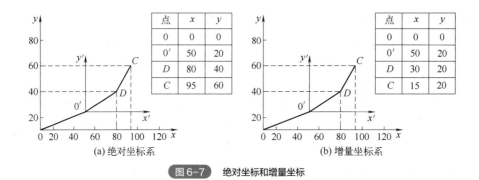

图 6-7　绝对坐标和增量坐标

数控铣床或加工中心大都以 G90 或 G91 指令程序中 x、y、z 坐标值为绝对值或是增量值；一般数控车床上绝对值以地址 x、z 表示，增量值以地址 U、W 分别表示 x、z 轴方向的增量。

6.1.4　程序结构

（1）程序字

数控编程将程序中出现的英文字母及字符称为"地址"，如 X、Y、Z、A、B、C、%、@、#等；数字 0~9（包括小数点和"+""-"号）称为"数字"。通常来说，每一个不同的地址都代表着一类指令代码，同类指令则通过后面的数字加以区别。

"地址"和"数字"的组合称为"程序字"。程序字（亦称代码指令）是组成数控加工程序的最基本单位，程序字都有规定的格式和要求，数控系统无法识别不符合输入格式要求的代码。输入格式的详细规定，可以查阅数控系统生产厂家提供的编程说明书。

（2）程序段

程序段由程序段号、地址、数字、符号等组成，是加工程序最主要的组成部分，通常由 N 及后缀的数字（称顺序号或程序段号）开头，以程序段结束标记结尾。实际使用时常用符号"；"表示结束标记。为了方便检查、阅读，允许对程序段加注释，注释应加在程序段的"；"之后。

程序段中，字、字符和数据安排形式的规则称为程序段格式（block format）。目前广泛采用的是字地址可变程序段格式，又称为字地址格式。在这种格式中，程序字长是不固定的，程序字的个数也是可变的，绝大多数数控系统允许程序字的顺序任意排列，故属于可变程序段格式。

一个完整的加工程序段，除程序段号、程序段结束标记外，其主体部分应具备六个要素，即必须在程序段中明确：移动的目标；沿什么样的轨迹移动；移动速度；刀具的切削速度；选择哪一把刀移动；机床还需要哪些辅助动作。

例如程序段：

N10　G90　G01　X100　Y100　F100　S300　T01　M03；

其六要素的定义为：移动目标 X100、Y100（终点坐标值）；移动轨迹 G01（直线插补）；刀具移动速度 F100；主轴转速 S300（对应切削速度）；选择的刀具 T1（1 号刀）；机床辅助动作 M03（主轴正转）。

程序段中表示地址的英文字母可分为尺寸字地址和非尺寸字地址两种。表示尺寸字地址的英文字母有 X、Y、Z、U、V、W、P、Q、I、J、K、A、B、C、D、E、R、H 共 18 个字母；表示非尺寸字地址的有 N、G、F、S、T、M、L、O 等 8 个字母。字母含义见表 6-1。

表6-1　地址符英文字母含义

功能	地址字母	意义
程序号	O、P	程序编号、子程序号的指定
程序段号	N	程序段顺序编号
准备功能	G	指令动作的方式
坐标字	X、Y、Z	坐标轴的移动指令
	A、B、C、U、V、W	附加轴的移动指令
	I、J、K	圆弧圆心坐标
进给速度	F	进给速度指令
主轴功能	S	主轴转速指令
刀具功能	T	刀具编号指令
辅助功能	M、B	主轴、冷却液的开关，工作台分度等
补偿功能	H、D	补偿号指令
暂停功能	P、X	暂停时间指令
循环次数	L	子程序及固定循环的次数
圆弧半径	R	坐标字

（3）程序

数控加工程序，以程序字为最基本的单位。程序字的集合构成了程序段，程序段的集合则构成了完整的加工程序。

程序以程序号开头，以 M02（或 M30）结束，M02（或 M30）称为程序结束标记。程序号、程序结束标记、加工程序段是任何加工程序都必须具备的三要素。

程序号表示程序名，位于程序的开头，有两种形式：一种是由英文字母 O 和 1~4 位正整数组成；另一种是由英文字母开头，字母数字混合组成。程序号是加工程序的识别标记，不同程序号对应着不同的零件加工程序。

程序的结束标记用 M 代码表示，它必须写在程序的最后，通常要求单独占一程序段。可以作为程序结束标记的 M 代码有 M02 和 M30，它们代表零件加工主程序的结束。使用 M02 结束，程序运行结束后光标停在程序结束处；而用 M30 结束，程序运行结束后光标能自动返回程序开头处，按下启动钮可以再次运行程序。

常规加工程序由开始符（单列一段）、程序名（单列一段）、程序主体和程序结束指令（一般单列一段）组成。程序的最后还有一个程序结束符。程序开始符与程序结束符是同一个字符：在 ISO 代码中是%，在 EIA 代码中是 EOR。

下面是一个常规程序格式的例子：

```
%
o1001
N1  G92 X0 Y0 Z0;
N5  G91 G00  X50  Y35  S500  M03;
```

```
N10  G43 Z-25 T01;
N15  G01 Z-12;
......
......
N45  M30;
%
```

（4）基本功能字（指令）

组成程序段的每一个字都有其特定的功能含义，某些特定功能字的含义需要查阅数控系统说明书。这里介绍的是通用功能字的含义。

① 顺序号字 N。顺序号字又称程序段号，位于程序段开头，由地址符 N 和随后的 1～4 位数字组成。顺序号字可以用在主程序、子程序和用户宏程序中。

顺序号字的作用：便于对程序做校对和检索；用于加工过程中的显示；便于程序段的复归操作，此操作也称"再对准"，如回到程序的中断处；主程序或子程序或宏程序中用于条件转向或无条件转向的目标。

使用顺序号字应注意：数字部分应为正整数，所以最小顺序号是 N1，建议不使用 N0；顺序号与程序段的加工顺序无关，它只是程序段的代号，故顺序号字的数字可以不连续使用，也可以不从小到大使用；顺序号字不是程序段必用字，对于整个程序，可以每个程序段均有顺序号字，也可以均没有顺序号字，也可以部分程序段设有顺序号字。

② 准备功能字 G。准备功能字又称为 G 代码或 G 指令，是用于建立机床或控制系统工作方式的一种指令，后续数字一般为 00~99，各指令的功能含义见表 6-2。

G 指令划分为不同的功能组。一个程序段中同一个功能组中的 G 指令只能出现一个，不同功能组的 G 指令可同时指定在一个程序段中。

G 指令分为模态和非模态两类。模态指令在程序中给定后一直有效，直到被同组中其他 G 指令替代，而非模态指令只在指令所在的程序段有效。

表6-2 G指令含义

G指令	FANUC系统	SIEMENS系统
G00	快速移动点定位	快速移动点定位
G01	直线插补	直线插补
G02	顺时针圆弧插补	顺时针圆弧插补
G03	逆时针圆弧插补	逆时针圆弧插补
G04	暂停	暂停
G05	—	通过中间点圆弧插补
G17	XY 平面选择	XY 平面选择
G18	ZX 平面选择	ZX 平面选择
G19	YZ 平面选择	YZ 平面选择
G32	螺纹切削	—
G33	—	恒螺距螺纹切削

续表

G 指令	FANUC 系统	SIEMENS 系统
G40	刀具补偿注销	刀具补偿注销
G41	刀具补偿—左	刀具补偿—左
G42	刀具补偿—右	刀具补偿—右
G43	刀具长度补偿—正	—
G44	刀具长度补偿—负	—
G49	刀具长度补偿注销	—
G50	主轴最高转速限制	—
G54~G59	加工坐标系设定	零点偏置
G65	用户宏指令	—
G70	精加工循环	英制
CYCLE95	外圆粗切循环	米制
G72	端面粗切循环	—
G73	封闭切削循环	—
G74	深孔钻循环	—
G75	外径切槽循环	—
G76	复合螺纹切削循环	—
G80	撤销固定循环	撤销固定循环
G81	定点钻孔循环	固定循环
G90	绝对值编程	绝对尺寸
G91	增量值编程	增量尺寸
G92	螺纹切削循环	主轴转速极限
G94	每分钟进给量	直线进给率
G95	每转进给量	旋转进给率
G96	恒线速度控制	恒线速度
G97	恒线速度取消	注销 G96
G98	返回起始平面	—
G99	返回 R 平面	—

③ 尺寸字。尺寸字用于确定机床上刀具运动终点的坐标位置。其中，第一组 X、Y、Z、U、V、W、P、O、R 用于确定终点的直线坐标尺寸；第二组 A、B、C、D、E 用于确定终点的角度坐标尺寸；第三组 I、J、K 用于确定圆弧轮廓的圆心坐标尺寸。在一些数控系统中，还可以用 P 指令暂停时间，用 R 指令设定圆弧的半径等。

多数数控系统可以用准备功能字来选择坐标尺寸的制式，如 FANUC 系统可用 G21/G22 来选择米制单位或英制单位，也有些系统用系统参数来设定尺寸制式。

④ 进给功能字 F。进给功能字又称为 F 指令，用于指定切削的进给速度。F 指令可分为每分钟进给和每转进给两种，G94 表示进给速度为每分钟进给量，单位为 mm/min 或 in/min；G95 表示进给速度为主轴每转进给量，单位为 mm/r 或 in/r。F 指令在螺纹切削程序段中常用来指令

螺纹的导程。

⑤ 主轴转速功能字 S。主轴转速功能字又称为 S 指令，用于指定主轴转速，单位为 r/min。对于具有恒线速度功能的数控车床，程序中的 S 指令用来指定车削加工的线速度，在程序中用 G96 指令配合 S 指令来指定主轴的速度。G96 为恒线速控制指令，如 G96 S200 表示主轴速度为 200m/min；G97 表示注销 G96，即主轴不是恒线速功能，如 G97 S1000 表示主轴转速为 1000r/min。

⑥ 刀具功能字 T。刀具功能字的地址符是 T，又称为 T 指令，用于指定加工时所用刀具的编号。对于数控车床，其后的数字还兼作指定刀具长度补偿和刀尖半径补偿。关于刀具功能，不同的数控系统有不同的指令方法，具体应用时应参照数控机床的编程说明书。

⑦ 辅助功能字 M。辅助功能指令用来指定主轴的旋转方向、启动、停止、冷却液的开关、工件或刀具的夹紧或松开、刀具的更换等辅助动作及其状态。辅助功能指令由地址符 M 和其后的两位数字组成，常用辅助功能字见表 6-3。

表 6-3　M 指令含义

M 指令	含义	M 指令	含义
M00	程序暂停	M06	换刀
M01	选择停止	M07	2 号冷却液开
M02	程序停止	M08	1 号冷却液开
M03	主轴正转	M09	冷却液关
M04	主轴反转	M30	程序停止并返回开始处
M05	主轴停转	M17	返回子程序

a. M00（程序暂停）。M00 指令使正在运行的程序在本段停止运行，同时现场的模态信息全部被保存下来。重新按动程序启动按钮后，可继续执行下一程序段。该指令用于加工中的暂停，以进行某些固定的手动操作，如工件测量、手动变速、手动换刀等。

b. M01（选择停止）。M01 指令执行过程和 M00 指令相同，不同的是只有预先按下机床控制面板上的"选择停止"按钮时该指令才有效，否则机床继续执行后面的程序。该指令常用于加工中的关键尺寸的抽样检查或临时停车。

c. M02（程序停止）。该指令表示加工程序全部结束。它使主轴、进给、切削液都停止，机床复位。

d. M03（主轴正转）。该指令使主轴正方向旋转（从主轴向正 Z 方向看去，主轴顺时针方向旋转）。

e. M04（主轴反转）。该指令使主轴反方向旋转（从主轴向正 Z 方向看去，主轴逆时针方向旋转）。

f. M05（主轴停转）。

g. M30（程序停止并返回开始处）。该指令功能与 M02 相似，不同之处是该指令使程序段执行顺序指针返回到程序开头位置，以便继续执行同一程序，为加工下一个工件做好准备。

6.1.5　基本移动指令

（1）G00 快速点定位

指令格式：

```
G00 X_ Y_ Z_ ;
```
其中，X_ Y_ Z_为目标点坐标。绝对值方式编程时，X、Y、Z为终点坐标值；增量坐标编程时，为刀具移动的距离。

功能：该指令用于快速定位刀具，可以在几个轴上同时执行快速移动，由此产生一线性轨迹。速度为每个坐标轴的最快移动速度，由于各轴以快速移动速度移动，不能保证各轴同时到达终点，因而联动直线轴的合成轨迹并不总是直线，而是一条折线。在编程时，要注意刀具在运动过程中是否和工件及夹具发生干涉，忽略这一点，则容易发生碰撞。

（2）G01 直线插补

指令格式：
```
G01 X_ Y_ Z_ F_ ;
```
其中，X_ Y_ Z_的说明同G00，F为刀具的进给速度，其倍率可以通过机床操作面板的旋钮调整。

功能：G01指令使刀具以给定的进给速度从所在点直线进给到目标点。绝对坐标编程中，X、Y、Z表示目标点在工件坐标系中的坐标，增量编程中表示刀具由起点到目标点的移动增量，代码F给定沿直线运动的进给速度。

【例6-1】 切削直线编程练习。根据图6-8，编写直线插补程序。

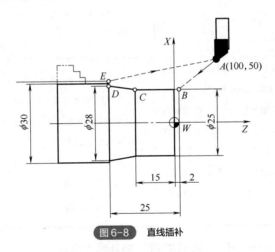

图6-8 直线插补

```
N40  G00 X25  Z2；（刀具快速运动到 B 点）
N50  G01 Z-15  F0.1；（直线切削 B→C）
N60  X28 Z-25；（直线切削 C→D）
N70  X32；（直线切削 D→E）
N80  G00 X100 Z50；（刀具快速返回 A 点）
N90  M30；（程序结束）
```

（3）G02、G03 圆弧插补

圆弧加工首先要判断圆弧插补顺、逆，顺时针圆弧插补用G02，逆时针圆弧插补用G03。圆弧插补顺、逆的判断方法是：沿垂直于圆弧所在平面（如 XZ 平面）的坐标轴的负向（-Y）看去，顺时针方向为G02，逆时针方向为G03，如图6-9所示。指令格式及参数说明见表6-4。

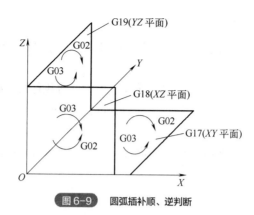

图6-9 圆弧插补顺、逆判断

表6-4 圆弧插补指令格式及参数说明

系统	FANUC	SIEMENS
指令格式	G17 {G02 X_Y_ {I_J_F_; G03 {R_ G18 {G02 X_Z_ {I_K_F_; G03 {R_ G19 {G02 Y_Z_ {J_K_F_; G03 {R_	①G2/G3 X_Y_Z_I_J_K_；（圆心和终点方式） ②G2/G3 CR=_X_Y_Z_；（半径和终点方式） ③G2/G3 AR=_I_J_K_；（张角和圆心方式） ④G2/G3 AR=_X_Y_Z_；（张角和终点方式）
参数说明	X、Y、Z表示圆弧终点坐标，可以用绝对值，也可以用增量值，由G90、G91指定 I、J、K分别为圆心相对起点在X、Y、Z轴方向的增量（带符号）。采用I、J、K方式，可以加工任何类型的圆弧，包括整圆；R为圆弧半径，用R指令方式不能加工整圆，而且R分正、负，当圆弧角≥180°时，R为负，当圆弧角<180°时R值为正	①X、Y、Z为圆弧终点坐标，I、J、K分别为圆心相对起点在X、Y、Z轴方向的增量（带符号） ②CR为圆弧半径，当圆弧角≥180°时，CR为负，当圆弧角<180°时CR值为正 ③AR为圆弧夹角（张角），I、J、K为圆心相对起点在X、Y、Z轴方向的增量（带符号） ④AR为圆弧夹角（张角），X、Y、Z为圆弧终点坐标

【例6-2】 参照图6-10，进行FANUC圆弧插补编程练习。

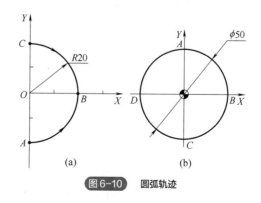

图6-10 圆弧轨迹

图6-10（a）中的圆弧对应的指令为：

G03 X20.0 Y0 I0 J20.0；(A→B)

G02 X20.0 Y0 I0 J-20.0；(C→B)

图 6-10 (b) 中的圆弧对应的指令为：

G90 G54 G00 X0 Y25.0；(A 点)

G02 X0 Y25.0 I0 J-25.0；(A 点→A 点整圆)

【例 6-3】 参照图 6-11，进行 SIEMENS 圆弧插补编程练习。

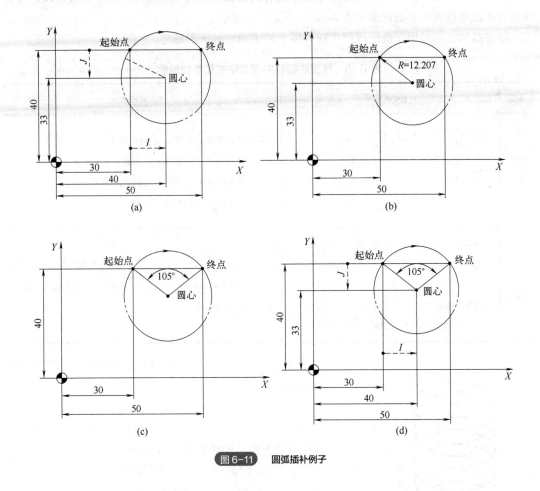

图 6-11　圆弧插补例子

图 6-11 (a) 所示为圆心和终点定义的编程形式，对应的指令为：

G90 G00 X30 Y40；(圆弧的起点)

G02 X50 Y40 I10 J-7；[终点和圆心（圆心是增量值）]

图 6-11 (b) 所示为终点和半径定义的编程形式，对应的指令为：

G90 G00 X30 Y40；(圆弧的起点)

G02 X50 Y40 CR=12.207；(终点和半径)

图 6-11 (c) 所示为终点和圆心角定义的编程形式，对应的指令为：

G90 G00 X30 Y40；(圆弧的起点)

G02 X50 Y40 AR=105；(终点和圆心角)

图 6-11 (d) 所示为张角和圆心定义的编程形式，对应的指令为：

```
G90 G00 X30 Y40；（圆弧的起点）
G02 I10 J-7 AR=105；[圆心和张角（圆心角）]
```

（4）螺旋线插补

螺旋线的形成是由于刀具做圆弧插补运动的同时，同步地做轴向运动，所以螺旋线插补由两种运动组成：在 G17、G18 或 G19 平面中进行的圆弧运动以及垂直该平面的直线运动。螺旋线插补的指令格式和参数说明见表 6-5。

螺旋线插补可以用于铣削螺纹，或者用于加工油缸的润滑油槽。

表 6-5　螺旋线插补的指令格式和参数说明

系统	FANUC	SIEMENS
指令格式	$G17\begin{Bmatrix}G02\\G03\end{Bmatrix}X\_Y\_Z\_\begin{Bmatrix}I\_J\_\\R\_\end{Bmatrix}K\_F\_$ $G18\begin{Bmatrix}G02\\G03\end{Bmatrix}X\_Y\_Z\_\begin{Bmatrix}I\_K\_\\R\_\end{Bmatrix}J\_F\_$ $G19\begin{Bmatrix}G02\\G03\end{Bmatrix}X\_Y\_Z\_\begin{Bmatrix}J\_K\_\\R\_\end{Bmatrix}I\_F\_$	G2/G3 X_Y_I_J_TURN=_；圆心和终点 G2/G3 CR=_X_Y_TURN=_；圆的半径和终点 G2/G3 AR=_I_J_TURN=_；圆心角和圆心 G2/G3 AR=_X_Y_TURN=_；圆心角和终点
参数说明	G02、G03 为螺旋线的旋向，其定义同圆弧 以 G17 平面为例，X、Y、Z 为螺旋线的终点坐标；I、J 为圆弧圆心在 X、Y 轴上相对于螺旋线起点的坐标增量；R 为螺旋线在 XY 平面上的投影半径；K 为螺旋线的导程。G18、G19 平面依此类推	X、Y、Z 为圆弧终点坐标；I、J、K 分别为圆心相对起点在 X、Y、Z 轴方向的增量（带符号）；TURN 为圆弧经过起点的次数，即整圆的圈数

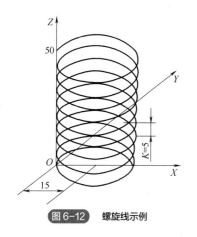

图 6-12　螺旋线示例

对于如图 6-12 所示的螺旋线加工，FANUC 格式的螺旋线插补语句为：

```
G17 G03 X0. Y0. Z50. I15. J0. K5. F100；
或 G17 G03 X0. Y0. Z50. R15. K5. F100；
```

SIEMENS 格式的螺旋插补语句为：

```
G17；（XY 平面，Z 垂直于该平面）
G01 Z0 F200；
G01 X0 Y0 F100；（回起始点）
G03 X0 Y0 Z50 I15 J0 TURN=10；（螺旋线）
```

（5）G04 暂停指令

该指令可使刀具做短时间的进给暂停，指令给出停止时间。该指令为非模态，主要应用于：在车削沟槽或钻孔时，为使槽底或孔底得到准确的尺寸精度及较好的表面质量，在加工到槽底或孔底时，应暂停一会儿，使工件回转一周以上。G04 暂停指令格式及参数说明见表 6-6。

表6-6　G04暂停指令格式及参数说明

系统	FANUC	SIEMENS
指令 格式	G04 X（U）_ ; 或 G04 P_ ;	① G04 F_ ; ② G04 S_ ;
参数 说明	X（U）或P指定暂停时间。X（U）后面的数字允许带小数点，单位为s；P后面的数字必须为整数，单位为ms	① 以s为单位的暂停时间，单位为s ② 以主轴转数为单位的暂停时间，单位为r

例如，要暂停2.5s时，FANUC程序段为：

G04 X2.5；或 G04 U2.5；或 G04 P2500；

下面是SIEMENS实现暂停的部分程序段：

G01 F3.8 Z-50 S300 M03；

G04 F2.5；（暂停时间为2.5s）

Z70；

G04 S30；［进给暂停时间为主轴30r（因为主轴 S=300r/min，所以暂停6s）］

6.1.6 刀具补偿

刀具补偿的作用是，在编程时不必考虑刀具几何尺寸，只需根据零件图样编程即可。刀具补偿包括刀具偏置（几何）补偿、刀具磨耗补偿和刀尖半径补偿。由刀具的几何形状和安装位置不同产生的刀具补偿称为刀具偏置补偿；由刀尖磨损产生的刀具补偿称为刀具磨耗补偿。

（1）刀尖半径补偿

车削编程时，均以实际上不存在的假想刀尖点切削工件，实际刀尖处为圆弧过渡刃（图6-13）。刀位点为刀尖圆弧的圆心，与假想的刀尖点 P 存在一个偏差。但是这个偏差对于加工直的外圆和端面没有影响［图6-14（a）］，可不使用刀尖半径补偿，但是对于成形面［图6-14（b）］则需要应用刀尖半径补偿。

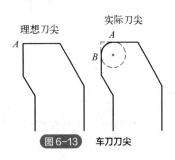

图6-13　车刀刀尖

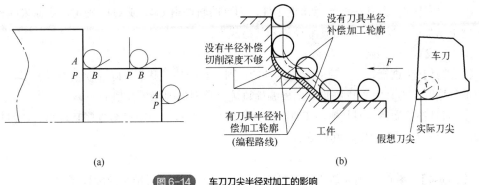

(a)　　　　　　　　　　　　　(b)

图6-14　车刀刀尖半径对加工的影响

使用刀尖半径补偿前，要根据刀具形状和刀具安装位置不同，将刀位点方位输入系统。刀位点方位用 0~9 十个数字表示，如图 6-15 所示，为刀架前置的情况。

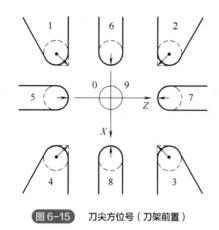

图 6-15   刀尖方位号（刀架前置）

半径补偿的相关指令有：G40、G41、G42，如图 6-16 所示。

G40：取消刀尖半径补偿。

G41：刀尖半径左补偿，即沿着切削前进方向看，刀具在工件的左方。

G42：刀尖半径右补偿，即沿着切削前进方向看，刀具在工件的右方。

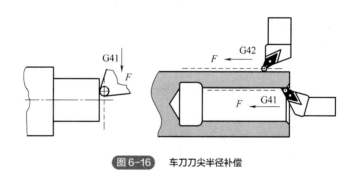

图 6-16   车刀刀尖半径补偿

SIEMENS 系统在使用刀具补偿前，要使用指令激活刀具补偿，指令格式为：

T_ D_;（D 为补偿号）

实际加工过程中，刀尖半径补偿执行过程分为下列 3 步：

① 补偿建立。刀具从起始点接近工件，刀具的轨迹由 G41 或 G42 确定，在原来的程序轨迹基础上增加或者减少一个刀具半径值。其格式为：

G01（或 G00） G41（或 G42）　X(U)_ Z(W)_;

② 刀具补偿进行。一旦建立了刀具补偿，则一直维持该状态，除非取消刀具补偿。在刀具补偿进行期间，刀具中心轨迹始终偏离编程轨迹一个刀尖圆弧半径值的距离。

③ 刀具补偿撤销。刀具撤离工件，回到起始点。刀具中心轨迹与程序轨迹重合，刀具半径补偿取消用 G40 代码实现，其格式为：

G01（或 G00）G40 X(U)_ Z(W)_ ;

【例 6-4】 图 6-17 所示轴件，已经粗车外圆完毕，试编写精车外圆程序。

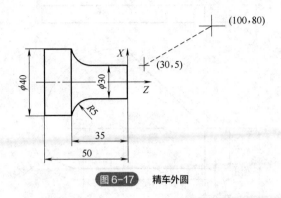

图 6-17　精车外圆

下面程序是 SIEMENS 系统格式：

N10 G54 X100 Z80；[工件原点在右端面中心，程序起始点为（100，80）]

N20 T1 D1 M03 S500；（换刀，激活刀具补偿功能）

N30 G00 G42 X30 Z5；（定位到切入点，建立刀具半径右补偿）

N40 G01 Z-30 F0.15；（车削 ϕ20mm 外圆）

N50 G02 X40 Z-35 CR=5；（车削 R5mm 圆弧面）

N60 G01 Z-55；（车削 ϕ40mm 外圆）

N70 X45；（退刀）

N80 G00 G40 X100 Z80；（取消刀尖半径补偿，回到程序起始点）

N90 M30；（程序结束）

FANUC 系统程序基本类似，不同的是 N20 和 N50 两个程序段，为：

N20 T0101 M03 S500；

N50 G02 X40 Z-35 R5；

（2）刀具半径补偿

刀具半径也影响刀具轨迹，如图 6-18 所示。使用半径补偿可以使刀位点偏移编程轨迹一个刀具半径值。

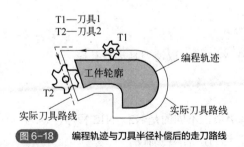

图 6-18　编程轨迹与刀具半径补偿后的走刀路线

刀具半径补偿指令与刀尖半径补偿指令的规定、用法基本一致。

FANUC 系统补偿建立的指令稍有不同：

G01（或 G00）G41（或 G42）X_ Y_ D_；（D 为补偿号）

【例 6-5】 试编写精铣图 6-19 所示零件的外形轮廓程序。

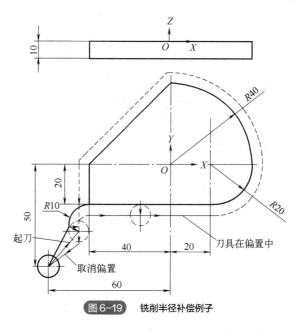

图 6-19　铣削半径补偿例子

下面程序是 SIEMENS 系统格式：

TEST605；（程序名）

N1 G54 G90 G40 G17；

N2 T1 D1 M03 S800；

N4 G00 X0 Y0 Z50；

N6 X-60 Y-50；

N8 Z5 M08；

N10 G01 Z-11 F80；

N12 G42 X-50 Y-30；（建立刀具半径右补偿）

N14 G02 X-40 Y-20 I10；

N16 G01 X20；

N18 G03 X40 Y0 I0 J20；

N20 X0 Y40 I-40；

N22 G01 X-40 Y0；

N24 Y-35；

N26 G00 G40 X-60 Y-50；（取消刀具半径补偿）

N28 G00 Z50；

N30 M30；

FANUC 系统程序基本类似，不同的是 N2、N12 程序段，为：

N2 T1 M03 S800；（选刀，启动主轴）

N12 G42 X-50 Y-30 D1；（D 为补偿号）

（3）刀具长度补偿

刀具长度补偿是用来补偿刀具长度差值的。每把刀具的长度都不相同，同时刀具的磨损或其他原因也会引起刀具长度发生变化，使用刀具长度补偿指令，可使每一把刀具加工出的深度尺寸都正确。该功能主要用于数控铣床或加工中心的多把刀加工中。该功能反映刀具长度偏置，FANUC 和 SIEMENS 系统在指令格式上差别较大，下面分别说明。

① FANUC 系统刀具长度补偿。

指令格式为：

G43 Z_H_；（建立刀具长度正补偿）

G44 Z_H_；（建立刀具长度负补偿）

G49；取消刀具长度补偿

实际编程时，编程者可以在不知道刀具长度的情况下，按假定的标准刀具长度编程。实际刀具长度与编程刀具长度之差作为偏置值（或称为补偿量），通过偏置页面设置在偏置存储器中，并用 H 代码指示偏置号。

G43 表示长度正补偿，其含义是：刀具实际 Z 坐标=程序中指令指定的坐标值+H 代码指定的长度偏置值（存储在偏置存储器中），如图 6-20（a）所示。G44 表示长度负补偿，其含义是：刀具实际 Z 坐标=程序中指令指定的坐标值-H 代码指定的长度偏置值，如图 6-20（b）所示。

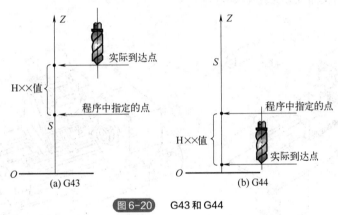

图 6-20　G43 和 G44

G43 和 G44 均属于模态指令，一旦被指令后，若无同组的 G 代码重新指令，则 G43 和 G44 一直有效。

② SIEMENS 系统刀具长度补偿。

指令格式为：

T_ D_ ；

其中，T 后数值为刀具号，D 后数值为刀具补偿号，该指令格式激活刀具长度补偿，不需要另外使用 G 代码。刀具实际 Z 坐标=程序中指令指定的坐标值+D 补偿号指定的长度补偿值，如图 6-21 所示。假设 D1=200（在 D1 中存放的刀具长度值是 200mm），则：

N1 T1 D1；（激活刀具长度补偿）

N2 G90 G00 Z10.0；（程序指定点 A，实际到达点 B）

N3 G01 Z0.0 F200；（实际到达点 C）

N4 Z10.0；（实际返回点 B）

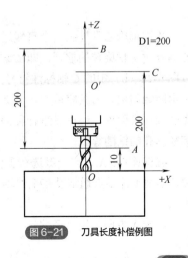

图 6-21　刀具长度补偿例图

此例如果用 FANUC 系统格式，则程序为：

N1 T1；（选择刀具）

N2 G90 G43 G00 Z10.0 H1；（程序指定点 A，实际到达点 B）

N3 G01 Z0.0 F200；（实际到达点 C）

N4 Z10.0；（实际返回点 B）

6.2 数控车削程序编制

6.2.1 数控车削编程基础

数控车床用于加工轴、套类等回转体零件。数控车床导轨形式有两种：水平导轨和斜导轨。水平导轨车床多采用前置刀架，如图 6-22（a）所示；斜导轨车床采用后置刀架，如图 6-22（b）所示，刀架导轨位置与正平面倾斜，切屑容易排除，后置空间大，可装备多工位回转刀架。全功能的数控车床刀架布局多采用后置刀架。

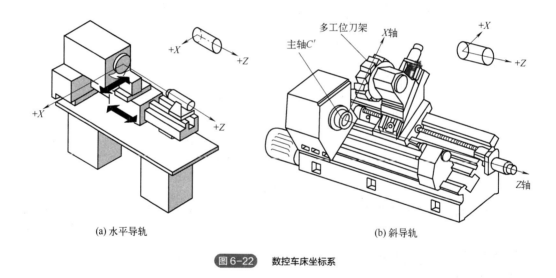

(a) 水平导轨   (b) 斜导轨

图 6-22 数控车床坐标系

数控车床通常控制两个直线运动轴：刀具运动的 Z 轴和 X 轴，如图 6-22 所示。数控车削中心具有对主轴旋转的控制，即 C 轴功能，如图 6-22（b）所示。由于 C 轴是工件回转运动，所以图 6-22（b）中的 C 轴标注符号为 C'。数控车削中心可控制 X、Z、C 三个坐标轴。车削中心采用回转刀架，刀具容量大，刀架上可配置铣削动力头，使车削中心的加工功能大大增强，除车削圆柱表面外，还可以进行径向和轴向铣削、曲面铣削，以及中心线不在零件回转中心的孔和径向孔的钻削等。

编程原点：X 方向一般选在工件的回转中心，Z 方向根据零件图样的尺寸链选择。为编程方便，车削工件零点通常设在工件轴线与右端面的交点，如图 6-23 所示。图中 F 点具体指刀具参考点。

车床 X 方向采用直径编程。

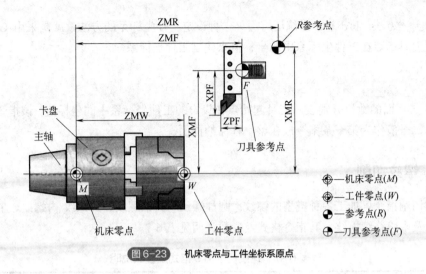

图 6-23　机床零点与工件坐标系原点

6.2.2　编程坐标系设定

（1）工件零点偏移

车削时工件装夹在机床上，须保证工件坐标系坐标轴平行于机床坐标系坐标轴，此时工件坐标系原点相对机床零点的距离（有正负符号）称为工件零点偏移。图 6-24 所示为工件零点与机床零点在 Z 轴上的偏移（X 轴工件零点偏移为 0），将该值存入可设定的零点偏移地址中（如 G54），编程时用指令 G54 激活此偏移量。

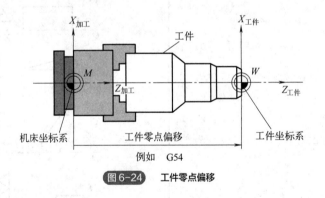

图 6-24　工件零点偏移

（2）设定工件坐标系

数控系统上电后，通过回参考点操作自动运行机床坐标系。在回参考点之后，数控系统窗口显示的坐标值是机床坐标系（MCS）下的坐标值，而加工程序里的坐标值是基于工件坐标系（WCS）的坐标值。为使数控程序按照工件坐标系运行，需要在程序中设定工件坐标系。可用零点偏移指令 G54~G59 设定工件坐标系。

运行程序前，先将工件零点（W）与机床零点（M）之间的差值作为零点偏移存入"零点偏移表"（G54~G59），方法是通过刀具使用试切法，利用"测量"存入零点偏移，或者在"零点偏移"窗口中直接存入偏移数值。

除了上述方法，FANUC 系统还有另外一种设定工件坐标系的方法，就是采用 G50 指令，通过设置刀具起点在工件坐标系中的坐标值来建立工件坐标系。

指令格式：

G50 X_ Z_；

其中，X、Z 后面的数值分别表示刀具起始点在设定的工件坐标系中的坐标值。该指令是一个非运动指令，一般作为第一条指令放在整个程序的前面。

6.2.3 螺纹切削

螺纹切削指令可加工各种类型的螺纹：圆柱螺纹、圆锥螺纹、外螺纹/内螺纹、单螺纹和多重螺纹以及多段连续螺纹，其指令格式及参数说明见表 6-7。

表 6-7 螺纹切削指令格式及参数说明

系统	FANUC	SIEMENS
指令格式	G32 X（U）_ Z（W）_ F_；	① 圆柱螺纹：G33 Z_ K_ ；（螺距为 K） ② 锥螺纹：G33 Z_ X_ K_ ；（锥角小于 45°，螺距为 K，因为 Z 轴位移较大） ③ 锥螺纹：G33 Z_ X_ I_ ；（锥角大于 45°，螺距为 I，因为 X 轴位移较大） ④ 端面螺纹：G33 X_ I_ ；
参数说明	X（U）、Z（W）为螺纹终点坐标，F 为螺距 对于锥螺纹，锥角小于 45°时，螺距以 Z 轴方向的值指定；锥角大于 45°时，螺距以 X 轴方向的值指定	

由于伺服电机由静止到匀速运动有一个加速过程，反之，有一段降速过程，为防止加工螺纹螺距不均匀，在螺纹的开始和结尾处，应有适当的引入距离 δ_1 和超越距离 δ_2，通常按下面公式估算，实际应用时一般取值比计算值略大。

$$\delta_1 = n \times P/400 \quad \delta_2 = n \times P/800$$

其中，n 为主轴转速，r/min；P 为螺纹螺距，mm。

螺纹加工中的走刀次数和进刀量（切削深度）会直接影响螺纹的加工质量。车削螺纹时的切削深度及切削次数可参考表 6-8。

表 6-8　常用螺纹切削走刀次数和被吃刀量

普通公制螺纹		牙深=0.6495P		P：螺距			
导程/mm	1	1.5	2	2.5	3	3.5	4
牙深（半径值）/mm	0.649	0.974	1.299	1.624	1.949	2.273	2.598
走刀次数和被吃刀量 /mm	1 次 0.7	0.8	0.9	1.0	1.2	1.5	1.5
	2 次 0.4	0.6	0.6	0.7	0.7	0.7	0.8
	3 次 0.2	0.4	0.6	0.6	0.6	0.6	0.6
	4 次	0.16	0.4	0.4	0.4	0.6	0.6
	5 次		0.1	0.4	0.4	0.4	0.4
	6 次			0.15	0.4	0.4	0.4
	7 次				0.2	0.2	0.4
	8 次					0.15	0.3
	9 次						0.2

注：表中背吃刀量为直径值，走刀次数和背吃刀量根据工件材料及刀具的不同可酌情增减。

【例 6-6】 用 G32 指令编制如图 6-25 所示零件的 M30×2 圆柱螺纹数控加工程序。

工件坐标原点建立在零件右端面中心，查表 6-8 得进刀次数为 5，进刀量分别为 0.9mm、0.6mm、0.6mm、0.4mm、0.1mm。螺纹小径为 30-1.3×2=27.4mm。设 δ_1 为 5mm，δ_2 为 2mm。参考程序见表 6-9。

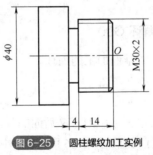

图 6-25　圆柱螺纹加工实例

表 6-9　圆柱螺纹加工程序

FANUC	SIEMENS
O6006	LW6006
N05 G97 S500 T0202 M03 M08；（螺纹刀是 2 号刀）	N05 G54 G97 S500 T2 M03 M08；（螺纹刀是 2 号刀）
N10 G00 X32.0 Z5.0；	N10 G00 X32.0 Z5.0；
N15 X29.1；（第一次进刀，切深 0.9mm）	N15 X29.1；（第一次进刀，切深 0.9mm）
N20 G32 Z-16.0 F2.0；（切削螺纹）	N20 G33 Z-16.0 K2.0；（切削螺纹）
N25 G00 X32.0；	N25 G00 X32.0；
N30 Z5.0；	N30 Z5.0；
N35 X28.5；（第二次进刀，切深 0.6mm）	N35 X28.5；（第二次进刀，切深 0.6mm）
N40 G32 Z-16.0 F2.0；（切削螺纹）	N40 G33 Z-16.0 K2.0；（切削螺纹）

FANUC	SIEMENS
N45 G00 X32.0;	N45 G00 X32.0;
N50 Z5.0;	N50 Z5.0;
N55 X27.9;（第三次进刀，切深0.6mm）	N55 X27.9;（第三次进刀，切深0.6mm）
N60 G32 Z-16.0 F2.0;（切削螺纹）	N60 G33 Z-16.0 K2.0;（切削螺纹）
N65 G00 X32.0;	N65 G00 X32.0;
N70 Z5.0;	N70 Z5.0;
N75 X27.5;（第四次进刀，切深0.4mm）	N75 X27.5;（第四次进刀，切深0.4mm）
N80 G32 Z-16.0 F2.0;（切削螺纹）	N80 G33 Z-16.0 K2.0;（切削螺纹）
N85 G00 X32.0;	N85 G00 X32.0;
N90 Z5.0;	N90 Z5.0;
N95 X27.4;（第五次进刀，切深0.1mm）	N95 X27.4;（第五次进刀，切深0.1mm）
N100 G32 Z-16.0 F2.0;（切削螺纹）	N100 G33 Z-16.0 K2.0;（切削螺纹）
N105 G00 X32.0;	N105 G00 X32.0;
N110 X200.0 Z200.0 M09;	N110 X200.0 Z200.0 M09;
N115 M05;	N115 M05;
N120 M30;	N120 M30;

6.2.4　FANUC系统车削固定循环指令

（1）外圆或内孔加工固定循环 G90

该指令可进行外圆或内孔直线或锥面加工的循环。

指令格式：

G90 X（U）_ Z（W）_ R_ F_;

其中，X、Z后面的数值为切削段终点坐标；U、W后面的数值为切削段终点相对于循环起点的增量值。刀具从循环起点开始，执行轨迹如图6-26所示。图中所示刀具路径中，R为快速移动，F为工作进给速度移动。当进行圆柱面切削时，指令中R省略。在锥面切削循环中，R为圆锥面切削起点与圆锥面切削终点的半径差。当锥面起点坐标大于终点坐标时，R为正，反之为负。

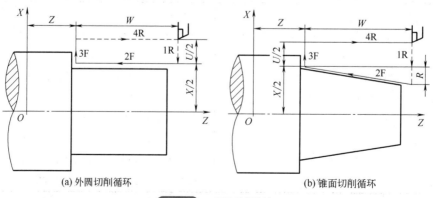

(a) 外圆切削循环　　　　　　　　　(b) 锥面切削循环

图6-26　G90 执行轨迹

【例 6-7】　对图 6-27 所示工件进行锥面车削循环编程。

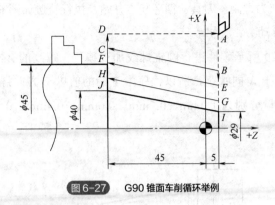

图 6-27　G90 锥面车削循环举例

参考程序如下：

O6007

N05 G50 X80.0 Z100.0;（设定工件坐标系）

N10 M03 S600 T0101;（主轴正转、转速 600r/min、选 1 号刀）

N15 G00 X50.0 Z5.0;（快速移动到循环起点 A）

N20 G90 X49.0 Z-45.0 R-5.5 F0.3;（第一刀 A→B→C→D→A）

N25 X45.0;（第二刀 A→E→F→D→A）

N30 X41.0;（第三刀 A→G→H→D→A）

N35 X40.0 S800 F0.1;（第四刀 A→I→J→D→A，进行精车）

N40 G00 X80.0 Z100.0 T0100;（快速返回起刀点）

N45 M05;（主轴停转）

N50 M30;（程序结束）

（2）螺纹加工固定循环 G92

该指令可以加工圆柱螺纹、圆锥螺纹。

指令格式：

G92　X(U)_　Z(W)_　R_　F_;

其中，X、Z 后的数值为螺纹切削段终点坐标值；U、W 后的数值为螺纹终点相对于循环起点的

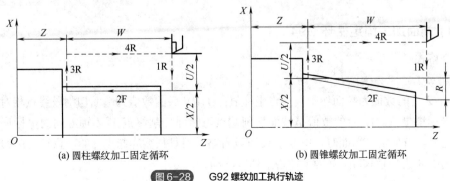

(a) 圆柱螺纹加工固定循环　　　　　(b) 圆锥螺纹加工固定循环

图 6-28　G92 螺纹加工执行轨迹

坐标增量值。R 是螺纹切削段起点与终点的半径差，有正、负之分。当进行圆柱螺纹切削时，指令中 R 省略。F 后的数值为螺距。刀具从循环起点开始，执行轨迹如图 6-28 所示，R 为快速移动，F 为工作进给速度移动。

【**例 6-8**】 对图 6-29 所示零件进行圆锥螺纹加工编程。螺纹的 Z 向螺距 F_Z=2.5mm。该圆锥螺纹的 Z 向螺距大于 X 向螺距，所以程序中 F 后的值以 Z 方向螺距 F_Z 指定。查表 6-4 得螺纹进刀 6 次，进刀量分别为 1.0mm、0.7mm、0.6mm、0.4mm、0.4mm、0.15mm。参考程序如下：

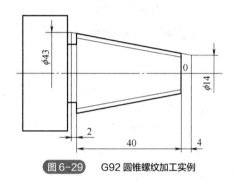

图 6-29　G92 圆锥螺纹加工实例

```
O6008
N05 G97 S500 T0202 M03 M08;
N10 G00 X50.0 Z4.0;（快速到达螺纹车削循环起点）
N15 G92 X42.0 Z-42.0 R-14.5 F2.5;（第一次螺纹切削循环，切深 1mm）
N20 X41.3;（第二次螺纹切削循环，切深 0.7mm）
N25 X40.7;（第三次螺纹切削循环，切深 0.6mm）
N30 X40.3;（第四次螺纹切削循环，切深 0.4mm）
N35 X39.9;（第五次螺纹切削循环，切深 0.4mm）
N40 X39.75;（第六次螺纹切削循环，切深 0.15mm）
N45 G00 X200.0 Z200.0 M09;
N50 M05;
N55 M30;
```

（3）端面加工固定循环 G94

指令格式：
```
G94 X(U)_ Z(W)_ K_ F;
```
其中，X、Z 后的数值为端面切削段终点坐标值；U、W 后的数值为端面切削段终点相对于循环起点的坐标增量值。K 后的数值是端面切削起点与端面切削终点在 Z 轴方向的坐标增量，有正、负之分。当车削平端面时，指令中 K 可以省略。刀具从循环起点开始，执行轨迹如图 6-30 所示。图中 R 为快速移动，F 为工作进给速度移动。

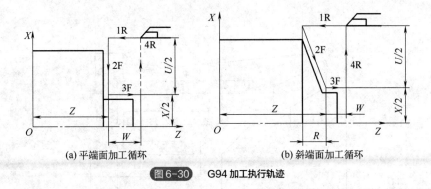

(a) 平端面加工循环　　　　　(b) 斜端面加工循环

图 6-30　G94 加工执行轨迹

【例 6-9】　对图 6-31 所示零件的斜端面进行切削循环编程。

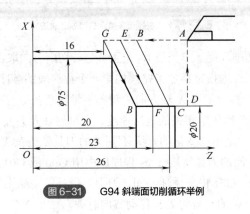

图 6-31　G94 斜端面切削循环举例

参考程序如下：

O6009

N05 G50 X100.0 Z150.0；（设定工件坐标系）

N10 M03 S600 T0101；（主轴正转、转速 600r/min、选 1 号刀，导入刀具补偿）

N15 G00 X80.0 Z32.0；（快速移动到循环起点 A）

N20 G94 X20.0 Z26.0 R-4.0 F0.3；（第一刀 A→B→C→D→A，进给量为 0.3mm/r）

N25 Z23.0；（第二刀 A→E→F→D→A）

N30 Z20.0；（第三刀 A→G→H→D→A）

N35 G00 X100.0 Z150.0 T0100；（快速返回起刀点，取消刀具补偿）

N40 M05；（主轴停转）

N45 M30；（程序结束）

（4）外径/内径粗加工复合循环 G71

该指令将工件切削到精加工之前的尺寸，主要用于切除棒料毛坯的大部分余量。刀具循环路径如图 6-32 所示，A 为粗车循环起点，A′为精加工路线的起点，B 为精加工路线的终点。R 表示快进，F 表示工进。循环结束后刀具自动回到 A 点。

指令格式：

G71 U(Δd) R(e)；

G71 P(ns) Q(nf) U(Δu) W(Δw) F(f) S(s) T(t)；

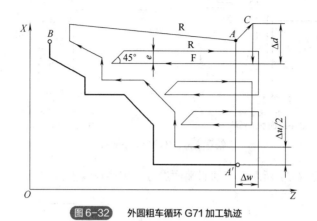

图 6-32　外圆粗车循环 G71 加工轨迹

其中，Δd 为背吃刀量或切削深度（半径值），无正负号。切削方向取决于 AA' 的方向；e 为 X 轴方向的退刀量（半径值）；ns 为指定精加工路线的第一个程序段的顺序号；nf 为指定精加工路线的最后一个程序段的顺序号；Δu 为 X 轴方向的精车余量（直径值）；Δw 为 Z 轴方向的精车余量；F、S、T 分别表示粗车循环中相关的进给速度、主轴转速及刀具、刀具补偿选择。

注意：G71 指令中尺寸是单向变化的，从 A' 到 B 的刀具轨迹在 X 和 Z 方向的坐标值必须单调增加或减小；A 到 A' 之间的刀具轨迹在 ns 程序段中用 G00 或 G01 指定，且在该程序段中不能指定沿 Z 轴方向的移动；G71 粗车循环期间，刀尖半径补偿功能无效；ns 到 nf 之间不能调用子程序；精车余量 Δu 和 Δw 的符号与刀具移动方向有关，如果 X 坐标单调增加，则 Δu 为正，相反为负，如果 Z 坐标值单调减小，则 Δw 为正，相反为负。

【例 6-10】 如图 6-33 所示的零件，用 G71 指令编制粗加工程序。粗加工切削深度为 5mm，退刀量为 1mm，进给量为 0.3mm/r，主轴转速为 640r/min，精加工余量 X 方向为 2mm，Z 方向为 1mm。

参考程序如下：

```
O6010
N5 G50 X100.0 Z100.0;
N10 M03 S640 T0101;
N15 G00 X65.0 Z2.0;（定位到循环起点）
N20 G71 U5.0 R1.0;
N25 G71 P30 Q55 U2.0 W1.0 F0.3;
N30 G00 X20.0;
N35 G01 Z-15.0;
N40 G02 X40.0 Z-46.0 R35.0;
N45 G01 Z-67.0;
N50 X60.0 Z-85.0;
N55 Z-110.0;
N60 G00 X100.0 Z100.0 T0100 M05;
N65 M30;
```

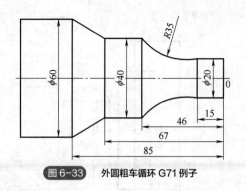

图 6-33　外圆粗车循环 G71 例子

（5）端面粗加工复合循环 G72

该指令适用于圆柱棒料毛坯端面方向的加工，其功能与 G71 基本相同，唯一区别在于 G72 只能完成端面方向的粗车，刀具路径按径向方向循环，即刀具切削循环路径平行于 X 轴，如图 6-34（a）所示。

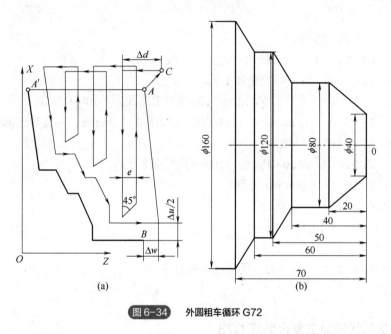

(a)　　　　　　　　(b)

图 6-34　外圆粗车循环 G72

指令格式：

G72　W(Δd)　R(e);

G72　P(ns)　Q(nf)　U(Δu)　W(Δw)　F(f)　S(s)　T(t);

其中参数含义同 G71。

注意：G72 指令中尺寸是单向变化的；A 到 A' 之间的刀具轨迹在 ns 程序段中用 G00 或 G01 指定，且在该程序段中不能指定沿 X 轴方向的移动；ns 到 nf 程序段中所编的加工程序 走向是从左向右，而 G71 是从右向左，所以 G71、G72 在描述圆弧时是相反的；其他注意事 项同 G71。

【例 6-11】 用 G72 指令编程加工图 6-35 所示零件的外轮廓。

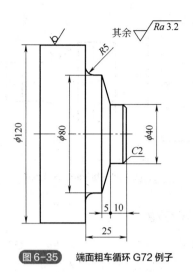

图 6-35　端面粗车循环 G72 例子

参考程序如下：

O6011

N10 T0202 M03 S600;

N20 G00 X122.0 Z1.0;（快速到达循环起点）

N30 G72 W2.0 R1.0;（端面粗加工循环）

N40 G72 P50 Q110 U0.1 W0.1 F0.3;（加工路线为 N60~N120）

N50 G00 Z-25.0 F0.10 S800;（精加工进给量 0.10mm/r，主轴转速 800r/min）

N60 G01 X90.0;（台阶端面）

N70 G03 X80.0 Z-20.0 R5.0;（R5mm 的凹弧）

N80 G01 Z-15.0;（φ80mm 外圆）

N90 X40.0 Z-10.0;（锥面）

N100 Z-2.0;（φ40mm 外圆）

N110 X34.0 Z1.0;（C2mm 倒角）

N120 G00 X100 Z150;（刀具快速返回换刀点）

N130 M30;

（6）固定形状粗加工复合循环 G73

该指令用来加工预成形零件，如铸件、锻件或已粗车成形的工件。其加工轨迹如图 6-36 所示。

指令格式：

G73　U(Δi)　W(Δk)　R(d);

G73　P(ns)　Q(nf)　U(Δu)　W(Δw)　F(f)　S(s)　T(t);

其中，Δi 为 X 方向退刀量，半径指定，模态有效；实际上就是 X 方向总加工余量，一般取循环中工件最大直径与最小直径差值的一半；Δk 为 Z 方向退刀量，模态有效；d 为粗加工循环次数；其余参数含义同 G71。

注意：G73 指令可以加工 X、Z 方向非单调变化的工件；ns 程序段中用 G00 或 G01 指定，可以沿 X 轴和 Z 轴任意方向移动；G73 指令的刀具路径是按工件精加工轮廓进行循环的。

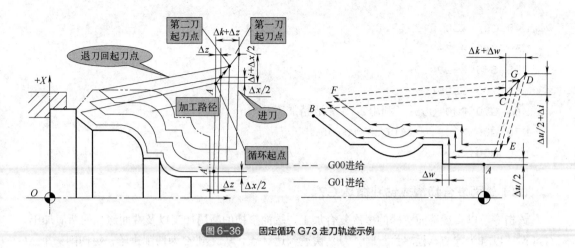

图 6-36　固定循环 G73 走刀轨迹示例

（7）精加工复合循环 G70

当 G71、G72、G73 粗加工完成后，可用 G70 指令完成精加工循环，切除粗加工中留下的余量。

指令格式：

G70　P（ns）　Q（nf）；

说明：精加工循环期间刀尖半径补偿有效；在 G70 状态下，G71、G72、G73 程序段中指定的 F、S、T 功能无效，顺序号 ns 到 nf 之间程序段中指定的 F、S、T 功能有效。

【例 6-12】　编制如图 6-37 所示零件的加工程序，毛坯为 ϕ50mm×120mm，材料为 45 钢。

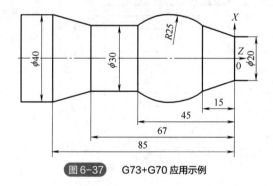

图 6-37　G73+G70 应用示例

参考程序如下：

```
O6012
N5 G50 X100.0 Z100.0;
N10 M03 S640 T0101;
N15 G00 X60.0 Z3.0;（定位到循环起点）
N20 G73 U10.0 W0 R5;
N25 G73 P30 Q55 U1.0 W0.5 F0.3;
N30 G00 G42 X20.0;
N35 G01 X30.0 Z-15.0 F0.2;
N40 G03 X30.0 Z-45.0 R25.0;
```

```
N45 G01 X30.0 Z-67.0;
N50 X40.0 Z-85.0;
N55 G40 Z-100.0;
N60 M03 S800;
N65 G70 P30 Q55;（利用 G70 完成精加工）
N70 G00 X100.0 Z100.0 T0100;
N70 M30;
```

（8）端面复合切槽或钻孔循环 G74

该指令可以实现端面宽槽的多次复合加工、端面窄槽的断屑加工以及端面深孔的断屑加工。G74 循环以 A 为起点，程序执行时，刀具快速到达 A 点，从 A 到 C 为切削进给，每切削一个 Δk 深度便快速后退一个 e 的距离以便断屑，依次重复，最终到达槽底或孔底。在槽底或孔底处，刀具可以横移一个距离 Δd 后退回 A 点，但要为刀具结构性能所允许，钻孔到孔底绝对不允许横移，切槽到槽底横移也容易引起刀具折断，因此一般设定 $\Delta d=0$。刀具退回 A 点后，按 Δi 移动一个距离，切槽时 Δi 由切槽刀宽度确定，要考虑重叠量，在平移到新位置后再执行上述过程，直至完成全部加工，最后刀具从 B 点快速返回 A 点，循环结束。其循环轨迹如图 6-38 所示。

如果省略 X（U）和 Δi，则可在起点 A 位置执行深孔钻削循环加工，对于一般数控车床，A 点位置在工件回转中心。

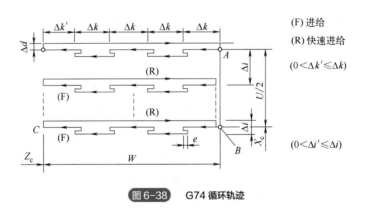

图 6-38 G74 循环轨迹

指令格式：

```
G74  R(e);
G74  X(U)_  Z(W)_  P(Δi)  Q(Δk)  R(Δd)  F(f);
```

其中，e 为每次沿 Z 方向切削 Δk 后的退刀量，也可用系统参数设定。X、Z 分别表示 C 点的 X 轴分量、Z 轴分量。U、W 分别表示从 A 点到 C 点的 X 轴增量和 Z 轴增量。Δi、Δk 分别为 X 方向的移动量、Z 方向的进给切深，无符号值，方向由系统进行判断，半径值指定，以最小设定单位编程，不支持小数点输入。Δd 为切削到终点时 X 方向的退刀量，正值指定。如果省略了 X（U）和 Δi，就要指定退刀方向的符号。

【例 6-13】 用 G74 指令加工图 6-39 所示的 ϕ30mm 孔。

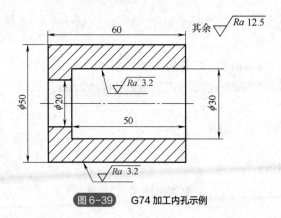

图 6-39　G74 加工内孔示例

由图 6-39 中看出，ϕ30mm 孔深 50mm，适合采用 G74 循环指令加工。首先要预钻 ϕ20mm 通孔，再用内孔车刀加工 ϕ30mm 孔至深 50mm，为了留下精加工余量，G74 指令只车削到 ϕ29.5mm。

参考程序如下：

N100 T0101；

N110 S300 M03；

N120 G00 X20.0 Z3.0；（定位到循环起点）

N130 G74 R2.0；

N140 G74 X29.5 Z-50.0 P2000 Q10000 R1.0 F0.2；（断屑加工孔循环）

N145 G00 X30.0；

N150 G01 Z-50.0 F0.08；（对孔进行精加工）

N155 G00 X18.0；（退刀）

N160 Z100.0；

N165 X100.0；（到换刀点）

N170 M30；

钻 ϕ20mm 孔的加工循环程序如下：

N100 T0101；

N110 S300 M03；

N120 G00 X0.0 Z5.0；（定位到钻孔中心，离端面 5mm）

N130 G74 R5.0；（退刀量为 5mm，有利于排屑和冷却）

N140 G74 Z-65.0 Q10000 F0.2；（钻深 65mm，每次移动 10mm）

N145 G00 X100.0；

N150 Z100.0；

N160 M30；

（9）内径/外径复合切槽或钻孔循环 G75

G75 用于实现内外宽槽的多次复合加工、内外窄槽的断屑加工以及内外深孔的断屑加工（车削中心）。该指令除了 X 与 Z 方向操作互换外，其他等效于 G74 指令。

指令格式：

G75　R（e）；

G75 X(U)_ Z(W)_ P(Δi) Q(Δk) R(Δd) F(f);
其中，各参数的含义与工作过程参考 G74。

【例 6-14】 编制如图 6-40 所示零件的外圆切槽程序。切槽刀宽度为 3mm，左刀尖对刀。每次切深 3mm，径向循环切削完成一次后，刀具沿 Z 轴移动 2mm。

参考程序如下：
N10 G50 X100.0 Z100.0;
N20 T0101 M08;
N30 G96 S200 M03;
N40 G00 X65.0 Z-23.0;（定位到循环起点）
N50 G75 R5.0;
N60 G75 X30.0 Z-40.0 P3000 Q2000 F0.10;
N70 G97 S500;
N80 G00 X100.0;
N90 Z100.0;
N100 M09;
N110 M30;

图 6-40　外圆切槽循环 G75 示例

6.2.5　SIEMENS 系统车削固定循环指令

西门子（SIEMENS）系统自带标准循环，使用时用循环名称和参数表就可以调用循环程序，简化了编程工作。注意在循环调用之前需要定义加工平面，如钻削循环用 G17，定义在 XY 平面；车削循环用 G18，定义在 ZX 平面。下面以几个常用功能说明 SIEMENS 系统车削循环指令的应用方法。

（1）切槽循环 CYCLE93

切槽循环用于在轴类零件的任意位置加工出横向或纵向、对称或不对称的凹槽，可以加工外部和内部凹槽。调用切槽循环之前，必须已激活一把切槽刀（双刀沿刀具），其两个刀沿的补偿值必须保存在该刀具的两个连续 D 号中。

指令格式：
CYCLE（SPD，SPL，WIDG，DIAG，STA1，ANG1，ANG2，RCO1，RCO2，RCI1，RCI2，FAL1，FAL2，IDEP，DTB，VARI，_VRT）

其中参数如图 6-41 所示，参数含义和规定见表 6-10。

CYCLE93 的执行过程为：循环程序自动计算刀具在深度（到切槽底部）和宽度（从切槽一侧到另一侧）方向的总进刀量，然后按最大允许值计算出每次进刀量。在锥面上切槽时，刀具会以最短行程从一个槽逼近下一个槽，即平行于锥面运行，同时自动计算轮廓的安全距离。CYCLE93 流程如下：

① 刀具在深度方向分为几步平行于轴进行粗加工，一直到达槽底，每次进刀后退回以断屑，如图 6-42（a）所示。

② 刀具在槽宽度方向上一次进刀（刀宽等于槽宽）或多次进刀（槽宽大于刀宽），自第二次切削起，刀具将沿着切槽宽度在每次退回前空运行 1mm。

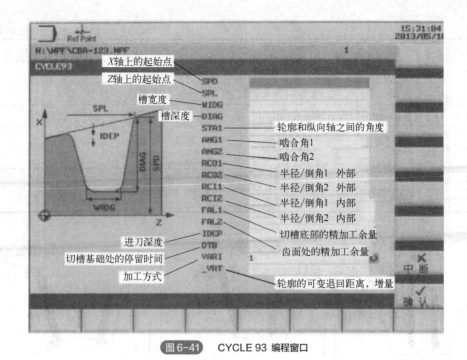

图6-41　CYCLE 93 编程窗口

③ 如果在 ANG1 或 ANG2 下编程角度，则一步切削侧壁。如果侧壁宽度较大，则沿着切槽宽度以多步进刀，如图6-42（b）所示。

④ 与轮廓平行，自边缘切削精加工余量，直至切槽中心。此时，刀具半径补偿由循环自动选择并撤销，如图6-42（c）所示。

表6-10　CYCLE93 参数说明

参数	数据类型	含义
SPD	实数	平面轴中起始点（不输入符号）
SPL	实数	纵向轴起始点
WIDG	实数	切槽宽度（不输入符号）
DIAG	实数	切槽深度（不输入符号）
STA1	实数	轮廓和纵向轴之间的角度 值范围：0°≤STA1≤180°
ANG1	实数	螺纹啮合角 1：在起始点确定的切槽一侧（不输入符号） 值范围：0°≤ANG1<89.999°
ANG2	实数	螺纹啮合角 2：在另一侧（不输入符号） 值范围：0°≤ANG2<89.999°
RCO1	实数	半径/棱边 1，外部，在由起始点确定的一侧
RCO2	实数	半径/棱边 2，外部
RCI1	实数	半径/棱边 1，内部，在起始点侧
RCI2	实数	半径/棱边 2，内部
FAL1	实数	切槽底部的精加工余量

续表

参数	数据类型	含义
FAL2	实数	边缘的精加工余量
IDEP	实数	进刀深度（不输入符号）
DTB	实数	切槽底部停留时间
VARI	整数	加工方式 值范围：1~8 和 11~18
_VRT	实数	可变的退回位移（自轮廓），增量（不输入符号）
_DN	整数	刀具第二刀沿的 D 号

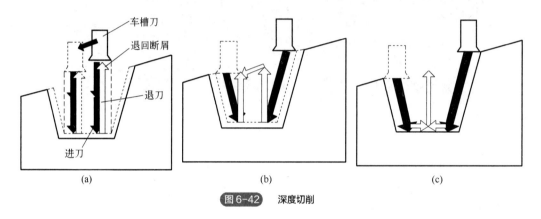

图 6-42　深度切削

【例 6-15】　在一个锥面上加工出一个纵向外部切槽，如图 6-43 所示。选切槽刀 T5（双刀沿），刀具补偿为 D1 和 D2，起始点位置为 X35、Z65。

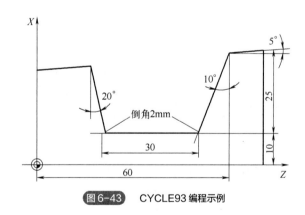

图 6-43　CYCLE93 编程示例

参考程序如下：

N10 G00 G90 Z65 X50 T5 D1 S400 M03;（循环开始前的起始点）

N20 G95 F0.2;（确定工艺数值）

N30 CYCLE93(35,60,30,25,5,10,20,0,0,-2,-2,1,1,10,1,5,0.2);（循环调用，退回距离为 0.2mm）

N40 G00 G90 X50 Z65;（下一个位置）

N50 M02;（程序结束）

（2）轮廓切削循环 CYCLE95

应用循环 CYCLE95 可以通过轴向的平行切削将一个毛坯件加工成要求的轮廓，工件轮廓由子程序编程。轮廓可以包括凹凸切削，可以包含底切单元。通过该循环，可以纵向和横向进行外部和内部轮廓的加工。CYCLE95 具有选择工艺（粗加工、精加工、完全加工）的功能。粗加工轮廓时首先由编程的最大切削深度沿轴向走刀，在到达轮廓时，沿着轮廓走刀切削，直至粗加工到编程设定的精加工余量。精加工走刀方式与粗加工相同。刀具半径补偿由循环自动选择和取消。

指令格式：

CYCLE95（NPP，MID，FALZ，FALX，FAL，FF1，FF2，FF3，VARI，DT，DAM，_VRT）
其中参数及其含义见表6-11。

表6-11　CYCLE95 参数说明

参数	数据类型	含义
NPP	字符串	轮廓子程序名
MID	实数	进刀深度（不输入符号）
FALZ	实数	纵向轴中精加工余量（不输入符号）
FALX	实数	平面轴中精加工余量（不输入符号）
FAL	实数	与轮廓相符的精加工余量（不输入符号）
FF1	实数	粗加工进给，无底切
FF2	实数	在底切时插入进给
FF3	实数	精加工进给
VARI	整数	加工方式 值范围：1~12，201~212 百位： 值=0，在轮廓上带有拉削，没有余角，在轮廓上进行叠加拉削。这意味着，越过多个切削点进行拉削 值=2，在轮廓上不带拉削 拉削一直到之前的切削点，然后退刀。根据刀具半径和进刀深度（MID）的比例，此时可能会有余角
DT	实数	粗加工时用于断屑的停留时间
DAM	实数	位移长度，每次粗加工切削断屑时均中断该长度
_VRT	实数	粗加工时从轮廓的退刀位移，增量（不输入符号）

注意：毛坯形状如果是棒料，则横向、纵向精加工余量有参数，但整个轮廓加工余量为0；毛坯形状如果是铸件或锻件，则横向、纵向精加工余量为0，但整个轮廓加工余量赋予参数。

关于加工类型：纵向外部加工为1、5、9，横向外部加工为2、6、10，纵向内部加工为3、7、11，横向内部加工为4、8、12，详见表6-12。

CYCLE95 循环语句不执行 G41/G42/G40 指令，CYCLE95 循环语句中可调用子程序。

表 6-12　加工类型

值	纵向 L/横向 P	外部 O/内部 I	粗、精、完整加工	值	纵向 L/横向 P	外部 O/内部 I	粗、精、完整加工
1	L	O	粗加工	7	L	I	精加工
2	P	O	粗加工	8	P	I	精加工
3	L	I	粗加工	9	L	O	完整加工
4	P	I	粗加工	10	P	O	完整加工
5	L	O	精加工	11	L	I	完整加工
6	P	O	精加工	12	P	I	完整加工

CYCLE95 执行过程为：循环开始后刀具在两个轴上按照 G00 运动，定位于循环起始点，循环起始点位置由循环内部自行确定。

图 6-44（a）所示为粗加工不带底切单元切削过程：按 G0 逼近工件，到达切入位置；按 G1 和进给率 FF1，与轴向平行切削，逼近轮廓的精加工余量；按 G1/G2/G3 和 FF1，沿着轮廓+精加工余量并与轮廓平行进刀切削；在每个轴上退刀，退刀量=_VRT，并以 G0 返回；重复该过程，直至到达加工截面的总深度；按轴向方式退回到循环起始点。

图 6-44（b）所示为粗加工带底切单元切削过程：按 G0 在两个轴分别先后接近下一个底切单元的起始点；按 G1/G2/G3 和 FF2，沿着轮廓+精加工余量并与轮廓平行进刀；按 G1 和进给率 FF1，轴向平行逼近粗加工切削点；沿轮廓进行切削，然后执行退刀和返回；如果有其他的底切单元，则对每个底切单元重复执行此过程。

精加工切削过程：按 G0 在两个轴上同时返回计算的循环起始点，并且选择刀具半径补偿；两个轴同时以 G0 运行一个位移，即精加工余量+刀沿半径+1mm（起始点之前安全距离），然后以 G1 运行到轮廓起始点；沿着轮廓以 G1/G2/G3 和 FF3 进行精加工；两个轴以 G0 退回到起始点。

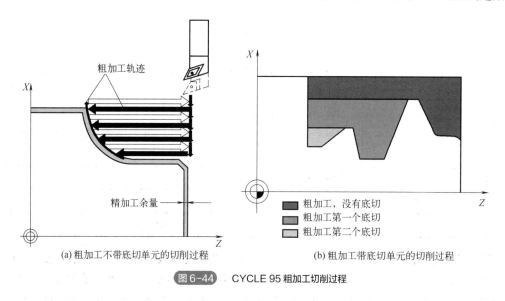

(a) 粗加工不带底切单元的切削过程　　(b) 粗加工带底切单元的切削过程

图 6-44　CYCLE 95 粗加工切削过程

【例 6-16】 加工如图 6-45 所示工件。粗加工时不中断切削，最大进刀量为 5mm，轮廓保存在单独的程序（子程序）中。

本例采用循环 CYCLE95，NPP =子程序的名称。

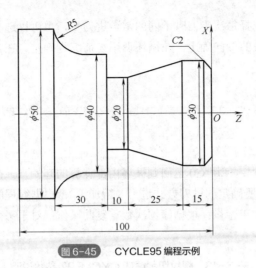

图 6-45　CYCLE95 编程示例

主程序：

N10 G90 G54 G95 G18 G0 S500 M3 T1 D1 Z150 X100；（程序头）

N20 Z10 X60；（接近工件）

N30 CYCLE95（"CONTUR" 5, 1.2, 0.6,, 0.2, 0.1, 0.2, 9,,, 0.5）；（循环调用，进给深度 5mm，Z 方向精加工余量 1.2mm，X 方向精加工余量 0.6mm，整个轮廓精加工余量省略，非退刀槽进给率 0.2mm/r，凸凹弧进给率 0.1mm/r，精加工进给率 0.2mm/r，加工类型为 9，断屑时间和断屑长度可省略，退刀量 0.5mm）

N40 G0 X100；（回到起始位置）

N50 Z150；

N60 M30；（程序结束）

子程序：

CONTUR；（子程序名）

N110 G1 Z0 X26；（工件起始位置）

N120 Z-2 X30；（倒角）

N130 Z-15；（ϕ30mm 外圆）

N140 Z-40 X20；（倒锥面）

N150 Z-50；（ϕ20mm 外圆）

N160 X40；（台阶）

N170 Z-75；（ϕ40mm 外圆）

N180 G2 Z-80 X50 CR=5；（圆弧）

N190 Z-105；（ϕ50mm 外圆）

N200 X55；（退刀）

N210 M17；（子程序结束）

（3）螺纹切削循环 CYCLE97

螺纹切削循环 CYCLE97 可以在纵向和平面加工中以恒定螺距加工圆柱形和圆锥形外螺纹或内螺纹。螺纹可以是单线螺纹，也可以是多线螺纹，对于多线螺纹依次对各个螺纹导程进行加工。可以自动进刀，选择每次走刀时不同的常数进刀量，也可以选择恒定的切削截面。左旋螺纹或者右旋螺纹由主轴的旋向确定，在循环调用之前编程确定。在建立螺纹期间，不允许更改主轴倍率。

指令格式：

CYCLE97（PIT，MPIT，SPL，FPL，DM1，DM2，APP，ROP，TDEP，FAL，IANG，NSP，NRC，NID，VARI，NUMT，_VRT）

参数说明见表 6-13。

CYCLE97 的执行过程：使用 G0 返回到循环内部计算的起始点，在第一个螺纹导程导入位移的开始处；根据 VARI 所确定的进刀方式进刀（粗加工）；根据编程的粗加工走刀步数重复螺纹切削；用 G33 切削精加工余量；根据停顿次数重复此操作；对于每个其他的螺纹导程，重复整个运行过程。

表 6-13　螺纹切削循环 CYCLE97 参数说明

参数	数据类型	含义
PIT	实数	螺距值（不输入符号）
MPIT	实数	螺距，螺纹尺寸 值范围：3（用于 M3）~60（用于 M60）
SPL	实数	纵向轴上螺纹起始点
FPL	实数	纵向轴上螺纹终点
DM1	实数	起始点处螺纹的直径
DM2	实数	终点处螺纹的直径
APP	实数	导入位移（不输入符号）
ROP	实数	收尾位移（不输入符号）
TDEP	实数	螺纹深度（不输入符号）
FAL	实数	精加工余量（不输入符号）
IANG	实数	进给角度 数据范围： "+"（用于齿面处齿面进刀） "–"（用于交替齿面进刀）
NSP	整数	第一个螺纹导程的起始点偏移（不输入符号）
NRC	整数	粗加工走刀次数（不输入符号）
NID	整数	空走刀次数（不输入符号）
VARI	整数	确定螺纹的加工方式 值范围：1~4
NUMT	整数	螺纹导程个数（不输入符号）
_VRT	实数	超过起始直径的可变退回位移，增量（不输入符号）

表 6-13 中重要参数详细说明：

TDEP：螺纹深度，是指牙顶与牙底之间的垂直距离，通常取 0.65P，P 指螺距。

FAL：精加工余量，无符号。螺纹要多次进刀才能车削成形，先粗车再精车，这里一般是指最后加工的余量，通常取小值，但不小于 0.1mm。

IANG：进给角度，带符号，是指螺纹车削时车刀在径向上是直进还是斜进，直进即 0°，斜进一般取螺纹牙形半角，如 60° 普通三角螺纹取 30°。

NSP：第一圈螺纹的起点偏移，一般可设为零。

NID：空刀次数。螺纹车削切削力大，经常会产生"让刀"，需要空走刀光整加工一遍，即 X 向不进刀切削。需要光整加工几次，空刀次数就设几次。

VARI：螺纹加工类型。1、3 指外螺纹，2、4 指内螺纹。1、2 指每次切深相同，3、4 指每次切深逐渐变小，适用于大螺距。具体见表 6-14。

NMT：螺纹线数。如加工多线螺纹，有几线就填几。

表6-14　螺纹加工类型

值	外部（A）/内部（I）	恒定进给/恒定切削截面积
1	A	恒定进给
2	I	恒定进给
3	A	恒定切削截面积
4	I	恒定切削截面积

【例 6-17】　利用 CYCLE97 加工图 6-46 中所示的公制外螺纹 M42×2，螺纹深度为 1.23mm，在没有精加工余量的情况下，执行 5 次粗加工走刀，结束后进行 2 次空走刀。

程序如下：

DEF REAL MPIT=42, SPL=0, FPL=-35, DM1=42, DM2=42, APP=10, ROP=3, TDEP=1.23, FAL=0, IANG=30, NSP=0, DEF INT NRC=5, NID=2, VARI=3, NUMT=1

N10 G0 G18 G90 Z100 X60;（选择起始位置）

N20 G95 D1 T1 S1000 M4;（确定工艺数值）

N30 CYCLE97（, MPIT, SPL, FPL, DM1, DM2, APP, ROP, TDEP, FAL, IANG, NSP, NRC, NUMT）;（循环调用）

N40 G90 G0 X100 Z100;（返回到下一个位置）

N50 M30;（程序结束）

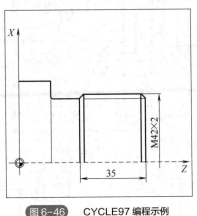

图 6-46　CYCLE97 编程示例

6.2.6 Shop Turn 智能工步编程

Shop Turn 是 SIEMENS 公司在 SINUMERIK 810D/840D 等数控系统中配备的一种适用于中、高档数控车床或车削中心的编程功能。严格来说，Shop Turn 是一种编程模式，该模式下的编程是建立一个工作计划，而非一段程序。用户可依据加工步骤规划零件加工，从图纸到毛坯，再到最后工件加工成形的过程清晰、易懂，不仅数控编程更便捷，而且使用户在编程中不必在指令编码方面浪费时间，而是注重运用其加工知识、经验和技术诀窍。

由于 Shop Turn 能够建立强大的集成式运行轨迹，即使最复杂的轮廓和工件亦可轻松获得，因此，可借助 Shop Turn 更加快捷地从图纸向工件转移，任何时候只需按键就可以在静态图形和动态图形之间进行切换，用户可通过在线动态图形功能方便地对生成的图形进行检查。可以说，Shop Turn 真正能够体现智能编程的理念、方法和过程。

（1）Shop Turn 程序结构

Shop Turn 程序分为三部分：程序开始、程序段、程序结束。

程序开始部分包含适用于整个程序的参数，如毛坯尺寸或返回平面等。

程序段部分是主体，在程序段中确定各个加工步骤，包括工艺程序段、轮廓和定位程序段，并在其中给出工艺数据和位置。工艺程序段、轮廓或定位程序段由控制系统自动链接在一起。在工艺程序段中给出加工执行的方式和采用的形式，如先定心再钻孔。在定位程序段中，指定钻孔和铣削的位置，如将钻孔布置在端面的一个整圆上。

程序结束部分是用信号告知机床工件加工已结束，还可以在此处指定要加工的工件数。

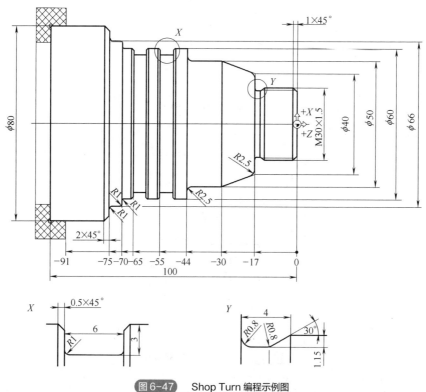

图 6-47　Shop Turn 编程示例图

（2）Shop Turn 程序编制

Shop Turn 对每个要加工的新工件分别创建程序。程序编制一般需要完成以下内容：程序创建，完成程序开始部分信息填写；调入刀具；输入移动路径；创建各个加工步骤的轮廓。

下面举例说明 Shop Turn 程序编制过程。

【例 6-18】 利用 Shop Turn 对图 6-47 所示阶梯轴进行编程。

本例编程步骤包括：程序的管理和创建；调用刀具和输入移动路径；用轮廓计算器和粗加工创建任意轮廓；精加工轮廓；车削螺纹退刀槽；车削螺纹；开槽。

① 管理和创建程序（表 6-15）。

表 6-15 管理和创建程序

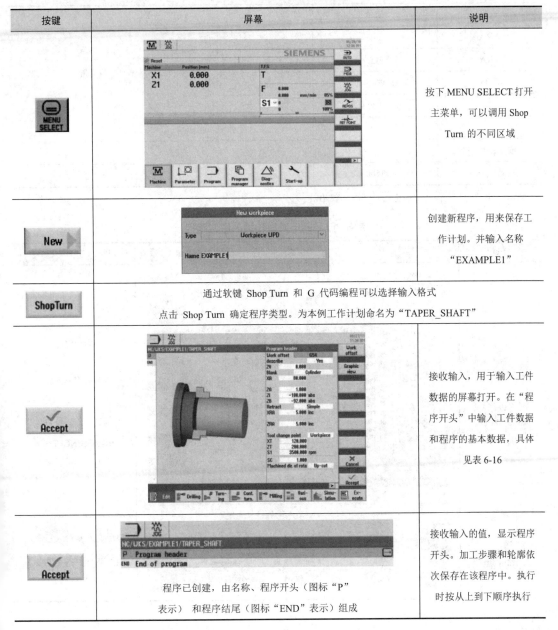

按键	屏幕	说明
MENU SELECT		按下 MENU SELECT 打开主菜单，可以调用 Shop Turn 的不同区域
New		创建新程序，用来保存工作计划。并输入名称 "EXAMPLE1"
ShopTurn	通过软键 Shop Turn 和 G 代码编程可以选择输入格式 点击 Shop Turn 确定程序类型。为本例工作计划命名为 "TAPER_SHAFT"	
Accept		接收输入，用于输入工件数据的屏幕打开。在"程序开头"中输入工件数据和程序的基本数据，具体见表 6-16
Accept	程序已创建，由名称、程序开头（图标"P"表示）和程序结尾（图标"END"表示）组成	接收输入的值，显示程序开头。加工步骤和轮廓依次保存在该程序中。执行时按从上到下顺序执行

表 6-16 "程序开头"输入的数据

栏	值	通过转换键	说明
尺寸单位	mm	×	
零点偏移		×	
毛坯	圆柱体	×	使用转换键选择毛坯外形，此处为圆柱体
XA	80		
ZA	1		
ZI	-100abs	×	
ZB	-92abs	×	ZB 的值为与卡盘的间距
返回	简单	×	
XRA	5inc	×	
ZRA	5inc		输入返回平面（绝对值或增量值）和换刀点
换刀点	WCS	×	
XT	120		
ZT	200		
安全距离 SC	1		
转速限制 S1	3500		

② 调用刀具和输入进刀路径（表 6-17）。

表 6-17 调用刀具和输入进刀路径

按键	屏幕	说明
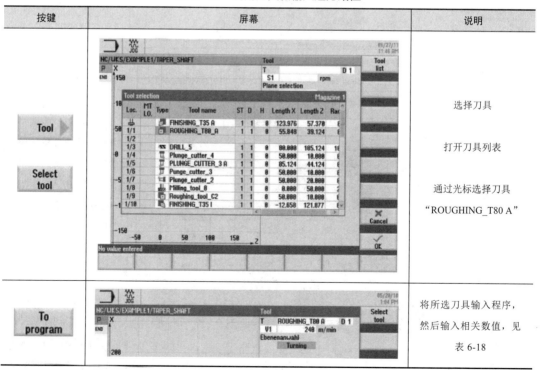		选择刀具 打开刀具列表 通过光标选择刀具 "ROUGHING_T80 A" 将所选刀具输入程序，然后输入相关数值，见表 6-18

续表

按键	屏幕	说明
Straight **Rapid traverse**	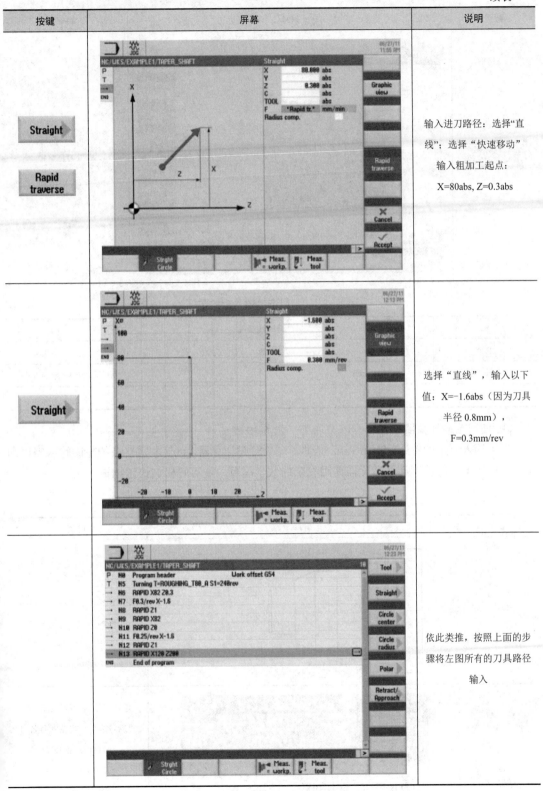	输入进刀路径:选择"直线";选择"快速移动" 输入粗加工起点: X=80abs, Z=0.3abs
Straight		选择"直线",输入以下值:X=-1.6abs(因为刀具半径0.8mm), F=0.3mm/rev
		依此类推,按照上面的步骤将左图所有的刀具路径输入

按键	屏幕	说明
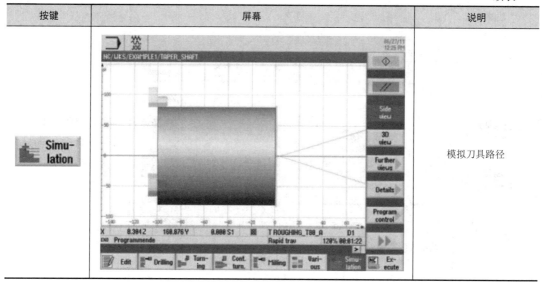 Simu-lation	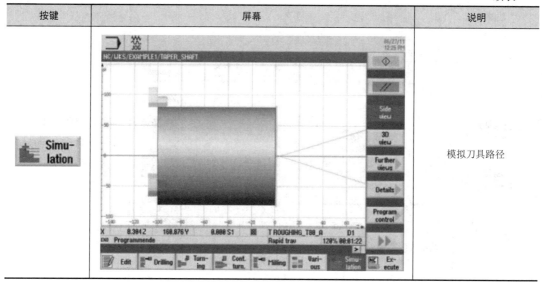	模拟刀具路径

表6-18 刀具选择输入相关数据

栏	值	通过转换键	说明
主轴	V1	×	选择主轴
切削速度	240m/min	×	
选择平面	车削	×	

③ 使用轮廓计算器创建轮廓以及加工（表6-19）。

为了输入复杂的轮廓，Shop Turn 提供了一个轮廓计算器，可使非常复杂的轮廓输入得以简化。这种图形化的轮廓计算器无需使用复杂的数学运算，便可轻松、快速地输入轮廓。

表6-19 使用轮廓计算器创建轮廓以及加工

按键	屏幕	说明
	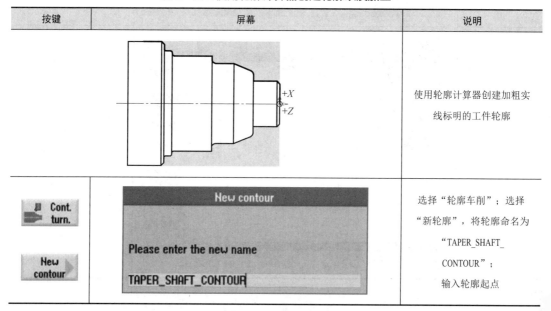	使用轮廓计算器创建加粗实线标明的工件轮廓
Cont. turn. / New contour	New contour Please enter the new name TAPER_SHAFT_CONTOUR	选择"轮廓车削"；选择"新轮廓"，将轮廓命名为"TAPER_SHAFT_CONTOUR"；输入轮廓起点

续表

按键	屏幕	说明

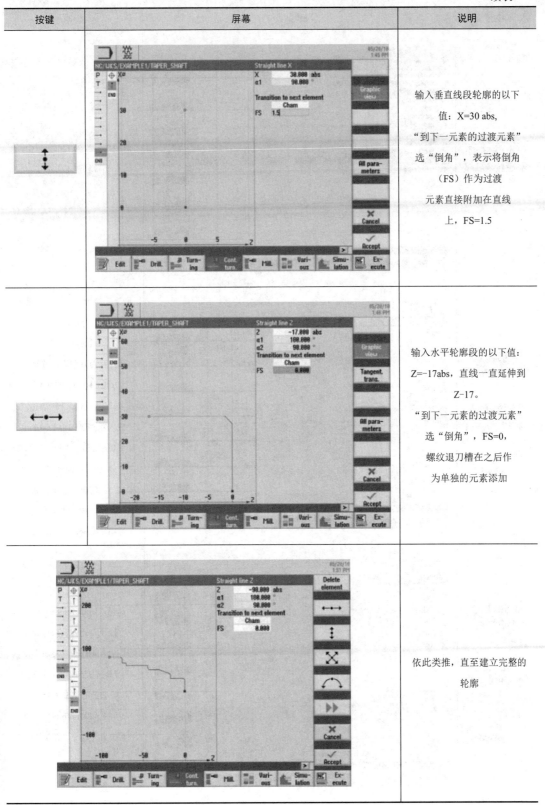

第一行说明：
输入垂直线段轮廓的以下
值：X=30 abs，
"到下一元素的过渡元素"
选"倒角"，表示将倒角
（FS）作为过渡
元素直接附加在直线
上，FS=1.5

第二行说明：
输入水平轮廓段的以下值：
Z=−17abs，直线一直延伸到
Z−17。
"到下一元素的过渡元素"
选"倒角"，FS=0，
螺纹退刀槽在之后作
为单独的元素添加

第三行说明：
依此类推，直至建立完整的
轮廓

续表

按键	屏幕	说明
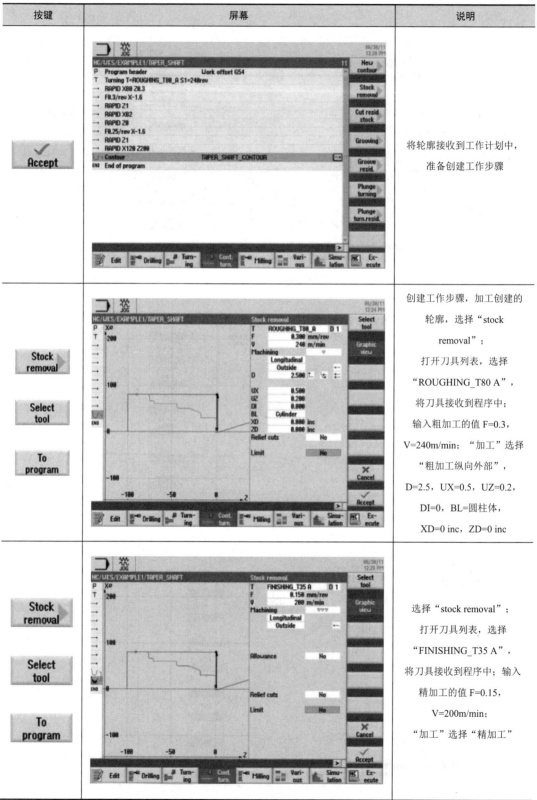 Accept		将轮廓接收到工作计划中，准备创建工作步骤
Stock removal / Select tool / To program		创建工作步骤，加工创建的轮廓，选择"stock removal"；打开刀具列表，选择"ROUGHING_T80 A"，将刀具接收到程序中；输入粗加工的值 F=0.3，V=240m/min；"加工"选择"粗加工纵向外部"，D=2.5，UX=0.5，UZ=0.2，DI=0，BL=圆柱体，XD=0 inc，ZD=0 inc
Stock removal / Select tool / To program		选择"stock removal"；打开刀具列表，选择"FINISHING_T35 A"，将刀具接收到程序中；输入精加工的值 F=0.15，V=200m/min；"加工"选择"精加工"

续表

按键	屏幕	说明
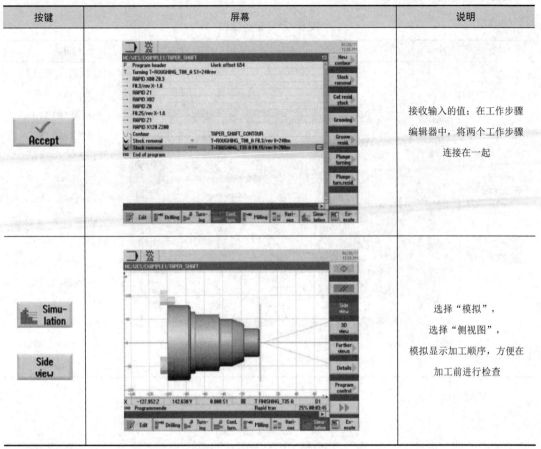		接收输入的值；在工作步骤编辑器中，将两个工作步骤连接在一起
Accept		
Simu-lation **Side view**		选择"模拟"，选择"侧视图"，模拟显示加工顺序，方便在加工前进行检查

④ 车削螺纹退刀槽（表 6-20）。

表 6-20 车削螺纹退刀槽

按键	屏幕	说明
Turn-ing **Undercut** **Undercut thread** **Select tool** **To program**	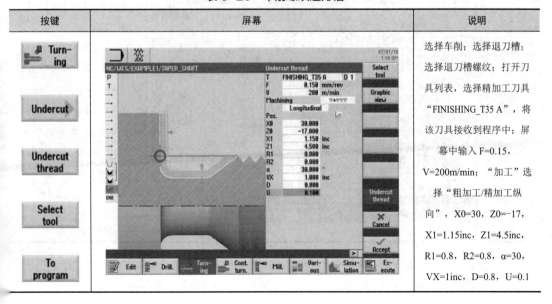	选择车削；选择退刀槽；选择退刀槽螺纹；打开刀具列表，选择精加工刀具"FINISHING_T35 A"，将该刀具接收到程序中；屏幕中输入 F=0.15，V=200m/min；"加工"选择"粗加工/精加工纵向"，X0=30，Z0=-17，X1=1.15inc，Z1=4.5inc，R1=0.8，R2=0.8，α=30，VX=1inc，D=0.8，U=0.1

⑤ 车削螺纹（表 6-21）。

表 6-21　车削螺纹

按键	屏幕	说明
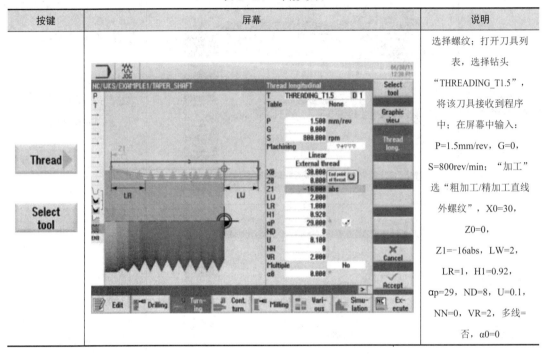		选择螺纹；打开刀具列表，选择钻头"THREADING_T1.5"，将该刀具接收到程序中；在屏幕中输入：P=1.5mm/rev，G=0，S=800rev/min；"加工"选"粗加工/精加工直线外螺纹"，X0=30，Z0=0，Z1=-16abs，LW=2，LR=1，H1=0.92，αp=29，ND=8，U=0.1，NN=0，VR=2，多线=否，α0=0

⑥ 车削凹槽（表 6-22）

表 6-22　车削凹槽

按键	屏幕	说明
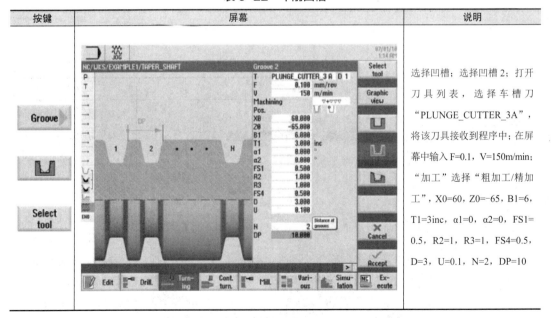		选择凹槽；选择凹槽2；打开刀具列表，选择车槽刀"PLUNGE_CUTTER_3A"，将该刀具接收到程序中；在屏幕中输入F=0.1，V=150m/min；"加工"选择"粗加工/精加工"，X0=60，Z0=-65，B1=6，T1=3inc，α1=0，α2=0，FS1=0.5，R2=1，R3=1，FS4=0.5，D=3，U=0.1，N=2，DP=10

⑦ 得到完整的工作计划。

经过上述设置，最后得到本例的完整工作计划以及模拟结果（表 6-23）。

表 6-23　工作计划和模拟结果

屏幕	说明
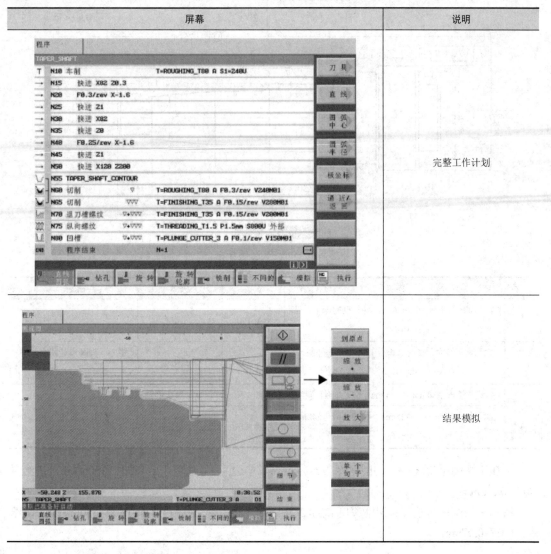	完整工作计划
	结果模拟

6.2.7　数控车削综合编程实例

【例 6-19】　零件如图 6-48 所示，毛坯材料 ϕ50mm×152mm，按图样完成单件加工。

（1）工艺分析

该零件为典型轴类零件，从图纸看五处径向尺寸有精度要求，表面粗糙度均为 Ra=1.6μm，需进行精车以达到精度要求。

安排粗、精两把外圆车刀。为了保证外圆的同轴度，采用一夹一顶的方法加工工件。顶尖采用死顶尖，提高顶尖端外圆与孔的同轴度。

零件加工分为普通机床加工和数控车床加工。车端面、车外圆、钻中心孔在普通机床上进行，普通机床上车外圆、钻中心孔在一次装夹中完成，保证外圆与孔的同轴度。粗车、精车使用数控车床加工。零件加工工艺见表 6-24。

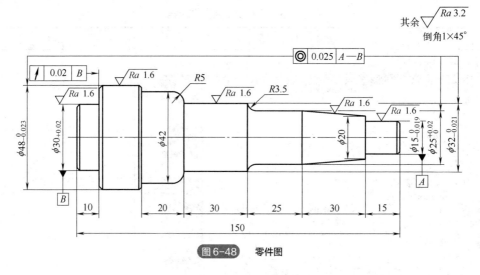

图6-48 零件图

表6-24 加工工艺安排

工序	内容	设备	夹具	备注
1	车端面、车外圆，长度大于工件长度的一半，钻中心孔	CA6140	三爪卡盘	
2	调头，车端面，控制总长为150mm，车外圆，钻中心孔	CA6140	三爪卡盘	中心孔即是设计基准、加工基准、测量基准
3	粗、精车ϕ30mm及ϕ48mm外圆并倒直角	数控车床	三爪卡盘、顶尖	
4	粗、精车ϕ15mm、ϕ25mm、ϕ32mm、ϕ42mm外圆	数控车床	三爪卡盘、顶尖	

　　粗加工切削用量选择：切削深度a_p=2~3mm（单边）；主轴转速n=800~1000r/min，进给量f=0.1~0.2mm/r；

　　精加工切削用量选择：切削深度a_p=0.3~0.5mm（双边）；主轴转速n=1500~2000r/min，进给量f=0.05~0.07mm/r。

（2）数控程序

① 粗、精加工零件左端ϕ30mm及ϕ48mm外圆并倒直角。参考程序如下。

主程序：

```
T1 D1；（1号粗车刀）
G00 X52 Z2 M03 S900 M08；（到循环起点）
CYCLE95（"AA6SUB"，1.5，0.05，0.2，0.2，200，100，100，1，0，0，1）；
M03 S1200 F100；
G42 G00 X30 Z2；
AA6SUB；（调用子程序进行外形精加工）
G40 G00 X80 Z100 S1200；（回换刀点）
G00 X70；（退刀）
```

Z150;

M30;

左侧子程序：AA6SUB

G00 X28 Z0;（精车起始点）

G01 X30 Z-1;

Z-10;

X46;

G01 X48 Z-11;

Z-40;

X54;

M17;

② 加工右端面（工件调头，装夹 ϕ30mm 外圆，上顶尖）。用 CYCLE95 指令粗加工 ϕ15mm、 ϕ25mm、 ϕ32mm、 ϕ42mm 外圆，X 方向留 0.5mm、Z 方向留 0.1mm 的精加工余量。参考程序如下。

主程序：

T1 D1;（1 号粗车刀）

G00 X52 Z1 M03 S900 M08;（到循环起点）

CYCLE95（"AA7SUB"，1.5，0.05，0.2，0.2，200，100，100，1，0，0，1）;

T2 D1;（换 2 号精车刀）

G42 G00 X52 Z1 S1000 M03;（快移到循环起点）

AA7SUB;（调用子程序进行外形精加工）

G40 G00 X80 Z100;（返回换刀点）

G00 X100;（退刀）

M30;（程序结束）

右侧子程序：AA7SUB

G00 X11 S1800;（倒角延长起点）

G01 X15 Z-1 F0.05;（倒角）

Z-15;（加工 ϕ15mm 外圆）

X20;（锥体起点）

X25 W-30;（车锥体）

W-21.5;（加工 ϕ25mm 外圆）

G02 X32 W-3.5 R3.5;（车 R3.5mm 圆角）

G01 W-30;（加工 ϕ32mm 外圆）

G03 X42 W-5 R5;（车 R5mm 圆角）

G01 Z-120;（加工 ϕ42mm 外圆）

X46;（倒角起点）

X49 W-1.5;（倒角）

X50;

M17;

6.3 数控铣削与加工中心程序编制

数控铣床和加工中心能够铣削各种平面、斜面轮廓和立体轮廓零件，如各种形状复杂的凸轮、样板、模具、叶片、螺旋桨等。此外，配上相应的刀具还可进行钻孔、扩孔、铰孔、锪孔、镗孔和攻螺纹等加工。

平面类零件是铣削加工中最简单的一类零件。平面类零件的特点是，各个加工单元面是平面，或可以展开成为平面，一般只用两轴联动就可以加工出来（图 6-49）。有些平面类零件的加工单元面与水平面既不垂直也不平行，而是呈一个定角，如图 6-49（b）所示，加工时可用斜垫板垫平后加工；若机床主轴可以摆角，则可摆成适当的定角来加工。对于图 6-49（c）所示的正圆台和斜筋表面，一般可用专用的角度成形铣刀来加工，这种情况下采用五坐标铣床摆角加工反而不合算。

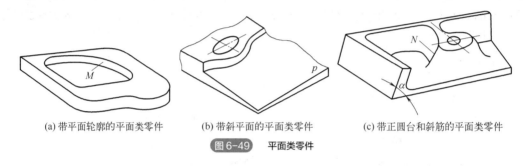

(a) 带平面轮廓的平面类零件　　(b) 带斜平面的平面类零件　　(c) 带正圆台和斜筋的平面类零件

图 6-49　平面类零件

空间曲面轮廓零件的加工面为空间曲面（图 6-50），如模具、叶片、螺旋桨等，曲面不能展开为平面，加工时铣刀与加工面始终为点接触，一般采用球头刀在三轴数控铣床上加工。当曲面较复杂、通道较窄、会伤及相邻表面及需要刀具摆动时，要采用四坐标或五坐标铣床或加工中心加工。

变斜角类零件的特征是加工面与水平面的夹角呈连续变化，如图 6-51 所示。这类零件多数为飞机零件，如飞机上的变斜角横梁条，此外还有检验夹具与装配型架等。由于变斜角加工面不能展开为平面，所以最好采用四轴或五轴数控铣床进行摆角加工，若没有上述机床，也可以在三轴机床上采用 2.5 轴控制的行切法进行近似加工，但精度稍差。

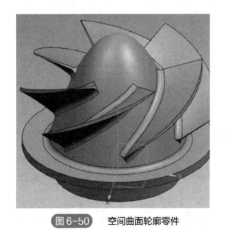

图 6-50　空间曲面轮廓零件

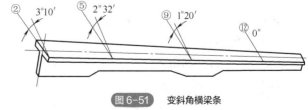

图 6-51　变斜角横梁条

孔及孔系类零件的加工可以在数控铣床上进行，如钻孔、扩孔、铰孔和镗孔等。孔加工多采用定尺寸刀具，需要频繁换刀，当加工孔的数量较多时，应采用加工中心加工。内、外圆柱螺纹，内、外圆锥螺纹都可以在数控铣床或加工中心上加工。

6.3.1 工件坐标系设定

（1）G54~G59 设定工件坐标系

常应用 G54~G59 工件零点偏移法设定工件坐标系。在程序中用指令 G54~G59 激活地址中存储的偏移量，从而设定当前工作的工件坐标系。加工时，首先通过对刀测量出工件零点偏移数据，将偏移数据输入到地址 G54~G59。程序中给出指令 G54~G59，则相应的工件坐标系生效。

如图 6-52（a）所示，工作台上装夹三个工件，每个工件设置一个坐标系。设置步骤如下：打开零点偏移页面[图 6-52（b）]，在该页面上设置程序零点偏移值。对零件 1，在零点偏置地址 G54 中，存入零点偏置值 X=60，Y=60，Z=0。对零件 2，在零点偏置地址 G55 中，存入零点偏置值 X=100，Y=90，Z=0。对零件 3，在零点偏置地址 G56 中，存入零点偏置值 X=145，Y=78，Z=0。在加工程序中通过指令 G54、G55、G56 可分别选择三个工件的坐标系。

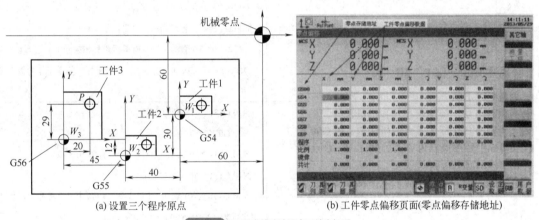

(a) 设置三个程序原点　　　　　　　(b) 工件零点偏移页面(零点偏移存储地址)

图 6-52　零点偏移法设定工件坐标系

（2）SIEMENS 零点偏移指令

SIEMENS 系统特别提供了零点偏移指令，用于选择新的参考点，建立新的局部坐标系。如果工件上在不同的位置有重复出现的形状要加工，使用零点偏移指令就非常方便。零点偏移后，在新的局部坐标系下，新输入的尺寸均是在该坐标系中的数据。

指令格式：

TRANS X_Y_Z_；（绝对零点偏移，相对于工件坐标系的偏移）

ATRANS X_Y_Z_；（附加零点偏移，附加于当前的指令）

TRANS；（不带数值，取消零点偏移）

6.3.2 极坐标编程

对于能用半径和角度描述刀具目标点位置的零件，采用极坐标编程十分方便。例如，在圆周分布孔加工（如法兰类零件）与圆周镗铣加工时，图样尺寸通常都是以半径（直径）与角度的形式给出，对于此类零件，采用极坐标编程，直接利用极坐标半径与角度指定坐标位置，可大大减少编程时的计算工作量且提高程序的可靠性。因此，现代数控系统一般都具备极坐标编程功能。

极坐标编程时，编程指令的格式、代表的意义与所选择的加工平面有关，加工平面的选择仍然利用 G17、G18、G19 等平面选择指令进行。加工平面选定后，所选择平面的第一坐标轴地址用来指令极坐标半径；第二坐标轴地址用来指令极坐标角度，极坐标的 0° 方向为第一坐标轴的正方向。

极坐标编程同样可以通过 G90、G91 指令改变尺寸的编程方式，见表 6-25。选择 G90 时，半径、角度都以绝对尺寸的形式给定；选择 G91 时，半径、角度都以增量尺寸的形式给定。

表 6-25　极坐标编程指令格式及举例

系统	FANUC	SIEMENS
指令格式	G16；（极坐标编程生效） G15；（撤销极坐标编程）	AP=　RP=　; 极点定义 G110、G111、G112； G110：极点位置与上次编程的设定位移值相关 G111：极点位置与当前工件坐标系原点相关 G112：极点位置与上一个有效极坐标相关 如果没有定义极点，则将当前工件坐标系的零点作为极点使用
编程举例	G17 G90 G16；（G17、G16，表明 17 平面的 X、Y 坐标使用极坐标） G81 X100.0 Y30.0 Z−20.0 R−5.0 F200.0；（极半径为 100mm，极角为 30°） X100.0 Y150.0；（极半径为 100mm，极角为 150°） X100.0 Y270.0；（极半径为 100mm，极角为 270°） G15　G80；（撤销极坐标编程，后面出现的 X、Y 恢复直角坐标）	N10 G17；（选择 XY 平面） N20 G0 X0 Y0； N30 G111 X20 Y10；〔极点坐标为（X20 Y10）〕 N40 G1 RP=50 AP=30 F1000； N50 G110 X−10 Y20；〔极点与 N40 段中极坐标相关，极点坐标为（X−10 Y20）〕 N60 G1 RP=30 AP=45 F1000； G112 X40 Y20；〔新极点与前一极点相关，极点坐标为（X40 Y20）〕 G1 RP=30 AP=135； M30；

6.3.3　子程序

零件加工时，当某一加工内容重复出现（即工件上相同的切削路线重复）时，可以将这部分加工内容编制成子程序，通过主程序调用，使程序简化。子程序不可以作为独立的加工程序使用，它只能通过主程序进行调用。子程序执行结束后，能自动返回到调用它的主程序中。其指令格式见表 6-26。

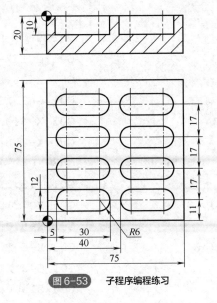

图 6-53 子程序编程练习

表 6-26 子程序指令格式

系统	FANUC	SIEMENS

指令格式	子程序调用：
	
	M98 P ┐ ：
	   └── 子程序号(须为4位数字)
	   └── 调用次数1~99
	
	或： M98 P ┐ L ┐ ；
	   └── 调用次数1~99
	   └── 子程序号(须为4位数字)
	
	子程序的格式：
	O××××
	……
	M99；（子程序结束）
		**** P_ ；
		
		****表示子程序名，P 后跟调用次数
		
		子程序命名规则同主程序；子程序结束指令用 M2 或 RET 或 M17

【例 6-20】 完成图 6-53 中 8 处 12mm 封闭槽的加工。

FANUC 系统格式的程序：

```
O6020
T01 M06；（φ10mm 平底刀）
G90 G54 G00 X29.0 Y11.0 M03 S800；
    Z10.0；
    M98 P0020 L4；
    G90 X64.0 Y11.0；
    M98 P0020 L4；
    X0 Y0 M05；
```

SIEMENS 系统格式的程序：

```
LX1；
T01 M06；（φ10mm 平底刀）
G90 G54 G00 X29.0 Y11.0 M3 S800；
    Z10.0；
    LA620 P4；
    G90 X64.0 Y11.0；
    LA620 P4；
    X0 Y0 M05；
```

```
M30；
O0020；（子程序）
G91 G01 Z-15.0；
G01 X-18.0 F200；
G01 G41 X15.0 D01；
G03 X-6.0 Y6.0 R6；
G01 X-9.0；
G03 X0 Y-12.0 I0 J-6.0；
G01 X18.0；
G03 X0 Y12.0 I0 J6.0；
G01 X-9.0；
G03 X-6.0 Y-6.0 R6；
G01 G40 X15.0；
G00 Z15.0；
Y17.0；
M99；
```

```
M30；
LA620；（子程序）
G91 G01 Z-15.0；
G01 X-18.0 F200；
G01 G41 X15.0；
G03 X-6.0 Y6.0 CR=6.0；
G01 X-9.0；
G03 X0 Y-12.0 I0 J-6.0；
G01 X18.0；
G03 X0 Y12.0 I0 J6.0；
G01 X-9.0；
G03 X-6.0 Y-6.0 CR=6.0；
G01 G40 X15.0；
G00 Z15.0；
Y17.0；
M17；
```

6.3.4 比例缩放指令

比例缩放功能可以将编程的轮廓根据实际加工的需要进行放大和缩小，简化编程，其指令格式及参数说明见表6-27。

表6-27 比例缩放的指令格式及参数说明

系统	FANUC	SIEMENS
指令格式	①G51 X_Y_Z_P_；（比例缩放生效） ②G51 X_Y_Z_I_I_I_；（比例缩放生效） G50；（关闭缩放功能）	①SCALE X_Y_Z_； ②ASCALE X_Y_Z_； SCALE；（不带数值，表示关闭缩放）
参数说明	比例缩放有2种形式： ①各坐标轴缩放系数相同； ②各坐标轴缩放系数不同 X、Y、Z为缩放中心坐标，省略X、Y、Z，则以程序原点为缩放中心；①中P为缩放系数，②中I、J、K分别为X、Y、Z方向的缩放系数；缩放系数取-1时，可实现镜像功能	比例缩放有2种形式： ①绝对缩放指令，以工件坐标系为基准； ②附加缩放指令，是在前面偏移、旋转、镜像等指令的基础上再进行缩放 X、Y、Z为缩放系数

图6-54（a）参考程序（FANUC系统）：

```
O0023；（主程序）
G90 G54 G00 X0 Y0 S500 M03；
Z100.0；
```

M98 P2323；（调用子程序，加工第一象限图形）

G51 X0Y0 I1000 J-1000；（利用缩放指令实现 X 轴镜像）

M98 P2323；（调用子程序，加工第四象限图形）

G50；（取消镜像）

M30；

O2323；（子程序）

Z5.0；

G41 X20.0 Y10.0 D01；

G01 Z-10.0 F50；

Y40.0；

G03 X40.0 Y60.0 R20.0；

G01 X50.0；

G02 X60.0 Y50.0 R10.0；

G01 Y30.0；

G02 X50.0 Y20.0 R10.0；

G01 X10.0；

G00 G40 X0 Y0；

Z100.0；

M30；

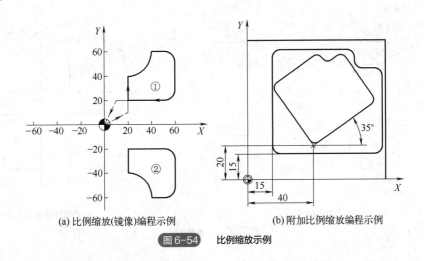

(a) 比例缩放(镜像)编程示例　　　　　(b) 附加比例缩放编程示例

图 6-54 　比例缩放示例

图 6-54（b）参考程序（SIEMENS 系统）：

LX2；（主程序）

N10 G17 G54；（工作平面 XY，工件零点由 G54 设定）

N20 TRANS X15 Y15；[零点偏移至（X15 Y15）]

N30 L10；（调用子程序，加工大的凹槽）

N40 TRANS X40 Y20；[零点偏移至（X40 Y20）]

N50 AROT RPL=35；（平面逆时针旋转 35°）

N60 ASCALE X0.7 Y0.7；（针对平移、旋转后的坐标系进行缩放，用指令 ASCALE，系

数为 0.7)

N70 L10；(调用子程序，加工小的凹槽)

N80 G0 X300 Y100；

M30；

(子程序略)

6.3.5 镜像指令

用镜像指令对坐标轴的对称加工进行编程，可以简化程序。FANUC 系统利用比例缩放指令，通过将相应轴的缩放系数设为-1，来实现镜像功能，详见图 6-54(a)的程序示例。所以这里只介绍 SIEMENS 系统的镜像指令。

指令格式：

MIRROR X0 Y0 Z0；(绝对镜像功能，消除所有有关偏移、旋转、比例系数、镜像的指令)

AMIRROR X0 Y0 Z0；(附加镜像功能，附加于当前的指令上)

MIRROR；(不带数值，表示关闭镜像功能)

在镜像功能有效时，已经使用的刀具半径补偿(G41/G42)自动反向；圆弧插补(G2/G3)自动反向，如图 6-55(a)所示。对图 6-55(b)使用镜像功能编程，参考程序如下：

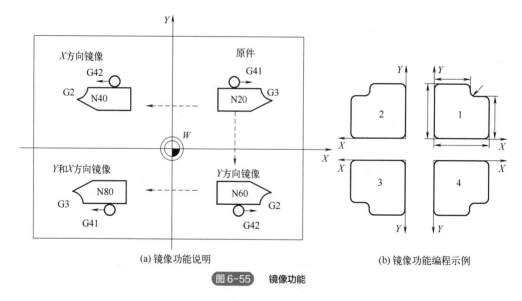

(a) 镜像功能说明   (b) 镜像功能编程示例

图 6-55　镜像功能

N10 G17 G54；(工作平面 XY，工件零点由 G54 设定)

N20 L10；(调用子程序，加工图形 1)

N30 MIRROR X0；(X 轴改变方向加工)

N40 L10；(调用子程序，加工图形 2)

N50 AMIRROR Y0；(在 N40 的基础上，Y 轴改变方向加工，应用 AMIRROR)

N60 L10；(调用子程序，加工图形 3)

N70 MIRROR Y0；(相对于工件坐标系 G54，Y 轴改变方向加工，应用 MIRROR)

N80 L10；(调用子程序，加工图形 4)

N90 MIRROR；（关闭镜像）

N100 G0 X300 Y100；

N110 M30；（程序结束）

（子程序略）

6.3.6 坐标系旋转

对于某些围绕中心旋转得到的特殊的轮廓加工，如果根据旋转后的实际加工轨迹进行编程，就可能使坐标计算的工作量大大增加。而通过坐标系旋转功能，可以大大简化编程的工作量。其指令格式及参数说明见表6-28。

表6-28 坐标系旋转的指令格式及参数说明

系统	FANUC	SIEMENS
指令格式	G17 G68 X_ Y_ R_ ；（坐标系旋转生效） G69；（坐标系旋转取消）	①ROT RPL=__ ；（坐标系旋转生效） ②AROT RPL=__ ；（坐标系旋转生效） ROT；（没有设定值，表示关闭旋转功能）
参数说明	X、Y用于指定坐标系旋转的中心； R用于指定坐标系旋转的角度，旋转角度的零度方向为第一坐标轴的正方向，逆时针方向为角度的正方向，不足1°的角度以小数点表示	坐标系旋转有2种形式： ①绝对旋转指令，以工件坐标系为基准； ②附加旋转指令，附加于当前的指令进行旋转 RPL为旋转角度，旋转角度的零度方向为第一坐标轴的正方向，逆时针方向为角度的正方向

FANUC系统关于图6-56部分程序（子程序略）：

N10 G17 G54；

N20 G01 X20 Y10 F100；

N30 M98 P2000；（调用子程序，加工图形1）

N40 G68 X55 Y35 R45；（坐标系旋转）

N50 M98 P2000；（调用子程序，加工图形2）

N60 G68 X20 Y40 R60；（坐标系旋转）

N70 M98 P2000；（调用子程序，加工图形3）

N100 G0 X100 Y100；

N110 M30；（程序结束）

SIEMENS系统关于图6-56部分程序（子程序略）：

N10 G17 G54；（工作平面 XY，工件零点由G54设定）

N20 TRANS X20 Y10；［工件零点偏移到（X20 Y10）］

N30 L10；（调用子程序，加工图形1）

N40 TRANS X55 Y35；

N50 AROT RPL=45；（针对平移后的坐标系进行旋转，用指令AROT，逆时针转过45°）

N60 L10；（调用子程序，加工图形2）

N70 TRANS X20 Y40；［工件零点偏移到（X20 Y40）］

N80　AROT RPL=60；（针对平移后的坐标系进行旋转，用指令 AROT，逆时针转过 60°）

N90 L10；（调用子程序，加工图形 3）

N100 G0 X100 Y100;

N110 M30；（程序结束）

6.3.7　孔加工固定循环

数控铣床和加工中心通常都具有如钻孔、攻螺纹、镗孔、铰孔等固定循环功能。这些功能需要完成的动作十分典型，需要时可利用固定循环功能指令，大大简化了编程工作。

孔加工固定循环一般由六个动作组成，如图 6-57 所示（图中用虚线表示的是快速进给，用实线表示的是切削进给）。

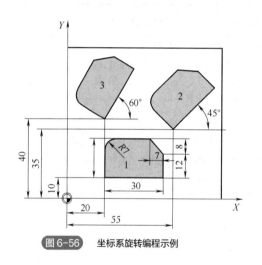

图 6-56　坐标系旋转编程示例

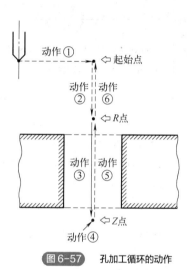

图 6-57　孔加工循环的动作

动作 1——刀具在 x 轴和 y 轴定位；

动作 2——刀具快速移动到 R 点；

动作 3——孔加工，以切削进给的方式执行孔加工的动作；

动作 4——孔底动作，包括暂停、主轴准停、刀具移位等动作；

动作 5——刀具返回到 R 点；

动作 6——刀具快速移动到初始平面。

指令格式与说明见表 6-29：

表 6-29　孔加工循环的指令格式与说明

FANUC	SIEMENS
G98：返回初始点； G99：返回到 R 点 增量编程时，Z 是 R 点至孔底距离；R 是初始点到 R 点的距离； G80：取消钻孔循环	
一般孔加工（多用于孔深小于 5 倍直径的孔） FANUC 指令 G81，SIEMENS 指令 CYCLE81	

续表

FANUC	SIEMENS
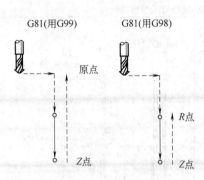 G98（G99）G81 X_Y_Z_R_F_; X、Y：孔心坐标； Z：钻孔深度； R：安全平面，由 G00 转变为 G01； F：钻孔进给速度	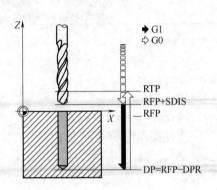 CYCLE81 （RTP，RFP，SDIS，DP，DPR） RTP：返回平面（绝对）； RFP：基准面（绝对）；SDIS：安全距离（无符号）； DP：钻孔深度（绝对）； DPR：相对于基准面的钻削深度（无符号）

FANUC 指令 G82，SIEMENS 指令 CYCLE82

在孔底有进给暂停动作，其余同 81。该指令一般用于扩孔和沉头孔加工

G82 X_Y_Z_R_P_F_; P 为孔底暂停时间，单位毫秒； 其余参数定义同 G81	CYCLE82（RTP, RFP, SDIS, DP, DPR, DTB） DTB 为孔底暂停时间； 其余参数同 CYCLE81

FANUC 指令 G83 和 G73，SIEMENS 指令 CYCLE83（通过参数设定 2 种不同工作方式）

深孔钻，采用间歇进给，利于排屑

| 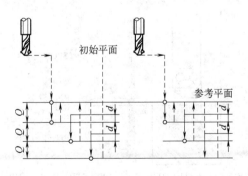
G83 X_Y_Z_R_Q_F_;
Q 为每次进给深度，用增量设置 | 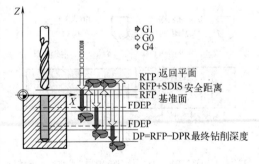
CYCLE83（RTP，RFP，SDIS，DP，DPR，FDEP，
FDPR，DAM，DTB，DTS，FRF，VARI）
参数说明见表 6-30。
加工类型有 2 种：
VARI=0 则钻头在每次到达钻深后退回 1mm 用于断屑；
VARI=1 则钻头每次移动到"基准面+安全高度"用于排屑 |
| G73 X_Y_Z_R_Q_F_;
与 G83 类似，区别是每次进给 Q 后，退回的位置不同：
G73 是断屑方式，G83 是排屑方式 | |

FANUC	SIEMENS

FANUC 指令 G84（右旋）和 G74（左旋），SIEMENS 指令 CYCLE84

攻螺纹循环，SIEMENS 系统利用参数 MPIT 和 PIT 设置螺纹旋向

<table>
<tr>
<td>

G84 G98（或 G99）X_Y_Z_R_F_；

G74 G98（或 G99）X_Y_Z_R_F_；

与钻孔不同，攻螺纹要求主轴转速与进给速度成严格的比

例关系，$F=S×P$（螺距），其余参数同 G81

</td>
<td>

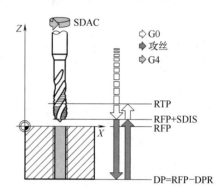

CYCLE84 （RTP，RFP，SDIS，DP，DPR，DTB，

SDAC，MPIT，PIT，POSS，SST，SST1）

参数说明见表 6-31。

</td>
</tr>
</table>

FANUC 指令 G85，SIEMENS 指令 CYCLE85

用于铰孔循环、扩孔循环等

<table>
<tr>
<td>

G85 X_Y_Z_R_F_；

动作与 G81 类似，但退刀动作是以进给速度退出。参数定

义同 G81

</td>
<td>

CYCLE85（RTP，RFP，SDIS，DP，DPR，DTB，FFR，

RFF）

参数 RTP、RFP、SDIS、DP、DPR 同 CYCLE81；

DTB：停顿时间，以秒为单位；

FFR：钻孔时进给率；

RFF：孔底退回到"基准面+安全距离"进给率

</td>
</tr>
</table>

FANUC 指令 G86 和 G76，SIEMENS 指令 CYCLE86

用于镗孔循环

<table>
<tr>
<td>

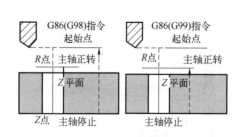

G86 X_Y_Z_R_F_；

参数说明与 G81 类似，区别是 G86 循环在底部时，主轴自

动停止，退刀动作是在主轴停转的情况下进行的，返回到 R

点（G99）或起始点（G98）后主轴再重新启动

</td>
<td>

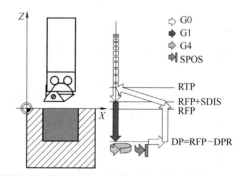

CYCLE86 （RTP，RFP，SDIS，DP，DPR，DTB，SDIR，

RPA，RPO，RPAP，POSS）

参数 RTP，RFP，SDIS，DP，DPR，DTB 同 CYCLE82；

SDIR：旋转方向；

RPA：第一轴上的返回路径；

RPO：第二轴上的返回路径；

RPAP：镗孔轴上的返回路径；

POSS：主轴定位停止的位置，单位为（°）

</td>
</tr>
</table>

FANUC	SIEMENS
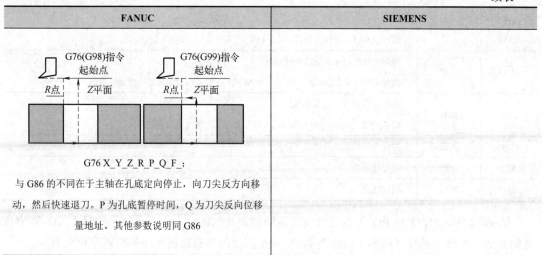 G76 X_Y_Z_R_P_Q_F_; 与 G86 的不同在于主轴在孔底定向停止，向刀尖反方向移动，然后快速退刀。P 为孔底暂停时间，Q 为刀尖反向位移量地址。其他参数说明同 G86	

表6-30　CYCLE83 参数说明

参数	类型	定义
RTP	Real	返回平面（绝对坐标）
RFP	Real	参考平面（绝对坐标）
SDIS	Real	安全高度（无符号输入）
DP	Real	最后钻孔深度（绝对坐标）
DPR	Real	相对参考平面的最后钻孔深度（无符号输入）
FDEP	Real	第一次钻孔深度（绝对坐标）
FDPR	Real	相对于参考平面的第一次钻孔深度（无符号输入）
DAM	Real	递减量（无符号输入）
DTB	Real	到达最后钻孔深度时的停顿时间（断屑）
DTS	Real	起始点处和用于排屑的停顿时间
FRF	Real	第一次钻孔深度的进给率系数，范围：0.001~1
VARI	Int	加工类型：断屑=0；排屑=1

表6-31　CYCLE84 参数说明

参数	值	含义
RTP	实数	退回平面（绝对值）
RFP	实数	参考平面（绝对值）
SDIS	实数	安全间隙（添加到参考平面；无符号输入）
DP	实数	最后钻孔深度（绝对值）
DPR	实数	相对于参考平面的最后钻孔深度（无符号输入）
DTB	实数	螺纹深度时的停留时间（断屑）

参数	值	含义
SDAC	实数	循环结束后的旋转方向；值 3、4 或 5（用于 M3、M4 或 M5）
MPIT	实数	螺距由螺纹尺寸决定（有符号） 数值范围 3（用于 M3）~48（用于 M48）；符号决定了螺纹中的旋转方向
PIT	实数	螺距由数值决定（有符号） 数值范围：0.001~2000.000mm；符号决定了在螺纹中的旋转方向
POSS	实数	循环中定位主轴的位置（以度为单位）
SST	实数	攻螺纹速度
SST1	实数	退回速度

表 6-31 中，MPIT 和 PIT 可以将螺纹螺距的值定义为螺纹大小（公称螺纹只在 M3 和 M48 之间）或一个值（螺纹之间的距离作为数值），不需要的参数在调用中省略或赋值为 0。

【例 6-21】 在 XY 平面上利用循环 CYCLE83 钻削 A、B 两个孔（图 6-58）。A 孔采用带断屑（VARI=0）深孔钻削，在第一次钻削深度上，刀具的停留时间为零，并带断屑。最终钻削深度和第一个钻削深度为绝对值。B 孔采用带排屑（VARI=1）深孔钻削，停留时间为 1s。参考程序如下。

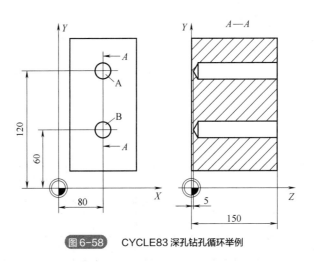

图 6-58 CYCLE83 深孔钻孔循环举例

FANUC 系统格式的程序：

```
N10 G54 G00 G17 G90 S500 M03;
N20 T01 M06;
N30 G43 Z155 H01;
N40 G99 G73 X80 Y120 Z-150 R1 Q3 F50;
N50 G98 G83 X80 Y60 Z-150 R1 Q3 F50;
N60 G91 G28 Z0;
N80 M02;
```

SIEMENS 系统格式的程序：

```
N10 G0 G17 G90 S500 M03;
```

N20 D1 T1；

N30 Z155；

N40 X80 Y120；（定位 A 孔钻削位置）

N50 CYCLE83（155，150，1，5，0，100，，20，0，0，1，0）；（循环调用，带断屑（VARI=0），深度参数是绝对坐标）

N60 X80 Y60；（定位 B 孔钻削位置）

N70 CYCLE83（155，150，1，，145，，50，20，1，1，0.5，1）；（循环调用，带排屑（VARI=1），给定最后钻削深度和首次钻削深度，安全距离为1mm）

N80 M02；（程序结束）

【例 6-22】 螺纹加工编程举例（图 6-59），被加工螺纹公称直径为 M5。

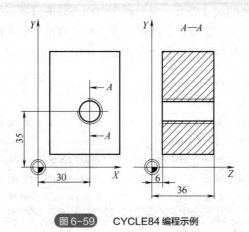

图 6-59 CYCLE84 编程示例

FANUC 系统格式的程序：

N10 G54 M06 T01；

N20 M03 S100；

N30 G90 G00 X0 Y0；

N40 G43 Z10 H01；

N50 G98 G84 X30 Y35 Z-36 R3 F150；

N60 G91 G28 Z0；

N70 M02；（程序结束）

SIEMENS 系统格式的程序：

N10 G0 G90 T1 D1；

N20 G17 G54 X30 Y35 Z40；（到达钻孔上方）

N30 CYCLE84（40，36，2，，30，，3，5，，90，200，500）；（循环调用，已忽略 PIT 参数；未给绝对深度或停顿时间输入数值；主轴在 90° 位置停止；攻螺纹速度是 200，退回速度是 500）

N40 G0 G90 X0 Y0；

N50 M02；（程序结束）

6.3.8 Shop Mill 智能工步编程

Shop Mill 是一种专为钻铣类加工而设计的编程模块，主要适用于中小批量生产。Shop Mill 采用全部图形化编程界面，操作者无需具备 DIN/ISO 编程知识，可简单快速生成要求的加工程序。对于单个通道内多达五轴的立式和万能铣床及加工中心来说，Shop Mill 使得从图纸到工件的每一个环节都更加快捷可靠。Shop Mill 可与刀具管理、测量循环等结合使用，使得复杂的加工任务易于调度、管理。Shop Mill 还可以访问硬盘和以太网。

（1）程序结构

程序分为三个部分：程序标题、程序段和程序结尾。这三个部分组成加工计划，如图 6-60 所示。程序标题中包含毛坯的尺寸以及在整个程序中均有效的参数，如返回平面、安全距离、加工方向等。程序段包含各种加工操作、移动、命令等，是程序的主体。各个程序段会被控制系统自动链接到一起，被链接的程序段旁边有方括号标识。Shop Mill 会自动定义程序结尾。

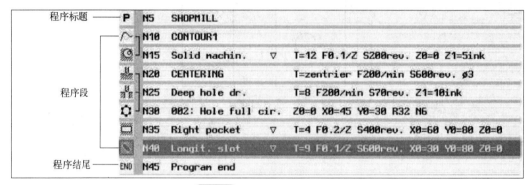

图 6-60 Shop Mill 程序结构

（2）创建 Shop Mill 程序

① 创建新程序并定义毛坯。在"Program Manager 程序管理器"区域输入程序名称，程序名称的长度最多可以包含 24 个字符，可使用任意字母、数字或下划线。确认程序名后，需要设置"Program header 程序标题"中的参数，如图 6-61 所示。程序标题中设置的参数将在整个程序中保持有效。

图 6-61 中，"Blank"项输入毛坯参数。工件角点 1（X0,Y0,Z0）是毛坯尺寸的参考点,必须使用绝对值输入。工件角点 2（X1,Y1,Z1）是工件角点 1 的对角，必须使用绝对值输入，体现了毛坯的长度、宽度和高度。

测量单位：选择毫米或英寸。

刀具轴：选择刀具所在的轴。

返回平面（RP）和安全距离（SC）：工件上方的平面。在加工期间，刀具快速从换刀点移动到返回平面，然后移动到安全距离。安全距离是速度的切换点，在此处速度切换为进给速度。加工完成后，刀具以进给速度离开工件运动到安全距离高度。刀具从安全距离快速移动到返回平面，然后运动到换刀点。返回平面使用绝对值输入，安全距离必须使用增量值输入，不带符号，如图 6-62（a）所示。

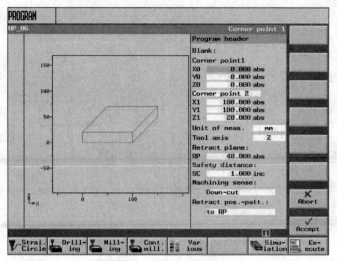

图6-61　程序标题中的参数设置

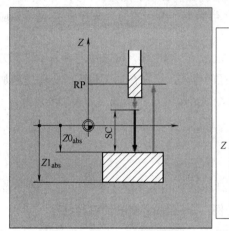

(a) 返回平面(RP)和安全距离(SC)

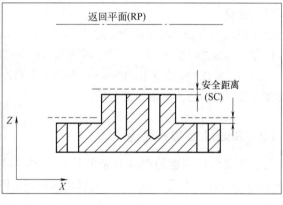

(b) 安全距离的作用

图6-62　返回平面（RP）和安全距离（SC）示意图

"Machining sense" 项输入加工方式信息。例如，在加工腔体、纵槽或沉头孔时，Shop Mill 采用刀具表中输入的加工方向和主轴旋转方向，然后按照顺铣或逆铣方式加工腔体等。对于路径铣削，按照编程轮廓方向确定加工方向。

"Retract pos.-patt." 项输入回退位置和模式信息，用于在不同高度和位置加工腔体或狭槽中的孔时，避免与工件或障碍物碰撞。有两种模式，一种是优化回退，另一种是回退到 RP，如图6-63 所示。

② 编写程序段。编写程序段其实就是在各程序段中定义加工操作、进给率和位置。新程序段总是在所选程序段之后插入。编写程序段的一个主要工作就是输入参数值，如果没有输入新值，则将沿用上一个程序段里的值。

每个循环均可以编写粗加工或精加工，如果希望先对工件进行粗切削，再进行精加工，必须第二次调用该循环。再次调用循环时，编程值不会改变。某些循环将粗加工和精加工作为完整的加工操作提供，则只需调用循环一次。

229

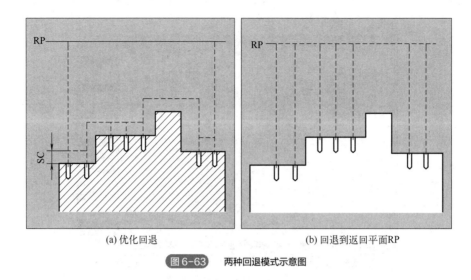

(a) 优化回退　　　　　　　　　　　(b) 回退到返回平面RP

图6-63 两种回退模式示意图

③ 编写刀具、偏置值和主轴速度。编写直线或圆弧时，必须事先选择刀具；编写循环时，刀具自动显示在屏幕中。刀具偏置存储在刀具表中，可为每个编写的刀具选择/指定是否要应用刀沿偏置值 D。

Shop Mill 中主轴转速 S 或切削速度 V，通过"Alternat."键切换。可以在刀具表中设置刀具的旋转方向。在"容差（DR）"项中可输入刀具半径的容差，这样在加工轮廓时会留出精加工余量。例如，要在轮廓上留出 0.5mm 的精加工余量，则 DR 输入 0.5mm。如果 DR 设置为 0，则轮廓在切削时不会留出精加工余量。

（3）Shop Mill 编程过程

轮廓铣削可以创建简单或复杂的轮廓，然后使用"Path milling 路径铣削"或"Solid machining 实体加工"进行加工。下面以轮廓铣削为例，介绍 Shop Mill 的编程过程。

① 编写新轮廓并定义起点：使用 [Cont. mill.] [New contour >] 选择输入轮廓名称。按"Accept"接受，将编写的轮廓传递到加工计划。

② 自由轮廓编程。从起点开始输入第一个轮廓元素，到下一个元素的过渡等。对轮廓进行"路径铣削"时，轮廓总是按照编程方向加工。通过按照顺时针或逆时针方向编写轮廓，可以确定轮廓的加工方向。

轮廓为腔体或岛状时，轮廓必须封闭，即轮廓的起点和终点相同。在封闭轮廓中，可以编写从轮廓的最后一个元素到第一个元素的过渡元素。如果轮廓的定义过多，Shop Mill 会自动计算需要输入的值。

对于开放和封闭轮廓的路径铣削，可以使用"Path milling 路径铣削"功能沿着任何编写的轮廓进行铣削操作。该功能与刀具半径补偿配合使用，轮廓不必封闭，可以执行内侧加工或外侧加工，或在轮廓的左侧或右侧加工。

【例 6-23】 对图 6-64 所示的轮廓进行 Shop Mill 编程。起点 $X=0$ abs，$Y=5.7$ abs，选择顺时针编程。

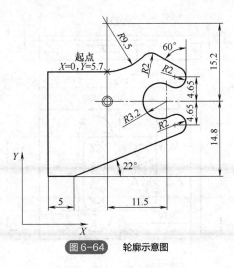

图6-64 轮廓示意图

参考流程见表6-32。

表6-32 轮廓编程流程

元素	输入	备注
↷	逆时针旋转，R=9.5，I=0abs 进行对话框选择，过渡到下一个元素：R=2	
✕	α1=-30°	注意帮助显示中的角度
↶	顺时针旋转，正切前一个元素 R=2，J=4.65abs	
↷	顺时针旋转，正切前一个元素 R=3.2，I=11.5abs，J=0abs，进行对话框选择	
↷	顺时针旋转，正切前一个元素 R=2，J=-4.65abs，进行对话框选择	
✕	前一个元素的切线 Y=-14.8abs，α1=-158°	注意帮助显示中的角度
←•→	所有参数，L=5，进行对话框选择	
↕	Y=5.7abs	
←•→	X=0abs	

【例6-24】 对图6-65完成Shop Mill编程。

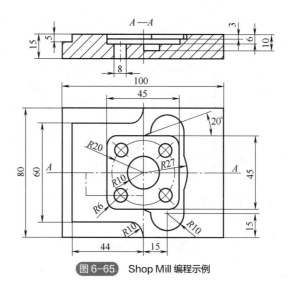

图 6-65 Shop Mill 编程示例

参考程序如下：

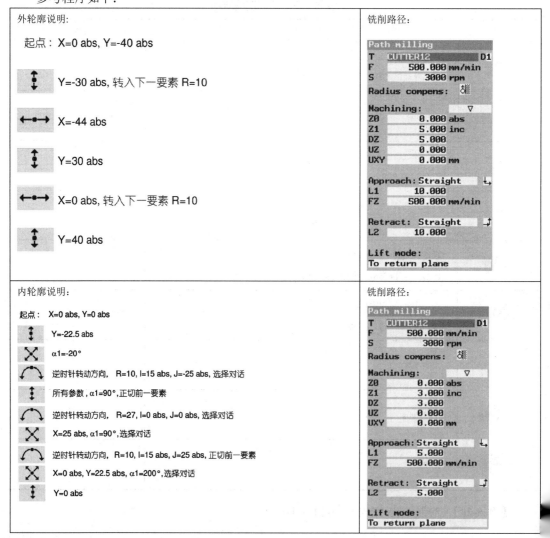

外轮廓说明：	铣削路径：
起点：X=0 abs, Y=-40 abs ↕ Y=-30 abs, 转入下一要素 R=10 ↔ X=-44 abs ↕ Y=30 abs ↔ X=0 abs, 转入下一要素 R=10 ↕ Y=40 abs	Path milling T CUTTER12 D1 F 500.000 mm/min S 3000 rpm Radius compens: ▨ Machining: ▽ Z0 0.000 abs Z1 5.000 inc DZ 5.000 UZ 0.000 UXY 0.000 mm Approach:Straight ↳ L1 10.000 FZ 500.000 mm/min Retract: Straight ↳ L2 10.000 Lift mode: To return plane
内轮廓说明： 起点：X=0 abs, Y=0 abs ↕ Y=-22.5 abs ✕ α1=-20° ⌒ 逆时针转动方向，R=10, I=15 abs, J=-25 abs, 选择对话 ↕ 所有参数, α1=90°, 正切前一要素 ⌒ 逆时针转动方向，R=27, I=0 abs, J=0 abs, 选择对话 ✕ X=25 abs, α1=90°, 选择对话 ⌒ 逆时针转动方向，R=10, I=15 abs, J=25 abs, 正切前一要素 ✕ X=0 abs, Y=22.5 abs, α1=200°, 选择对话 ↕ Y=0 abs	铣削路径： Path milling T CUTTER12 D1 F 500.000 mm/min S 3000 rpm Radius compens: ▨ Machining: ▽ Z0 0.000 abs Z1 3.000 inc DZ 3.000 UZ 0.000 UXY 0.000 mm Approach:Straight ↳ L1 5.000 FZ 500.000 mm/min Retract: Straight ↳ L2 5.000 Lift mode: To return plane

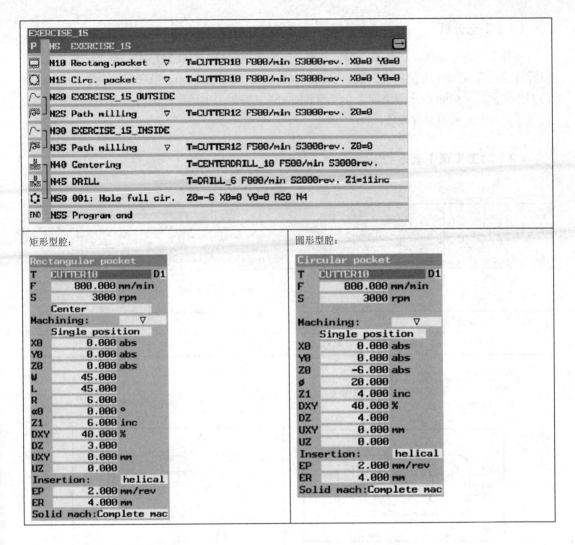

6.3.9 加工中心综合编程实例

【例 6-25】 完成图 6-66 所示零件的槽加工，毛坯为 70mm×38mm×15mm 六面体。

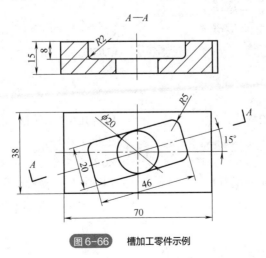

图 6-66　槽加工零件示例

（1）工艺分析

零件毛坯为六面体，现加工圆槽、方槽，零件采用机用虎钳装夹。加工难点在于刀具选择以及方槽根部 R2mm 的保证。方槽加工时分三步完成，即采用 ϕ8mm 平底刀去余量、ϕ8mm 圆角刀去余量、ϕ8mm 圆角刀精加工。方槽倾斜 15°，编程中采用坐标旋转指令，应注意落刀点的选择，并及时取消坐标旋转。

（2）加工步骤（表 6-33）

表 6-33　槽加工步骤

工步号	工步内容	刀具类型	切削用量		夹具
			主轴转速 / (r/min)	进给速度 / (mm/min)	
1	去余量	ϕ8mm 平底刀	800	60	机用虎钳夹持 38mm 两侧面
2	加工圆槽	ϕ8mm 平底刀	800	60	
3	加工方槽	ϕ8mm 圆角刀，刀角 R2mm	800	60	

三个工步的走刀路线如图 6-67 所示。

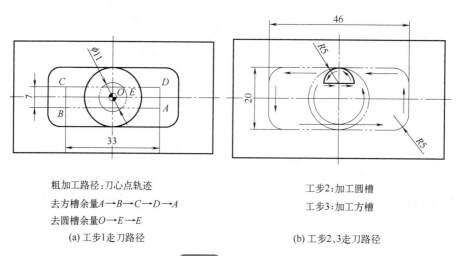

粗加工路径：刀心点轨迹
去方槽余量 $A \rightarrow B \rightarrow C \rightarrow D \rightarrow A$
去圆槽余量 $O \rightarrow E \rightarrow E$

(a) 工步1走刀路径

工步2：加工圆槽

工步3：加工方槽

(b) 工步2、3走刀路径

图 6-67　走刀路线

（3）加工程序

FANUC 系统格式的程序：

工步 1 程序：

O0001;

T1 M06;　（ϕ8mm 平底刀）

G90 G54 G00 X0 Y0 M03 S800;

G00 Z50.;

SIEMENS 系统格式的程序：

工步 1 程序：

XJ261;

T1 D1;　（ϕ8mm 平底刀）

G90 G54 G0 X0 Y0 M3 S800;

G0 Z50.;

Z10.;

G68 X0 Y0 R15;（坐标系绕（0,0）旋转15°）

X16.5 Y-3.5.;（A点）

G01 Z-4. F60;

X-16.5;（B点）

Y3.5;（C点）

X16.5;（D点）

Y-3.5;

Z-8.;

X-16.5;

Y3.5;

X16.5;

Y-3.5;

Y0;

X0;

Z-15.2 F30;

Z-12. F60;

X5.5;

G02 I-5.5;

G01 Z-15.2;

G02 I-5.5;

G01 X0;

G69;（取消坐标系旋转）

G91G28 Z0;

M30;

工步2和工步3程序：

O0002;

T1 M06;（φ8mm平底刀，工步2）

G90 G54 G0 X0 Y5 M03 S800;

G00 Z50.;

Z10.;

G01 Z-15.2;

G41 X5. D1;

G03 X0 Y10. R5.;

G03 J-10.;

G03 X-5. Y5. R5.;

G01 G40 X0;

G00 Z50.;

Z10.;

ROT RPL=15.;（坐标旋转15°）

X16.5 Y-3.5;（A点）

G1 Z-4. F60;

X-16.5;（B点）

Y3.5;（C点）

X16.5;（D点）

Y-3.5;

Z-8.;

X-16.5;

Y3.5;

X16.5;

Y-3.5;

Y0;

X0;

Z-15.2 F30;

Z-12. F60;

X5.5;

G2 I-5.5;

G1 Z-15.2;

G2 I-5.5;

G1 X0;

ROT;（取消坐标旋转）

N30;

工步2和工步3程序：

XJ262;

T1 D1;（φ8mm平底刀，工步2）

G90 G54 G0 X0 Y5 M3 S800;

G0 Z50.;

Z10.;

G1 Z-15.2;

G41 X5.;

G3 X0 Y10. CR=5.;

G3 J-10.;

G3 X-5. Y5. CR=5.;

G1 G40 X0;

G0 Z50.;

```
G91 G28 Z0;                           M5;

M05;                                  T2 D2;  （φ8mm 圆角刀，工步 3）

T2 M06;  （φ8mm 圆角刀，工步 3）        G90 G54 X0 Y0 M3 S900;

G90 G54 X0 Y0 M03 S900;               G0 Z50.;

G00 Z50.;                             Z10.;

Z10.;                                 ROT RPL=15.;  （坐标系旋转 15°）

G68 X0 Y0 R15.;（坐标系旋转 15°）       X18. Y-5.;

X18. Y-5.;                            G1 Z-7.8 F60;

G01 Z-7.8 F60;                        X-18.;

X-18.;                                Y5.;

Y5.;                                  X18.;

X18.;                                 Y-5.;

Y-5.;                                 X0 Y5. F120;

X0 Y5. F120;                          G1 Z-8. F60;

G01 Z-8. F60;                         G1 G41 X5.;

G01 G41 X5. D2;                       G3 X0 Y10. CR=5.;

G03 X0 Y10. R5.;                      G1 X-18.;

G01 X-18.;                            G3 X-23. Y5. CR=5.;

G03 X-23. Y5. R5.;                    G1 Y-5.;

G01 Y-5.;                             G3 X-18. Y-10. CR=5.;

G03 X-18. Y-10. R5.;                  G1 X18.;

G01 X18.;                             G3 X23. Y-5. CR=5.;

G03 X23. Y-5. R5.;                    G1 Y5.;

G01 Y5.;                              G3 X18. Y10. CR=5.;

G03 X18. Y10. R5.;                    G1X0;

G01 X0;                               G3 X-5. Y5. CR=5.;

G03 X-5. Y5. R5.;                     G1 G40 X0;

G01 G40 X0;                           G0 Z50;

G00 Z50.;                             ROT;  （取消坐标系旋转）

G69;  （取消坐标系旋转）                M30;

G91 G28 Z0;

M30;
```

6.4 数控加工自动编程

　　智能制造中，多品种产品小批量甚至单件生产成为常态。随着加工零件复杂化和多轴联动数控机床的使用，数控加工自动编程已经成为极其重要的环节。目前，数控自动编程的主要手段是应用 CAM 软件进行人机交互编程。使用较多的 CAM 软件包括：UG、Pro/E、CATIA、Cimatron、PowerMill、Mastercam、CAXA 制造工程师等。

使用 CAM 软件自动编程，在图形环境下将零件几何建模、刀位计算、后置处理和加工仿真等作业过程集为一体，有效解决了数控编程中的数据来源、图形显示、校验计算和交互修改等问题，而且还有利于实现企业信息系统的集成，包括 CAD/CAM 系统的集成以及与 PDM、ERP 企业信息管理系统的集成。

6.4.1　UG 自动编程

UG 是集 CAD/CAE/CAM 于一体的三维参数化软件，被广泛应用于航空、航天、汽车、造船、通用机械和电子等工业领域，占领了高端产品设计和制造领域的大部分市场。UG 的数控加工自动编程模块（CAM 模块）为数控机床提供了一套经过企业生产实践证明的完整解决方案，改善了 NC 编程和加工过程，提高了产品加工质量与制造效率。

UG 的 CAM 模块提供了数控车床、数控铣床（加工中心）、线切割机床等多个功能强大的数控编程子模块。其数控铣床（加工中心）编程模块不仅可以实现所有二轴联动、三轴联动、四轴联动和五轴联动的数控编程，而且支持高速铣削的数控编程。UG 对多轴加工过程中过切和干涉问题的处理更加智能化，如编程者利用 UG 的整体叶轮五轴铣模块就可以方便地实现整体叶轮等复杂五轴零件的数控编程。

不同的 CAM 系统，其功能指令和编程操作环境不尽相同，但是其编程的基本原理与步骤大体是一致的，都是采用人机交互方式，由编程者交互地指定零件实体模型上的加工型面，选择或定义合适的切削刀具，输入相应的加工参数，由系统自动生成刀具加工轨迹，经后置处理转换为特定机床的数控加工指令代码。

CAM 系统的编程过程可归纳为如下步骤：

① 几何建模。应用 CAD 模块对加工零件进行几何建模，建立零件的三维数据模型。

② 加工工艺分析。这是 CAM 系统数控编程的重要环节，目前该项工作仍需由编程员采用交互方式来完成。编程员根据加工零件的几何特征和工艺要求，进行加工工艺分析，工艺分析的内容与手工编程是一样的。通过系统给定的用户界面，选择零件的加工表面及限制边界，定义刀具类型及其几何参数，指定装夹位置和工件坐标系，确定对刀点，选择走刀方式和合适的切削参数等，从而完成数控编程中的工艺分析这一重要环节。

③ 刀位文件生成。加工工艺分析完成后，系统将自动提取被加工零件型面信息进行刀具轨迹计算，自动生成刀具运动轨迹，并存入指定的刀位数据文件（cutter location data file）。

④ 刀位验证及刀具轨迹编辑。对所生成的刀位数据文件进行加工过程仿真，检查验证走刀路线是否正确合理，是否存在干涉碰撞或过切现象。如有需要，可对已生成的刀具轨迹进行编辑修改和优化处理。

⑤ 后置处理。后置处理的目的是形成具体机床的数控加工代码。由于各机床所使用的数控系统不同，其数控代码及指令格式也不尽相同，为此必须经后置处理，将刀位数据文件转换成具体数控机床的数控加工代码。

⑥ 加工过程仿真和数控程序传输。加工程序生成后，可进行加工过程仿真，验证所编制的数控程序的正确性和合理性，检验是否存在刀具与机床夹具干涉和碰撞等现象。经仿真校验没有问题后，可通过数控机床的 DNC 接口，将数控程序传送给机床控制系统进行数控加工。

6.4.2　SurfMill 自动编程

（1）SurfMill 软件的自动编程模块功能

北京精雕的 SurfMill 软件是一款基于曲面造型的通用的 CAD/CAM 软件，具有完善的曲面设计功能，不仅提供丰富的 2.5 轴、三轴和五轴加工策略，而且提供智能的在机测量和虚拟加工功能。

SurfMill 软件整合了精雕集团多年的加工经验，集成了多种工艺技术，可以帮助制造企业充分发挥设备的切削能力，提升制造过程的顺畅性。

SurfMill 通过工艺孪生，提升了数控程序的易用性和安全性。软件通过映射完整的物理加工环境（包括刀具库房的映射、刀柄库房的映射、毛坯仓料的映射、夹具库房的映射、机床模型及数控系统的映射、机床刀库的映射、工装夹具的映射以及工装夹具安装过程的映射），解决了编程端与加工实际不匹配的问题，使得编程面向真实的工艺环境：考虑完整机床模型，规避机床运行风险（图 6-68）；考虑库房物料，规避用错物料的风险（图 6-69）；考虑刀具与工件装夹

未映射机床模型的仿真
有刀柄无Z轴，
无法看到Z轴与工件碰撞

映射机床模型的仿真
与实际加工情况一致，
可看到Z轴与工件碰撞

图 6-68　软件映射完整机床模型的效果

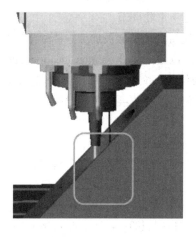

未映射刀具刀柄库房的仿真
软件显示热缩刀柄没问题

映射刀具刀柄库房的仿真
与实际加工情况一致
显示ER刀柄与工件碰撞

图 6-69　软件映射刀具刀柄的效果

误差，规避干涉或碰撞风险（图 6-70、图 6-71）。通过工艺层面的数字孪生，使得编程者在 CAM 端如同身临加工现场，实现在真实环境下做编程，在虚拟环境下做验证，在编程阶段即可通过仿真进行全程过切干涉检查、加工参数智能匹配、工装夹具优化设计。不仅如此，由于该软件将在机测量功能集成在 CAM 软件里，所以利用 SurfMill 进行自动编程的同时还可以进行工艺管控的规划及管控程序的编写，真正落实智能编程的理念。

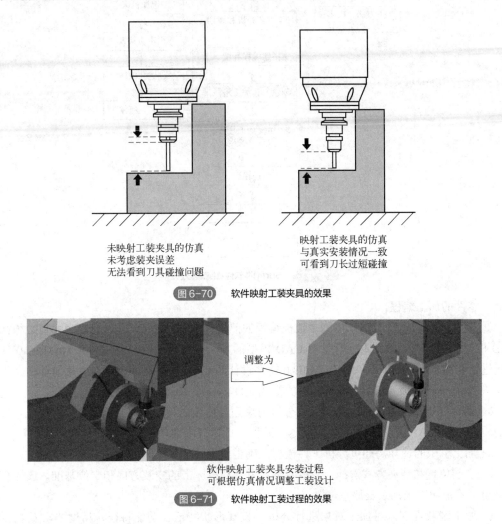

未映射工装夹具的仿真
未考虑装夹误差
无法看到刀具碰撞问题

映射工装夹具的仿真
与真实安装情况一致
可看到刀长过短碰撞

图 6-70　软件映射工装夹具的效果

调整为

软件映射工装夹具安装过程
可根据仿真情况调整工装设计

图 6-71　软件映射工装过程的效果

（2）SurfMill 自动编程过程

SurfMill 简化了数控编程的过程，其编程过程如图 6-72 所示。

（3）SurfMill 自动编程步骤

利用 SurfMill 的 CAM 模块进行自动编程的步骤如下（以 SurfMill 9.0 为例）：

① 选择文件模板。文件模板是一台机床的加工环境和工艺方案的反映。文件模板中可以保存机床、刀具刀柄、图层分类、常用的坐标系及刀具平面路径信息等，再次新建加工文件时可以直接调用，无需从初始设置开始一步步配置相关参数，只需根据模型稍做修改即可。对于同类型不同型号的批量产品，使用文件模板进行编程，操作过程十分快捷，尤其适用于精密模具

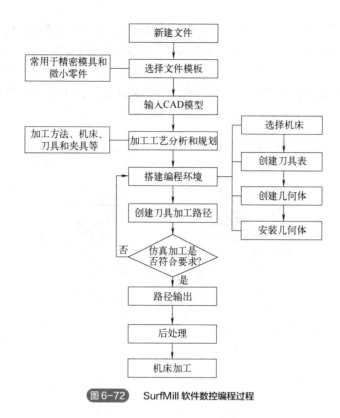

图6-72 SurfMill 软件数控编程过程

和微小零件的加工编程。

② 输入 CAD 模型。CAD 模型是数控编程的前提和基础，任何 CAM 的程序编制必须针对 CAD 模型作为加工对象。本软件获得 CAD 模型的方法通常有三种方式：使用 SurMill9.0 软件直接进行 CAD 造型；打开利用 SurMill9.0 软件设计的 CAD 模型文件；将利用其他软件完成的 CAD 模型文件转换成 SurMill9.0 可读取的格式文件。

③ 加工工艺分析与规划。加工工艺分析与规划是后续生成刀具路径的基础，决定了刀具轨迹的质量，编程人员的工作主要集中在这个阶段。此阶段主要包括以下内容：

a. 加工机床的选择，通过分析工件模型，确定使用的加工机床；

b. 安装位置和装夹方式选择，分析并确定零件在机床上的安装方向和定位基准，选择合适的夹角，确定加工坐标系及原点位置；

c. 加工区域规划，对加工对象进行分析，按其形状特征、功能特征、精度要求及表面粗糙度要求等将加工对象划分为数个加工区域，加工区域的合理规划有利于提高加工效率和加工质量；

d. 加工工艺路线规划，包括从粗加工到精加工再到清根加工的流程及加工余量分配；

e. 加工工艺和加工方式规划，包括选择刀具、加工工艺参数和切削方式等内容。

④ 搭建编程环境。在编写加工路径之前，对加工环境进行配置，包括机床设置、刀具表设置、几何体设置等，以构建与真实加工环境一致的孪生状态。具体包括：

a. 机床设置，对选用的机床进行虚拟配置；

b. 当前刀具表设置，针对每步工序选择合适的加工刀具并在软件中设置相应的加工参数；

c. 几何体创建，根据零件的 CAD 模型，设置工件、毛坯和夹具；

　　d. 几何体安装，对工件进行摆正，确定工件在机床上的安装方向和加工坐标系等。

　　⑤ 创建刀具加工路径。完成编程环境的搭建后，进行加工路径的创建，主要包括两项内容：

　　a. 加工程序参数设置，这是自动编程参数设置中最主要的内容，包括进退刀位置及方式、切削用量、行间距、加工余量、安全高度等参数；

　　b. 路径计算，将编写的加工程序提交 SurfMill 9.0 系统，软件自动完成刀具轨迹的计算。

　　⑥ 仿真加工。为确保程序的安全性，需要对生成的刀具轨迹进行仿真模拟，在仿真中发现的问题，应及时修改程序、调整参数设置，重新进行计算。加工仿真主要包括以下内容：

　　a. 过切、干涉检查，检查加工过程是否存在过切现象和发生碰撞等风险，确保加工安全；

　　b. 线框、实体模拟，对模型进行线框和实体仿真加工，观察加工效果，直观检查是否有过切或干涉现象；

　　c. 机床仿真，采用与实际加工完全一致的机床结构，模拟机床动作，考察加工过程。

　　⑦ 路径输出。本步骤主要检查路径的安全状态，如果检查到过切、刀柄碰撞、机床碰撞的路径，SurfMill 软件不允许输出该路径；如果检查到安全状态未知的路径，则需要编程人员确认之后才能输出。输出路径文件格式主要有*.ENG 和*.NC 两种。

　　⑧ 后处理。后处理实际是一个文本编辑处理的过程，其作用是将计算出的刀具路径以规定的标准格式转化为数控程序代码并输出、保存。

　　⑨ 机床加工。后处理生成数控程序之后，还需要检查程序文件，特别是对程序头和程序尾部分的语句进行检查，若有必要可以修改。程序文件传输到数控机床，按程序语句驱动机床加工。

本章小结

　　本章核心内容为数控编程指令及其用法，所有编程示例给出了 FANUC 和 SIEMENS 两种系统格式的程序。首先介绍了数控编程基础知识和典型的编程指令；接着介绍了刀具半径补偿和长度补偿的原理与指令；针对数控车削的编程特点介绍了数控车床编程的典型指令及用法，特别针对 FANUC 和 SIEMENS 两种系统介绍了常用车削循环指令的用法；针对数控铣削的编程特点介绍了数控铣床和加工中心编程的典型指令及用法，特别针对 FANUC 和 SIEMENS 两种系统介绍了常用孔加工循环指令的用法；此外还介绍了体现智能编程理念的 SIEMENS 系统的 Shop 编程过程；最后介绍了基于 CAM 的自动编程方法和过程。

思考题

（1）简述数控机床加工程序编制的一般步骤。
（2）简述基于 CAD/CAM 进行数控自动编程的基本步骤。
（3）简述数控机床坐标系的判定方法。
（4）G 指令和 M 指令的基本功能是什么？
（5）刀具补偿的意义是什么？
（6）简述 Shop Turn 的编程步骤。
（7）简述 Shop Mill 的编程步骤。

（8）完成图 6-73 所示零件的粗加工循环。

（9）图 6-74 所示零件的毛坯为 ϕ80mm×150mm，试编写其粗、精加工程序。

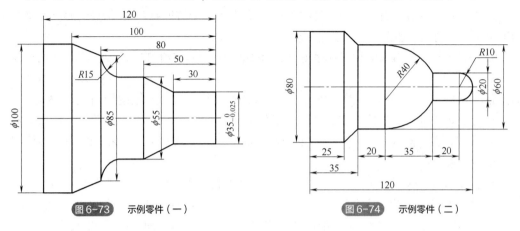

图 6-73　示例零件（一）　　　图 6-74　示例零件（二）

（10）编写图 6-75 所示零件的车削加工程序。加工内容包括粗/精车端面、倒角、外圆、锥角、圆角、退刀槽和螺纹加工等。毛坯为 ϕ85mm×300mm 棒料，精加工余量为 0.2mm。

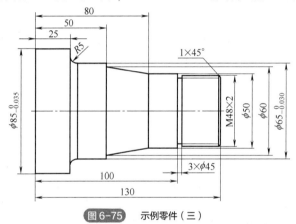

图 6-75　示例零件（三）

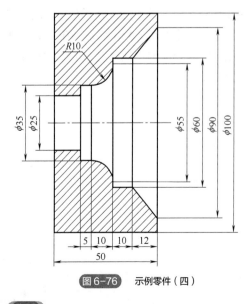

图 6-76　示例零件（四）

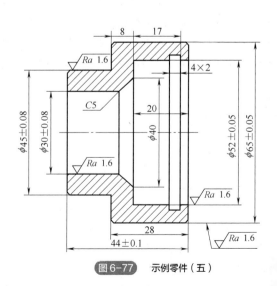

图 6-77　示例零件（五）

（11）编写图 6-76、图 6-77 所示零件的加工程序，零件材料为中碳钢。

（12）图 6-78 所示零件毛坯尺寸为 102mm×102mm×20mm，材料为 45 钢，编写该零件的加工程序。

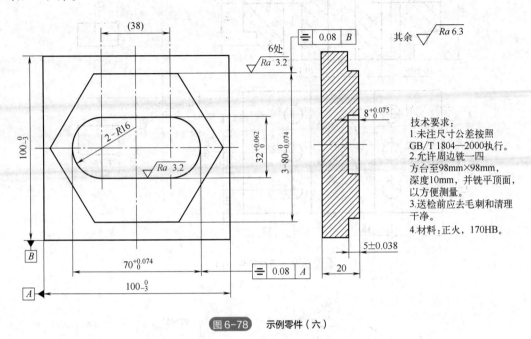

图 6-78　示例零件（六）

（13）编写图 6-79~图 6-82 所示零件的加工程序，零件材料为中碳钢。

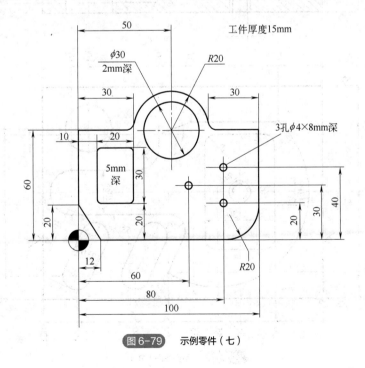

图 6-79　示例零件（七）

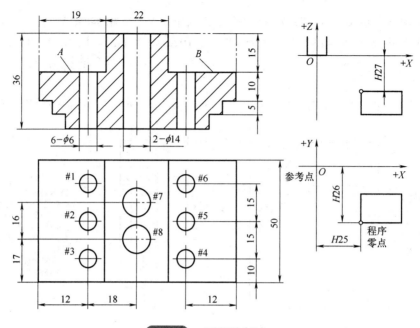

图6-80　示例零件（八）

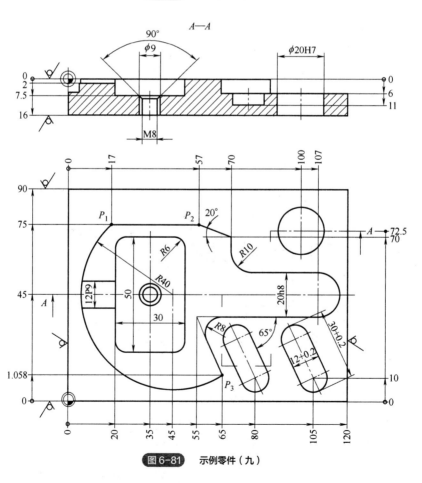

图6-81　示例零件（九）

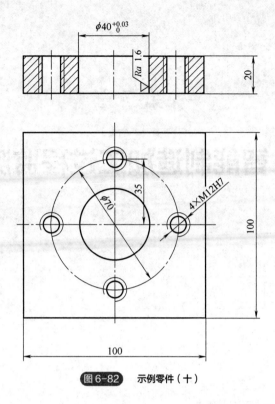

图 6-82 示例零件（十）

第 7 章

智能制造加工过程监测

 本章思维导图

扫码获取本书资源

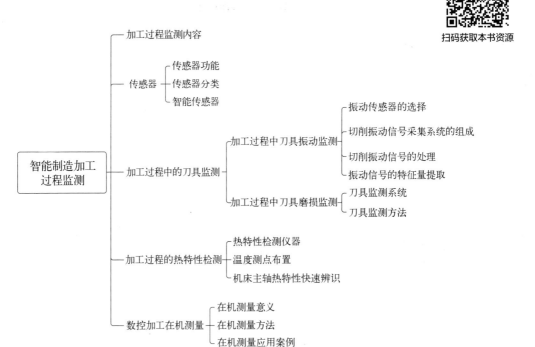

 本章学习目标

（1）熟悉加工过程监测内容；

（2）了解加工过程监测常用传感器；

（3）熟悉加工过程刀具监测内容与方法；

（4）了解加工过程热特性检测方法；

（5）熟悉在机测量方法与意义。

加工过程并非一直处于理想状态，而是伴随着材料的去除出现多种复杂的物理现象，如加工几何误差、热变形、弹性变形及系统振动等，导致产品质量不能满足要求。因此，对加工过程参数实施监测并通过主/被动控制的方法对影响产品质量的因素进行干预，是智能制造的广泛做法。

现代加工设备采用了更高的切削速度，切削过程的不稳定性和意外情况比传统加工多得多。智能状态监测技术将来自制造系统的多传感器信息通过一定的准则进行组合，便于挖掘更深层次、更为有效的状态信息，摆脱对人工的依赖。

7.1 加工过程监测内容

根据采用的传感器、控制方法和控制目标的不同，加工过程监控主要集中在以下方面：通过对刀具磨损的研究，实现加工状态监控；通过测力仪或测量电动机电流等方式间接获得切削力情况，对加工过程状态进行改进；对 CAM 领域的参数进行离线优化。

随着传感器技术、模式识别技术、信号处理技术的发展，加工过程的监测内容更加丰富，如图 7-1 所示。

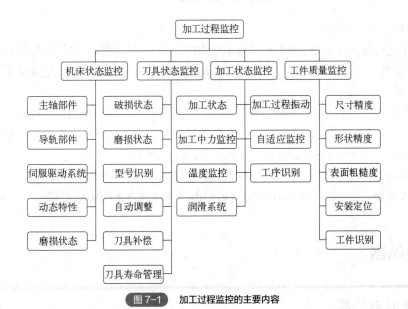

图7-1 加工过程监控的主要内容

智能数控机床的典型做法是在机床的关键位置安装振动、温度、位置、视觉传感器，收集数控机床的电控实时数据以及机床加工过程中的运行环境数据，实现加工过程不同层面的监测与控制，如图 7-2 所示。电机控制层面通过光栅、脉冲编码器等检测装置实现机床的位置和速度监控；过程控制层面主要对加工过程中的切削力、切削热、刀具磨损等进行监控，并对加工过程参数做出调整；监督控制层面主要对产品的尺寸精度、表面粗糙度等参数进行监测，以保证产品加工质量。

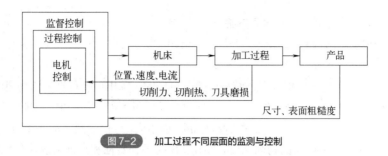

图 7-2　加工过程不同层面的监测与控制

智能加工技术借助先进的检测、加工设备及仿真手段，实现对加工过程的建模、仿真、预测以及对加工系统的监测与控制，如图 7-3 所示，集成现有加工知识，使得加工系统能根据实时工况自动优选加工参数、调整自身状态，获得最优的加工性能。

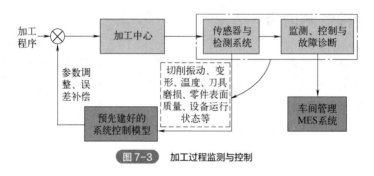

图 7-3　加工过程监测与控制

加工过程监测主要实现：

① 加工过程仿真与优化。针对不同零件的加工工艺、切削用量、进给速度等影响加工质量的参数，通过对加工过程模型的仿真，进行参数的预测和优化选取，进而生成优化的加工过程控制指令。

② 过程监控与误差补偿。利用各种传感器、远程监控与故障诊断技术，对加工过程中的振动、切削温度、刀具磨损、加工变形以及设备的运行状态与健康状况进行监测，根据预先建立的系统控制模型，实时调整加工参数，并对加工过程中产生的误差进行实时补偿。

利用网络和通信功能，还可将监测得到的实时信息传递给远程监控与故障诊断系统以及车间管理 MES 系统。加工过程的智能监测与控制在智能制造技术的实现中起着十分关键的作用。

7.2　传感器

7.2.1　传感器功能

传感器位于被测对象之中，是监测系统的前端，为系统提供处理和控制所需的原始信息。某个具体过程、物态的动态监测或控制能否实现，归根结底为能否找到一些恰当的传感器可真实、迅速、全面地反映该物态或过程的特征，并将其变换成便于识别、传输、接收、处理和控制的信号。传感器在监测系统中是联系非电子部件与电子部件的桥梁，是实现制造过程监测、诊断与控制的重要环节。

传感器用来直接感知被测物理量，把它们转换成便于在通道间传输或处理的电信号。智能制造中使用的传感器应具有三方面的能力：一是能感知被测量（大多数是非电量）；二是能把被测量转换为电气参数；三是能形成便于通道接收和传输的电信号。

传感器从最初仅是测量热工和电工量，逐步发展到测量机械量、状态量、成分量、生物量，目前已发展到可以检测人的五官感觉不到的微观量，而且从单参数的检测发展到多个参数的扫描检测，从单维数据发展到二维图像和三维物体识别。

7.2.2 传感器分类

传感器的种类很多，从应用和使用的角度看，有下面几种分类方法。

（1）按照检测参数分类

按要求检测的参数类型，传感器的分类见表 7-1。

表 7-1 传感器按检测参数分类

参量	传感器
几何尺寸	厚度传感器、CCD 图像传感器等
速度	转速传感器、角速度传感器、线速度传感器等
加速度	加速度传感器、振动传感器、角加速度传感器等
力	应变传感器、压力传感器、扭矩传感器、张力传感器等
流量	流量传感器、流速传感器、液位传感器、液压传感器等
化学量	成分传感器、pH 传感器、湿度传感器、密度传感器等
光和放射性	等光传感器、光纤传感器、射线传感器等
温度和热	热敏传感器、高温传感器、红外传感器等
磁	霍尔传感器、磁敏电阻、核磁共振等
气体、温度等	气敏传感器、温敏传感器等

（2）按照传感方法分类

传感方法是指基于某种物理效应或材料的特性使传感器完成能量变换，从而引起某个参量发生变化，形成与被测量成比例的输出。按传感方法的不同，传感器可归纳为以下几种类型。

① 能量变换传感器。能量从被测系统提取，转换为一种与它等价的电的形式（中间也有能量的损失）。这类传感器有电磁感应式压电晶体、热电偶、光电池等，一般无需外加电源。

② 阻抗控制传感器。由被测物理量变化引起相应的电路参数的变化（如电阻变化、电容变化、电感变化等），从而可以通过检测电路形成电流和电压变化的输出。这类传感器有热敏电阻、湿敏电阻、光敏电阻等，要外加电源才能形成检测的电信号输出。

③ 平衡反馈传感器。具有反馈的特性，这种反馈特性是输入物理量和一个与它对抗的电量相平衡的效应，指示出达到平衡所需的势值就给出了被测物理量的值。

（3）按照输出电信号形式分类

① 开关式传感器。开关式传感器的工作特性为：当输入物理量高于某一阈值时，传感器

处于接通状态，以低电平（或高电平）输出；当输入物理量低于某一阈值时，传感器工作在另一种开断状态，输出高电平（或低电平）。例如，限位开关传感器，其输出是以高、低电平形式变化。

② 数字式传感器。数字式传感器共同的特点是精度较高且便于与微机接口连接。这类传感器可分为直接数字传感器、频率式传感器和脉冲传感器。直接数字传感器输出经过编码的数字量，如光电编码盘；频率式传感器输出的信号反映频率变化，可以直接用数字频率计来测量；脉冲传感器输出的信息反映在脉冲的个数或参数的变化上。

③ 模拟式传感器。模拟式传感器输出的量以各种连续量的形式出现，可以是电压、电流、电阻、电容、电感等。这种连续变化量需通过模/数转换，以便与数字系统连接。

7.2.3 智能传感器

近年来，传感技术的发展非常迅速，各种新型传感器层出不穷。传感器的一个发展趋势是面向可靠性、抗干扰能力强、高精度、高速度、有大量附加功能的方向发展，出现了多功能一体化的传感器系统，智能传感器就是代表之一。

智能传感器是一种带有微处理器的敏感探头，是兼有信息检测和信息处理功能的传感器。以集成化为特点，这类传感器将敏感检测、信息处理及微处理器集成在一块芯片上。智能传感器的智能作用表现为以下几个方面。

（1）提高传感器的性能

智能传感器集成微机信息处理技术，可以实现自动校正和补偿；可以对集成于一片的多个传感元件零位自动补偿；自动选择合适滤波参数，消除干扰与噪声；自动计算期望值、平均值和相关值；根据传感器模型可以做动态校正，以实现高精度、高速度、高灵敏度范围的检测。

（2）自检与自诊断

自检是通过合适的测试信号或监测程序来确定传感器是否完成自身的任务。自诊断是在传感器损坏前，在正常测量的间隔，通过检测一些特征量，判断与分析其是否接近损坏。

（3）多功能化

智能传感器为了对工况做出优化处理，需要同时检测多个量以便做出相关分析与处理。智能传感器多功能化的一个方面是形成多元传感系统，在一块智能传感器芯片上检测多个参数；多功能化的另一方面是使智能传感器可对多个测量值做静/动态处理、运算，进而实现简单的调节与控制。

综上，较完善的智能传感器实际上已经可以构成智能监测与控制系统，只不过它不是分散的部件，而是集成于一块芯片的统一整体，是高度集成化的产品。各个环节集成于同一芯片，不但使传感器处于相同温度，有利于进行温度补偿或修正，而且节省调试校验时间，促进系统向小型化、智能化、网络化发展。

7.3　加工过程中的刀具监测

7.3.1　加工过程中刀具振动监测

随着难加工材料的应用和高速、超高速切削技术的不断推广，刀具振动成为提高机床加工效率的主要障碍。不仅如此，在铣削加工等方式中，由于刀具具有较大的长径比，刀具往往成为机床刚度最薄弱的环节，刀具振动（如不平衡振动与颤振）的产生直接影响了加工精度和表面粗糙度。加工中刀具的振动还会导致刀具与工件间产生相对位移，加快刀具磨损甚至产生崩刃现象。因此，加工过程（尤其是高速加工）中刀具的振动监测具有重要意义。

刀具振动是刀具在切削过程中，因主轴-刀具-工件系统在内外力或系统刚性动态变化作用下，在三维空间内所发生的不稳定运动，其位移具有方向性，主要表现为：刀具刀尖平面到工件表面纵向的垂直位移；刀具刀尖在平行于工件表面的平面内所产生的横向位移；因刀具扭转振动所产生的刀尖平面与工件表面的夹角，如图 7-4 所示。加工过程中，外部扰动、切削本身的断续性或切屑形成的不连续性引起的强迫振动，因加工系统本身特性所导致的自激振动和切削系统在随机因素作用下引起的随机振动会直接导致刀具三维振动轨迹在时间、方向和空间上的变化，所以需要对刀具振动进行动态监测。

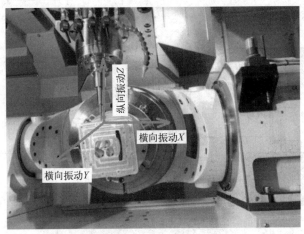

图 7-4　刀具空间三维振动示意图

国内外针对切削振动信号的采集设计了各种实验及方法，主要围绕主轴、刀具、工件、夹具及机床工作台等进行在线测试采集振动信号。无论何种检测方法，其目的均在于通过适当的传感器准确获取机床部件的振动信号，通过对信号进行处理和分析，提取信号中蕴含的工况信息。

（1）振动传感器的选择

振动传感器是在传感器线性频率范围内，将感应的物理量信号转换为电信号。振动传感器的种类很多，依测量方式分为接触式和非接触式，依测量的振动物理量可分为位移传感器、速度传感器、加速度传感器。

振动传感器中，检测量主要有位移、速度和加速度，三者之间可相互换算。在低频时加速度的幅值很小，会被噪声信号掩盖，选用位移传感器测量低频振动，可以增加信噪比并减小误差。同样，用加速度传感器测量高频振动，特别是在高速铣削（8000r/min 以上）时，振动频率相对较高，选择加速度传感器可以实现信号的合理采集。针对加工过程中振动信号的采集，应选用抗干扰性好的振动加速度传感器，进行刀具、工件及主轴的振动测量。

结合振动测量的要求和工作环境，可采用 ICP 传感器测量主轴、工件的振动情况，利用数据采集系统对 ICP 供电。ICP 传感器具有低阻抗输出、直接与数据采集系统相连、噪声小、适用于多点测量、安装方便等优点。采用 ST 系列电涡流传感器测量刀具的振动位移信号。电涡流传感器是利用传感器与被测物体的涡流效应来测量物体的振动位移情况，十分适合测量旋转物体的振动位移，但安装精度要求很高。电涡流传感器的安装位置与被测物体保持在 3mm 左右，由于与高速旋转的被测物体距离很近，所以夹紧装置应足够坚固且稳定性好，需要一定的安装技巧。传感器的位置应放在距离刀具切削工件作用点较近且垂直的地方，以保证采集信号的准确性。

（2）切削振动信号采集系统的组成

切削振动检测可采用 DH5922 数据采集系统，用以实现切削力与切削振动的同步采集。信号采集端口分别接入 PCB 加速度传感器，测量刀具主轴和工件的振动；用电涡流位移传感器采集刀具切削时的振动情况；用 kistler9257B 压电晶体传感器测量加工过程中工件所受的切削力。切削力测试系统示意图如图 7-5 所示。

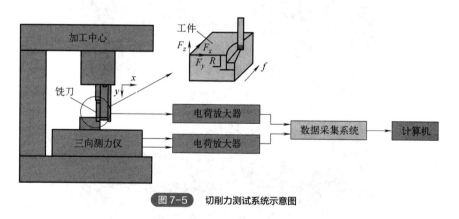

图 7-5　切削力测试系统示意图

信号由各类传感器获取后，传入 DH5922 数据采集系统中进行采集，数据采集系统有 12 个采集通道，可实现力与振动信号的同时采集。设定 1~3 通道为动态切削力采集通道，4~9 通道分别采集主轴振动和工件振动加速度信号，10~11 通道采集刀具行距和进给方向的位移。数据采集系统将各通道采集的信号打包，通过 1394 接口传送到计算机中，应用 DHDAS 5920 动态信号采集分析系统完成信号的分析和预处理。

（3）切削振动信号的处理

首先需要对传感器采集的信号进行简单的预处理，以消除采集过程中明显的噪声干扰，提高信号的真实度，为后续的信号分析奠定基础。通常应用的预处理方法有剔点处理、消趋势项等方法。

① 剔点处理。在传输信号过程中，由于信号采集系统的硬件或软件原因会造成信号突然损失或夹杂外界突现的干扰信号等现象，这些点的存在会提高噪声水平，使功率谱密度产生偏离，进而严重影响对信号的分析结果，需要剔除掉，称为剔点。

② 消趋势项。在采集振动信号过程中，由于传感器周围的环境干扰产生的低频性能不稳定等因素，会导致振动信号起始点偏离基准线。趋势项的存在往往使信号在进行 FFT 变换时在 0Hz 附近存在很大的值，进而导致分析结果的偏离。图 7-6 所示为动态切削力数据消除趋势项前后的频谱图对比。

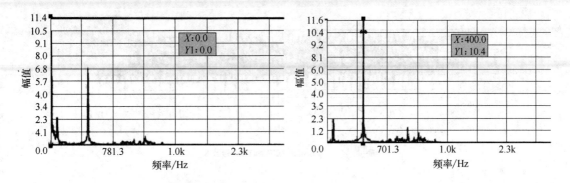

图 7-6　动态切削力数据消除趋势项前后的频谱图对比

信号预处理后，进行切削振动信号的时/频域特征分析。时/频域分析方法是比较基础的信号分析方法。时域具有直观、快捷的特点，尤其对于带有明显振动特征的振动信号来说，采用时域分析观察信号的峰值、有效值及平均值，容易分辨。时域分析可以有效地观察信号的频率复杂程度、有无明显冲击和故障等因素。

① 刀具及工件振动时域信号特点。高速旋转的刀具的振动位移是由 ST 系列电涡流位移传感器采集所得，传感器由万用表磁力座安装在机床主轴末端固定位置上，装夹刚性好，传感器距离被测物体保证在 1.5mm 左右。针对切削过程中主轴及工件振动信号进行时域分析与信号提取处理，以方便了解加工过程振动信号的特点。图 7-7 和图 7-8 为某机床加工过程的测试示例图。主轴转速 n=4200r/min，进给速度 v_f=1200mm/min，切削深度 a_p=0.5mm，切削宽度 a_e=0.3mm，信号的采样频率为 10kHz。从图中可清楚看出，在振动信号采集过程中夹杂着许多噪声信号，使信号呈锯齿形状。应用分析软件选择 4×1024 个点对信号做统计分析得到多组统计量。其中，有效值代表了整个过程中振动加速度或振动位移的大小，其变化情况反映加工过程的平稳性。平均值代表所测信号随该值上下波动的范围情况，峰峰值代表整个切削过程中产生变化的最大值，反映了加工过程某一瞬间切削状况。由图 7-7 和图 7-8 可知，当刀具在稳定切削状态下工作时，主轴和刀具的振动均能在某一固定值上下波动，没有明显的突变现象，也没有颤振发生的迹象。

② 切削振动信号的频域分析。利用时域波形可对振动进行初步的定性分析，当采集到的振动信号混有强烈的噪声时，实际有效的信号会被淹没其中，此时需要对信号进行频域分析。频域分析是将时域信号通过一定的映射方法分解成一组简单周期信号的叠加过程。常用的分析方法包括傅里叶变换分析、高阶谱分析等。

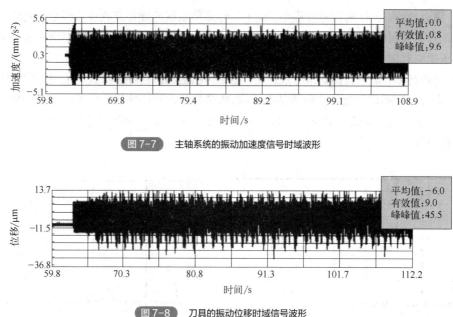

图 7-7　主轴系统的振动加速度信号时域波形

图 7-8　刀具的振动位移时域信号波形

（4）振动信号的特征量提取

特征提取是提取能够表征信号的全新特征量的过程，在广义上是指一种变换。选择变换或供提取特征的函数及方法不同，特征提取的类别和适用范围就不同。切削信号的特征提取是机床颤振预报的基础，主要分为以下几类：

① 利用时域分析提取特征。观察时域信号，比较常用的处理方法是提取信号的方差、峰峰值、平均值及时域信号的有效值等振动幅值。采用时域分析的方法能够直接反映切削颤振从无到有的过程，具有直观和运算速度快等优点，但表现颤振状态的特征不明显，容易出现误判、漏判的情况。

② 应用傅里叶频域变换提取振动信号特征。在傅里叶变换的基础上，对被测信号在时域和频域上进行数据划分，得出信号的频率组成，有效分析信号的成分，对于平稳信号的处理非常有效，但对于不平稳信号的突变信息，该方法很难提取特征进行有效分辨。

③ 应用小波包分解算法提取振动信号特征。近年来，小波分析逐渐在振动信号分析领域得到应用。基于小波的伸缩窗口特性，小波分析对高频和低频信号都有较好的分辨功能。小波包比小波分解表现信号更为详细，可满足对信号在低频和高频多尺度的小波分解能力，可以对信号同频带的分布进行分析，提取能量值等信息。

7.3.2　加工过程中刀具磨损监测

在诸多加工状态监测目标中，刀具磨损对于不间断生产的实现至关重要。加工过程中，刀具对加工质量的影响特别显著。刀具在使用中不可避免地会产生磨损，使同样设备加工出的工件会随着刀具的磨损而呈现出不同的质量和尺寸的细微变化，这种影响在加工精度要求比较高的场合尤其严重。刀具磨损不仅直接影响零件的表面质量和尺寸完整性，而且与加工振动密切相关。可靠的刀具磨损监测不仅可以减少由换刀引起的停机时间，而且可以为换刀策略制定、加工工艺优化、在线刀具补偿和避免刀具损坏等提供数据支持。所以，刀具磨损监测一直是加工领域极为重视的问题。

（1）刀具监测系统

刀具磨损监测，主要是一个模式识别过程。如图 7-9 所示，一个刀具监测系统由研究对象（具体某类型加工过程）、传感器、信号处理、特征提取及选择、模式识别等模块组成。其中，传感器模块主要完成信号的预处理（放大、滤波等）和信号采集；信号处理模块通过时域、频域或者时频域信号分析技术对传感器信号进行处理，分析出与刀具磨损密切相关的特征；特征提取和选择模块包括信号特征的计算，利用合适的数学方法选择能够反映刀具状态变化的敏感特征；模式识别模块主要通过建立信号特征和刀具磨损之间的数学模型，实现对刀具状态的分类或刀具磨损量的精确计算。

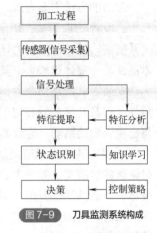

图 7-9　刀具监测系统构成

监测系统的基本思路是：将从传感器信号中提取出的特征量，加上具体加工条件作为一个方面，将加工状态作为另一方面，对于两方面之间存在的非线性相关关系采用各种数学方法和工具进行建模分析。首先，确定研究对象，如车刀的磨损监测、钻头的磨损监测或铣刀的磨损监测等；其次，确定监测系统的实际应用范围，如工件改变、刀具改变或加工要素改变下的刀具磨损状态监测。

（2）刀具监测方法

① 直接监测方法。

利用直接式传感器直接测量刀具磨损区域的实际尺寸或直接测定刀具刀刃状态。直接监测刀具磨损的传感器有接触探测传感器、光学显微镜、高速摄像机等。直接监测法优点在于可直接、准确地获得刀具状态，排除间接推导过程的不明确因素，但实时监测实施困难，测量常常打断加工过程的连续进行，从而导致停机时间增加，监测成本提高。

常用的方法主要有：

a. 机器视觉光学监测法：通过光学传感器获得刀具磨损区域的图形，并利用图像处理技术得到刀具的磨损状态。该类方法一般都利用磨损区相比于非磨损区具有高的反射率来获得各种表征磨损量的形态参数。利用 CCD 工业摄像机同时监测刀具前刀面和后刀面的磨损，可进行全面的刀具磨损识别。

b. 放射线监测方法：预先在刀具后刀面放置少量放射性物质，并通过定期测量转移到切屑上的放射性物质来评估刀具材料的损失。此方法需要周期性放射性测试，因此不能用于实时监测，并且具有放射性污染。

c. 接触监测法：利用接触传感器，通过监测刀刃与工件之间的距离变化来获得刀具磨损状态。距离值可通过电子触头微分尺或者气动探针测量，但是加工机床热膨胀、工件变形和振动、切削力引起的刀具偏离等因素，均会对测量精度产生影响。该方法只能在停机时进行监测，不能用于实时监测。

d. 电阻测量法：刀具磨损发生时，刀具和工件之间接触面积增加，其结果是接触区的电阻值减小。因此,通过监测连接区的电流变化可以监测刀具的状态。但是接触电阻容易受到温度、切削力和机床操作中产生的电磁扰动的影响。

② 间接监测方法。

通过监测与刀具磨损或破损具有相关性的传感器信号,间接获得刀具磨损状态。间接测量方法可连续监测加工过程,更适合在线监测应用。间接传感器主要包括:测力仪、振动传感器、声发射传感器、扭矩传感器、电流功率传感器等。

常用的方法主要有:

a. 切削力监测法:切削力信号最为直接地反映刀具状态的变化,与刀具磨损和破损状态的关系密切。然而,切削力作为监测信号的缺点也很明显。首先是测量切削力所使用的测力仪成本高昂,一般体积较大,其安装对于切削过程所造成的限制和干扰较大,甚至有些加工情况下无法安装。其次是切削力信号对于加工条件的变化相当敏感,工件材料特性、密度、硬度和延展性、刀具几何参数和切削黏结等都会对其产生较大影响。当工件材料不均匀时,切削力信号将出现剧烈的跳动,导致其与刀具磨损的相关性减弱。

b. 基于声发射的监测法:声发射是一种物理现象,是指固体材料在变形、破裂和相位改变时迅速释放应变能而产生的一种弹性应力波。研究表明,在金属切削过程中,工件材料的塑性变形、切屑的塑性变形、切屑与刀具表面摩擦、刀具后刀面与已加工表面的摩擦、第一剪切区和第二剪切区的塑性变形、刀具破损和切屑的破裂等现象都会引起声发射现象。声发射信号反映的是金属材料内部晶格的变化,包含与刀具磨损密切相关的信息,对刀具磨损和破损有较好的预报特性。所以声发射技术已成为一种被广泛应用于监测领域的新型监测技术。和其他监测方法相比,声发射信号的频率很高,一般在 50 kHz 以上,能够避开加工过程中的振动。目前采用的声发射传感器主要是压电晶体式,体积小,重量轻,安装相较测力仪容易许多。但在实际应用中,声发射传感器的安装方式和安装位置都会对采集到的信号产生很大影响。

c. 基于振动加速度的监测法:加工中振动会产生噪声,影响工件表面质量,严重时会出现切削颤振,导致切削过程无法进行。测量振动信号的传感器是加速度传感器。加速度传感器多为压电式,设计与制造技术成熟,安装相对简便,但安装位置不同对信号也会产生不同的影响。

d. 基于声音的监测法:对切削的声学特性的研究发现,不同的刀具磨损状态,切削的声辐射有所不同。与其他监测信号相比,切削声信号的获取比较容易,传感器安装比较简单,对切削加工过程几乎不产生影响,且设备成本相对低廉。身处加工现场的熟练工人也可以通过倾听机器运转所发出的声音来判断刀具磨损。

e. 基于电流和功率的监测法:刀具磨损时,由于切削力增大,造成切削功率和扭矩增加,使得电机电流增大,负载功率也随之增大,因此可采用监测电流或功率的方法来识别刀具磨损状态的变化。电流监测法和功率监测法具有安装简易、测量信号简便、成本低、不受加工条件限制、不干扰加工过程等优点,是广泛采用的一种监测方法,但是存在测量的分辨率不够高、响应慢的问题,导轨的误差和传动系统的精度也会造成电机电流和功率的改变。尤其在精加工时,进给量和切削深度的改变对机床电机电流和功率的改变影响很小,识别精度无法提高,严重影响这类方法应用的范围。

f. 基于温度的监测法:由金属切削机理可知,随着刀具磨损量的增加,切削温度明显升高,温度升高的同时也会加速刀具的磨损,因此刀具磨损和温度变化密切相关。传统测量温度的传感器是热电偶,然而在实际加工中几乎没有一种工件允许在其内部埋置热电偶,且其热惯性大、响应慢，不适合在线监测。利用红外线辐射方法可以间接监测切削温度，该方法是将红外辐射感温器对准切削区，接收切削区红外辐射强度的变化。由于切削区的红外辐射强度与切削区的温度有直接联系，这样红外辐射温度计的读数将反映切削区温度的变化，从而间接测量刀具的磨损和破损程度。该方法应用的难点是，实际加工中可能因为切屑缠绕刀具或因为工件等挡住切削区，导致无法准确获得切削区的切削温度，而且在使用切削液时该方法的使用更受限制。

g. 多传感器融合监测法：刀具磨损或破损的同时会引起多种相关信号的变化，每一种信号不仅反映刀具切削状态，也包含了其他方面如切削条件、切削环境等信息，因此，单纯只用一种传感器检出的信号作为刀具状态评价的根据，显然缺乏精确性和可靠性，反映在监控中往往会出现刀具失效时的漏报和误报现象。

多传感器信息融合技术是指合理选择多种传感器，提取对象的有效信息，通过对多传感器资源的合理支配和使用，获得被测对象的一致性解释或描述。各种传感器对不同种类的加工故障具有的敏感性程度不同，经过集成和融合的传感器信息具有较好的冗余性和互补性，因此，在监测系统中采用多传感器融合技术是必要和可行的。刀具监测系统多采用并联式融合机构，目前一般采用如下几种信号融合：力-功率、力-AE-振动、力-振动-AE-电流等传感器组合。

信息融合可以表现在不同的层次，如数据融合、特征融合和决策融合。由于数据融合缺乏一致性检验准则，因此数据融合主要作为单一特征进行门限监测，而很难建立监测模型，在刀具磨损监测系统中几乎没有应用。特征融合在刀具磨损监测技术中应用最为广泛，其实质是把特征分类成为有意义的组合模式识别过程，如采用神经网络进行特征融合。决策融合属于最高层次的融合，其输出是联合决策结果，能够有效反映被测对象各个方面的不同类型信息。

③ 智能监测方法。

引入人工智能技术，采用黑箱处理方法，忽略复杂的过程分析，仅对系统的输入和输出进行监测并建立其等价模型。近年来，人工智能技术发展迅速，将相关技术引入到加工监测中，提高加工状态监测的可靠性和适应性，增强其自学习、自适应的能力，为加工监测系统的研究提供了新的突破契机。用于监测系统的人工智能技术包括人工神经网络、专家系统、模糊逻辑模式识别、遗传算法、群组处理技术等。

7.4 加工过程的热特性检测

制造技术的发展对高端数控机床的精度和可靠性提出了越来越苛刻的要求。机床热变形是影响加工精度的重要因素。大量实践表明，加工设备内部热源和外部环境引起的热变形是精密加工设备的最大误差源，占总制造误差的40%~70%。为了减小热变形对加工精度及其稳定性的影响，需要从加工设备的设计、制造和运行等方面进行综合分析与优化。对加工设备热特性进行精确检测和准确辨识是减少加工设备热误差的前提和基础，通过热特性的检测与辨识，采用适当的手段控制温升，降低热变形，为加工设备提供良好的热环境，使其能按设计要求可靠地工作。

近年来，有限差分法、有限体积法和有限单元法等数值模拟法成为典型的机床热特性分析方法，如采用有限差分法来分析高速主轴的热生成、热应力、热传导、热漂移和散热及能量分布情况等。

机床具有一定的振动模态，机床的热态特性也存在固有模态结构，称为热模态。热模态分析属于特征值分析，用于分析机床的内在属性，通过热模态叠加可以求得机床的瞬态温度分布。热模态特性能够简化复杂结构的热动态分析，通过恰当描述系统的热动态特性，快速确定热模态参数，实现热特性的快速识别。在此基础上，可以进一步实现机床变形敏感点及温度敏感点的快速有效辨识。

7.4.1 热特性检测仪器

数控机床热特性检测与辨识的测量仪器主要包括：红外热成像仪、激光干涉仪、微位移传感器和热电偶等精密仪器。测量数据主要包括：机床各内热源作用下各部件的温升、热变形、温度场变化和达到热平衡的时间等数据。

数控机床热特性检测仪器和检验工具主要包括：

① 具有合适测量范围、分辨率、热稳定性和精度的位移测量系统，如用于测量由线性轴移动引起热变形的激光干涉仪；测量环境或主轴旋转引起热变形的电容、电感或可伸缩接触式位移传感器。

② 具有足够分辨率和精度的温度传感器，如热电偶、电阻式或半导体温度计。

③ 数据采集装置，如所有通道可连续监视和绘图的多通道图像记录仪，或计算机数据处理系统。

④ 检验棒，采用性能优良的钢材按标准制造。

⑤ 用来安装位移传感器的夹具，采用性能优良的钢材按标准制造。

在可能的情况下，主轴热变形传感器（图 7-10、图 7-11）可以直接靠在主轴端部，以减少检验棒热膨胀的影响。测量仪器精度应定期校验，并在检验开始前进行热平衡。

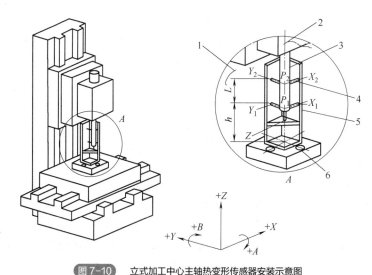

图 7-10　立式加工中心主轴热变形传感器安装示意图

1—环境空气温度传感器；2—主轴轴承温度传感器；3—检验棒；4—位移传感器；5—夹具；6—夹具底座

7.4.2 温度测点布置

由于数控机床热源的复杂性、多样性以及出于成本考虑，对机床温度传感器测点的布置要求是：传感器要尽可能少；传感器要能够尽可能准确地反映机床总体热特性变化；各个传感器

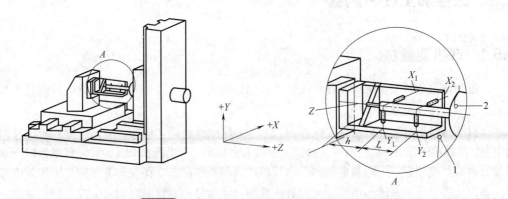

图 7-11　卧式加工中心主轴热变形传感器安装示意图

1—环境空气温度传感器；2—主轴轴承温度传感器

测得的温度数据要尽可能独立，和其他传感器测得的温度数据耦合度要小；为了最大限度提高后续热变形计算的准确性，要求传感器测得的位置温度相对于热变形比较敏感，以降低测量误差对热变形的影响。

为了方便对后续温度场进行监控，可采用如下方法进行测点的优选：

① 通过数控机床热特性数值模拟分析方法获得机床的温度场及热变形；

② 计算待考察的测点之间温度相关性系数，根据相关性系数进行分组；

③ 求出待考察测点的热敏感度，根据热敏感度选择每组中热敏感度最大的位置作为热特性监控测点的实际布置位置。如果要求布置的测点个数小于分组数目，则将每组中热敏感度最大的点按热敏感度由大到小排序，按要求布置的测点个数取靠前的测点即可。

图 7-10、图 7-11 所示为加工中心主轴热变形传感器的安装位置。

7.4.3　机床主轴热特性快速辨识

该方法流程如图 7-12 所示。对主轴上各温度测量点的数据进行处理，获取关键点的温升曲线，可大幅减少实际辨识热特性操作的时间，达到快速辨识热态特性的目的。此方法只需温度采样数据，无须热激励即可达到辨识目的，结果准确、操作简单，可在较短的时间内快速辨识机床主轴热特性。

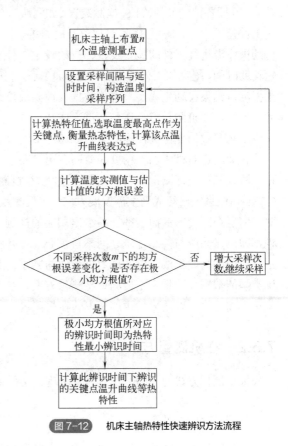

图 7-12　机床主轴热特性快速辨识方法流程

7.5　数控加工在机测量

7.5.1　在机测量意义

在机测量，是以数控机床硬件作为载体，通过测头、测量软件等相应的软硬件测量工具，在机床上进行在线测量的一种方式。

在机测量可进行零件自身误差检测、夹具和零件装夹检测、编程原点测量等，将工件测头的电源、高速跳转信号、启停开关、报警信号接入到机床，在机床的 PLC（可编程逻辑控制器）中编写对应的控制程序、测量宏程序，通过机床数控系统的运动控制与工件测头中相关信号进行配合，实现工件的端面、内部、外部等位置的尺寸测量，并将测得的相关尺寸数据通过宏程序补偿到对应工件坐标系中，从而实现加工零件的测量和误差补偿，提高加工精度。

与普通三坐标测量不同，在机测量能够实时测量相关数据，省去了二次测量时的重复定位和装夹等工序。此外，在机测量还能把测量结果作为误差补偿的数据来源，形成生产与检测一体化模式。在机测量不仅可以测量工件的大小和精度，还能够进行工具破损的检测、机床状态的检测、工件的修正检测和误差补偿等，利于构建闭环加工系统，提高工件的加工精度。特别是对一些复杂的曲面工件来说，工件形状结构越复杂，对精度的要求越高，在机测量的优势就越显著。

智能制造对检测技术和工具提出了更高要求，智能机床不可缺少的一个配置就是在机测量功能，包括各种类型的监控、检测装置（如测头），在加工过程中可对工件及刀具进行在线监测，对工件超差、刀具磨损/破损等现象及时报警，进行补偿或更换刀具。加工前，利用在机测量可协助操作者进行工件的装夹找正、自动设定工件坐标系等，简化工装夹具，节省夹具费用，缩短辅助时间，提高加工效率；加工中和加工后，利用在机测量可自动对工件尺寸进行在线监控，根据测量结果自动生成误差补偿数据反馈到数控系统，以保证工件尺寸精度及批量生产工件尺寸一致性。在机测量将测量和加工组成统一的工艺系统，不仅有助于调整加工方法，而且能对一些工艺参数的变化进行连续监测，通过不同阶段的反馈与调整，使加工保持在最佳范围内。

智能制造对机床加工精度和效率有更高要求。随着测头精度和质量不断提升，对零件的测量方法也从三坐标测量向在机测量过渡，以在机测量为基础的高效、高精度加工的大闭环 CAD、CAM 集成系统已经成为主流发展方向。在机测量技术的发展要求包括：通用性，即测量系统针对任何复杂程度的曲面，都能够给出相应的规划，按照一定的顺序进行准确、高速测量；集成性，即测量系统与控制系统之间不再需要通过各种接口和协议实施对接，而是按照一定的规范进行接口的高度集成，以实现数据传送与共享；智能性，即测量系统整合各类传感器，根据不同类型的数据，测量系统自动调整测量方案，实现智能化测量；高速性，即测量系统的数据采集实现高速化，以适应高速加工中的在机测量。

7.5.2　在机测量方法

根据测量方式的不同，在机测量分为：接触式测量、非接触式测量、复合式测量。

（1）接触式测量

这种测量方式技术较为成熟，常见有触发式和扫描式。

触发式的测头坐标位置由控制系统锁定和储存，其精度由加工中心的定位精度决定。触发式测量操作时只需要在测头触发的瞬间立刻锁定并储存测头位置即可，可以取得很高的测量精度，但测量效率有待提高，而且对控制系统的运行速率和周期提出了相应要求。

扫描式测量是基于触发式测量发展而来，克服了触发式测量的不足，提升了测量效率。然而，扫描式测量测出的坐标值是测头位移与机床位移之和，测量结果包含两者误差之和，降低了测量精度。尽管如此，扫描式测量的轮廓精度可以达到亚微米级，在超精密加工中得到广泛应用。此外，该方法可以检测刀具破损和机床产生的误差，对这些误差也具有一定的补偿功能。

（2）非接触式测量

激光测量方式是相对较为成熟的非接触式测量，激光扫描法在三坐标测量机上的技术可以方便地应用到在机测量中。

三维视觉测量法属于机器视觉技术，起步较晚，技术相对复杂，但实用性强、分辨率高，具有非接触等特点，随着视觉在机测量与加工控制系统相结合的研究进展，会获得更加广泛的应用。

超声测量在实际中已得到广泛应用，但与数控系统的结合还有待发展，这种新型测量系统的数据采集可通过多个通信接口与控制系统连接，能够按照实时的数据来调整测头位置，实现测量加工于一体，加快了检测和补偿速度。

（3）复合式测量

复合式测量是一种多传感器与数控系统高度结合的测量方式，将接触式测量和非接触式测量中任意两种或两种以上的测头相结合，将不同测头的性能合理发挥，以取得更好的测量效果，使测量过程更加智能化，但目前研究多停留在理论层面，是未来智能化测量发展的方向。

7.5.3　在机测量应用案例

北京精雕公司利用在机测量技术实现了精密加工的 μ 级管控，其在机测量系统的构成如图 7-13 所示。

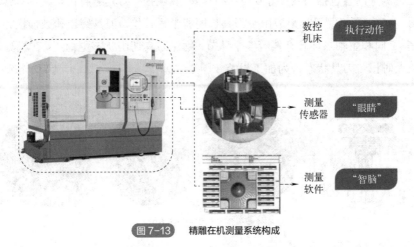

图 7-13　精雕在机测量系统构成

数控精密加工中，各个环节的人工参与成为影响加工精度的主要因素，如图7-14所示。精雕公司应用在机测量技术的理念就是减少产品加工和管控中对人的依赖，所以其在机测量对象涵盖工件、刀具、机床、夹具等各方面，测量结果在零件品质管控、刀具状态检测、机床状态监控、夹具误差评测等方面得到全方位应用。

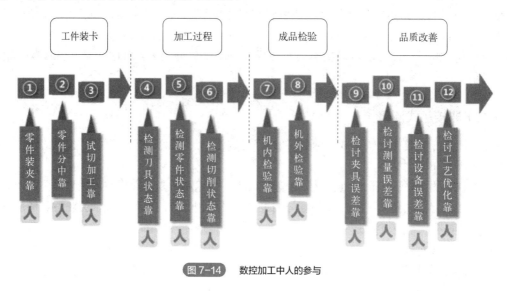

图 7-14　数控加工中人的参与

（1）工件在机测量

工件在机测量内容包括装夹位置偏差、工件尺寸误差、加工余量状态、工件加工变形等多方面，在机测量结果应用于构建坐标系、几何误差测量与补偿、加工余量测量与分析、工件变形测量与分析等多个环节，确保工件品质更稳定。例如，精密加工的打表、分中精度要求在0.002mm，人工完成需要2h以上，费时费力。利用零点快换快速夹持技术调整工装夹具，利用在机测量技术自动创建坐标系，分中工作仅需2min即可完成。

（2）刀具在机测量

刀具在机测量内容包括刀具尺寸误差、刀具磨损/破损、刀具缠屑状态、刀具热伸长状态等多方面（图7-15）。在机测量结果应用于刀具长度和半径补偿、刀具磨损和破损检测、刀具缠屑和换刀误差、Z向和主轴热伸长补偿等多个环节，确保刀具切削状态更稳定。在机测量配合数控程序，可以及时报告刀具状态，为加工报警（图7-16）。

图 7-15　刀具在机测量内容

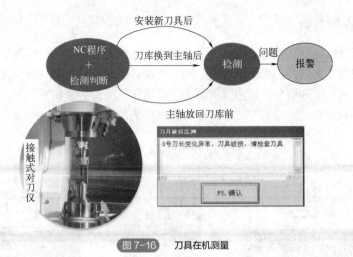

图 7-16 刀具在机测量

（3）机床在机测量

机床在机测量内容包括机床静态精度、机床动态精度、环境温度波动、机床状态等方面（图 7-17）。在机测量结果应用于静态误差和补偿、动态误差和补偿、温度测量与补偿、设备状态安全报警等多个环节，确保机床工作状态更稳定。例如，在机测量机床 X、Y 轴的比例误差，结合标准件检测比例误差后，测量系统可将误差值直接填写到数控系统的比例误差补偿值中，解决长宽不成比例造成的零件加工变形问题（图 7-18）。

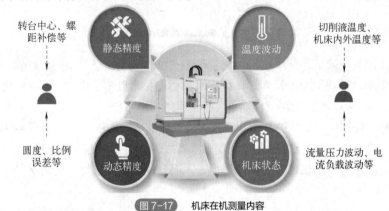

图 7-17 机床在机测量内容

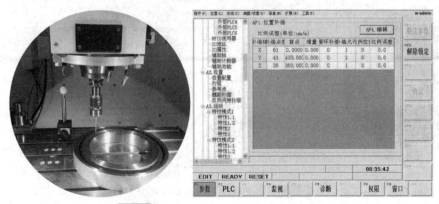

图 7-18 在机测量机床 X、Y 轴比例误差并补正

（4）夹具在机测量

夹具在机测量内容包括夹持精度、夹具变形和夹具磨损等方面。在机测量结果应用于夹具重复夹持精度评测、夹具夹持变形量评测、夹具寿命状态分析等环节，确保夹具夹持精度更稳定。例如，测量夹具变形误差时，由于夹持力没有量化、工件夹紧状态未知，夹持变形误差的成因很难分析，利用在机测量不仅可以辅助完成夹持力的标定，而且可以进行夹持变形评测，合理调整夹紧力，降低夹 持变形（图 7-19）。

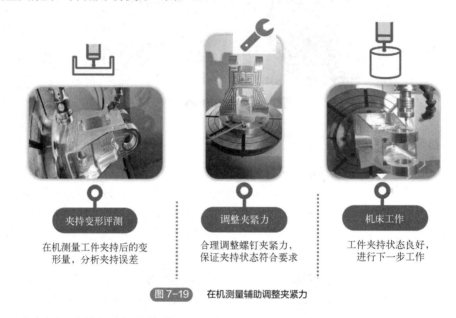

夹持变形评测	调整夹紧力	机床工作
在机测量工件夹持后的变形量，分析夹持误差	合理调整螺钉夹紧力，保证夹持状态符合要求	工件夹持状态良好，进行下一步工作

图 7-19　在机测量辅助调整夹紧力

为了让在机测量技术更加简单实用，北京精雕在机测量系统进行了创新。其一，将测量程序的编写由机床端转移到 CAM 软件端，编程时只要选择在机测量模式，测头就可像刀具一样使用，测量编程和 CAM 编制刀路一样简单。而且程序利用 G100 指令封装，客户使用时不需考虑数据处理过程，仅需执行简单的打测头跳动、清洁标准球等操作。图 7-20 所示为编制圆孔测量路径的示例，编制过程与 CAM 编制刀路类似。其二，将自主研发的数控系统与 CAM 和三坐标算法相集成，数控系统不仅可以完成随形加工，而且能够完成形位公差测量。

测量路径

图 7-20　测量程序在 CAM 软件端执行

本章小结

　　本章展示了加工过程的监测内容，梳理了相关传感器的应用和智能传感器的性能表现；介绍了加工过程中刀具振动监测的方案以及振动信号处理的方法；展示了加工过程中刀具磨损监测系统的搭建和常用的监测方法；讲解了加工过程的热特性检测仪器、测温点布置和机床主轴热特性快速辨识流程；介绍了在机测量方法和应用。

 思考题

　　（1）简要说明加工过程的监测内容。

　　（2）加工过程监测的意义是什么？

　　（3）传感器的功能有哪些？

　　（4）传感器按照输出电信号形式分为几类？

　　（5）智能传感器的智能作用表现在哪些方面？

　　（6）加工过程中刀具振动监测的内容有哪些？

　　（7）简述加工过程中刀具磨损监测的基本思路。

　　（8）加工过程的热特性检测有何意义？

　　（9）加工过程的热特性检测中，如何布置测温点？

　　（10）在机测量有何意义？

　　（11）简述在机测量的常用方法。

第 8 章

柔性制造应用

 本章思维导图

扫码获取本书资源

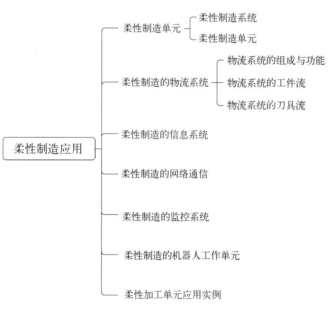

本章学习目标

（1）掌握柔性制造单元概念；

（2）熟悉柔性制造的物流系统组成及功能；

（3）了解柔性制造的信息系统构成及数据类型；

（4）了解柔性制造的信息交互方式及监控内容。

8.1　柔性制造单元

8.1.1　柔性制造系统

柔性制造技术是建立在数控设备应用基础上的，主要用于多品种、中小批量或变批量生产的制造自动化技术，其根本特征即"柔性"，是指制造系统能够适应产品变化的能力。柔性体现为瞬时、短期和长期三种：瞬时柔性是指设备出现故障后，自动排除故障或将零件转移到另一台设备上继续进行加工的能力；短期柔性是指系统在短期（如间隔几小时或几天）内适应加工对象变化的能力，包括混合加工两种以上零件的能力；长期柔性是指系统在长期使用（几周或一个月）中，加工各种不同零件的能力。凡具备上述三种柔性特征之一的、具有物料或信息流的自动化制造都属于柔性制造。

柔性制造系统（FMS）是柔性制造技术的主要应用形式。柔性制造系统是以多台（种）数控机床为核心，通过自动化物流系统将其连接，统一由主控计算机和相关软件进行控制和管理，组成多品种、变批量和混流方式生产的自动化制造系统。典型的 FMS 由数控加工设备、物料储运系统和信息控制系统组成。图 8-1 所示为典型的 FMS 立体布置示意图，显示了 FMS 中生产原料及工具的传递、变换和加工的集成过程。其工作流程为：首先在装卸站将毛坯安装在托盘上的夹具中；然后物料传递系统把毛坯连同夹具和托盘输送到进行第 1 道加工工序的加工中心旁排队等候；当加工中心空闲时，毛坯就立即被送至加工中心进行加工；每道工序加工完毕后，物料传递系统将该加工中心完成的半成品取出并送至执行下一工序的加工中心旁边排队等候，如此不停地进行至最后一道加工。在完成整个加工过程中除进行加工工序外，若有必要还要进行清洗、检验及组装工序。

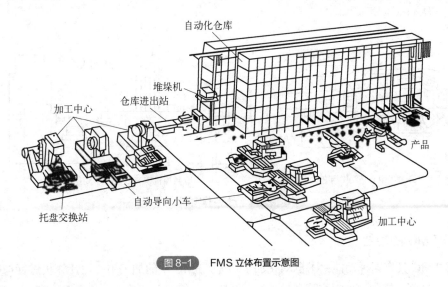

图 8-1　FMS 立体布置示意图

FMS 按照规模大小分成四级：

第一级：柔性制造模块（FMM），由单台数控机床配以工件自动装卸装置组成，不具备工件、刀具的供应管理功能，没有生产调度功能。

第二级：柔性制造单元（FMC），通常包括 2~3 个 FMM，它们之间由工件自动输送设备进行连接。FMC由计算机控制，可自动完成工件与刀具运输、测量、过程监控等功能，能完成整套工艺操作，具有一定的生产调度能力。

第三级：柔性生产线（FML），是处于单一或少品种大批量非柔性自动线与中小批量多品种FMS之间的生产线。其加工设备为通用数控机床或专用机床，对物料搬运系统柔性的要求低于FMS，但生产率更高。

第四级：柔性制造系统（FMS），将FMC进行扩展，增加必要的加工中心台数，配备完善的物料和刀具运送管理系统，通过一整套计算机控制系统管理全部生产计划进度，并对物料搬运和机床群的加工过程实现综合控制，具有良好的生产调度、实时控制能力。

8.1.2 柔性制造单元

柔性制造单元（FMC）实质是小型化与经济型的FMS，介于单机数控加工中心和FMS之间，既可作为FMS的组成模块，亦可独立使用。

（1）FMC的构成

FMC的构成可分为两大类。

① 加工中心与APC组合式。这类FMC区别于单台加工中心的特征是配置了托盘交换系统（APC），APC有5个或5个以上的托盘。图8-2（a）所示的FMC具备10个工位托盘的环形回转式托盘交换系统。该FMC的托盘系统具有传输功能和在制件存储功能，由液压或电动传送机构实现环形回转交换。FMC具有自动检测、切削状态监视和工件与刀具自动更换功能。这类FMC在24小时连续加工中使用效率很高。

② 数控机床与工业机器人组合式。这类FMC主要特征是用工业机器人作为工件装卸系统，如图8-2（b）所示。

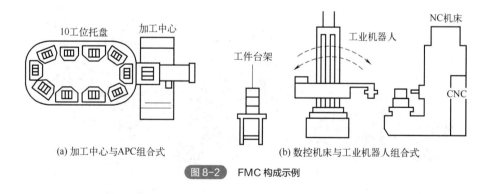

(a) 加工中心与APC组合式　　　　　　(b) 数控机床与工业机器人组合式

图 8-2　FMC 构成示例

（2）FMC的功能

通常FMC具有四种功能：①自动化加工功能，FMC中的加工中心由计算机进行控制，可完成车削、钻削、铣削、攻螺纹等多种加工；②物料传输、存储功能，具有保障FMC运行的在制件库、物料传输装备和工件装卸装置，是FMC与单机数控设备的显著区别之一；③完成自动加工与检测的调度控制功能，可编程，具有柔性；④自动检验、监视等功能，可以完成刀具检测、工件测量、刀具破损（折断）或磨损检测监视、机床保护监视等。

8.2　柔性制造的物流系统

8.2.1　物流系统的组成与功能

　　柔性制造的物流系统主要包括三个方面：原材料、半成品、成品所构成的工件流；刀具、夹具所构成的工具流；托盘、辅助材料、备件等所构成的配套流。物流系统是柔性制造的重要分系统，承担物料（毛坯、半成品、成品及工具等）的存储、输送和分配。柔性制造系统中，工件由毛坯到成品的生产过程中只有相当一小部分的时间是在机床上进行加工的，大部分时间则用于物料的传递过程，物料的传输时间占整个生产时间的 80%左右。FMS 中的物流系统与传统的自动线或流水线不同，其工件传输不是按固定节拍强迫运送工件的，也没有固定的顺序，甚至是几种工件混杂在一起输送的，工件传输的工作状态是可以进行随机调度的。

　　物流系统按其物料不同，可分为工件流支持系统和刀具流支持系统，如图 8-3 所示。工件流支持系统主要完成工件、夹具、托盘、辅料及配件等在各个加工工位间及各个辅助工位间的输送，完成工件向加工设备的输送与位姿交换。刀具流支持系统适时地向加工单元提供所需刀具，取走报废或耐用度耗尽的刀具。

　　在柔性制造中，物流系统主要完成两项工作：一是零件毛坯、原材料、工具和配套件等由外界传送进系统，以及将加工好的成品及换下的工具从系统中移走；二是零件、工具和配套件等在系统内部的搬运和存储。所以，物流系统主要完成物料的存储、输送、装卸、管理等功能。

　　① 存储功能。柔性加工中，在制工件中有相当数量的工件不处于加工和处理状态，这些处于等待状态的毛

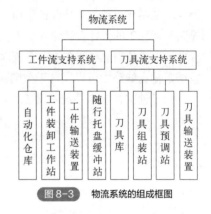

图 8-3　物流系统的组成框图

坯、半成品、成品、成品组件等需要进行存储或缓存。物料存储设备主要有：自动化仓库（包括堆垛机）、托盘站和刀具库等。

　　② 输送功能。根据上级计算机的指令和下级设备（如加工中心、自动仓库、缓冲站、三坐标测量机等）的反馈信息，自动将物料通过输送设备准确适时地送到指定位置，完成物料在工作站间的流动，实现各种加工处理顺序和要求。物料传输设备主要有：传送带、有轨或无轨运输小车、AGV 自动导引运输车、搬运机器人等。

　　③ 装卸功能。物流系统提供装卸装置，一方面完成工件在托盘上的装卸，另一方面实现输送装置与加工设备之间的连接。

　　④ 管理功能。物料在加工中的位置、性质和数量都在变化，需要对物料进行有效的识别和管理。管理功能主要包括：自动化仓库控制、物料识别控制、自动物料运输设备控制、上下料站控制等。

　　物流系统中物流设备的布置方案有直线排列布局、环形布局、梯形布局、环形与梯形组合的开放式布局以及以机器人为中心的单元。

　　直线布局主要用于顺序传送，输送工具是传送带或自动输送车，这种系统的存储容量很小，常需要另设储料库，一般适用于小型柔性制造系统。

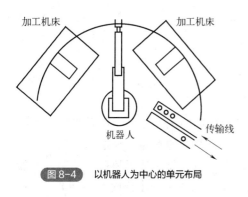

图 8-4 以机器人为中心的单元布局

环型和梯形输送时，机床布置在输送线的外侧或内侧，输送工具是各种类型的轨道传送带、自动输送车或悬空式输送装置，有较大的灵活性实现随机输送。输送系统中包含由许多随行夹具和托盘组成的连续供料系统，借助托盘上的编码器能自动识别地址，从而可以任意编排传送顺序。

机器人能够模仿人体功能的某些特点进行作业，具有视觉和触觉能力，工作灵活性强，工作精度高，所以，以机器人为中心的布局近年来在物流系统中应用越来越广泛。这类系统以一台或多台机器人进行物料传输，如图 8-4 所示，机器人配置了适合夹持零件的手爪，FMS 围绕机器人布置。

8.2.2　物流系统的工件流

为了使柔性制造系统中的各台加工设备都能不停地工作，工件流支持系统内一般装有较多工件并连续循环流动。当某台机床加工完毕后，工件（随同托盘）自动送入输送系统；在缓冲工位排队等待加工的工件自动送入加工工位；加工完毕的成品进入装卸工位进行换装，送入自动仓库存储；半成品则继续留在输送系统内，等待选择机床进行加工。为了不致阻塞工件向其他工位的输送，输送线路中可设置若干个侧回路或多个交叉点的并行料库以暂时存放故障工位上的工件。

为了使柔性制造系统正常工作，工件流支持系统的组成如图 8-5 所示。

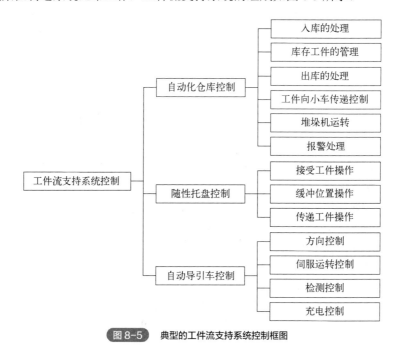

图 8-5　典型的工件流支持系统控制框图

8.2.3　物流系统的刀具流

刀具流主要负责刀具的运输、存储和管理，适时向加工单元提供所需刀具，监控管理刀具的使用，及时取走已报废或耐用度已耗尽的刀具，在保证正常生产的同时，最大限度降低刀具成本。

刀具流管理系统的功能和柔性程度直接影响 FMS 的柔性和生产效率。典型的 FMS 的刀具流管理系统通常由刀库系统、刀具预调站、刀具装卸站、刀具交换装置及管理控制刀具流的计算机系统组成，如图 8-6 所示。FMS 的刀库系统包括机床刀库和中央刀库两部分。机床刀库存放加工单元当前所需要的刀具，容量有限，一般存放 40~120 把刀具，而中央刀库的容量很大，有些 FMS 的中央刀库可容纳数千把刀具，供加工单元共享。

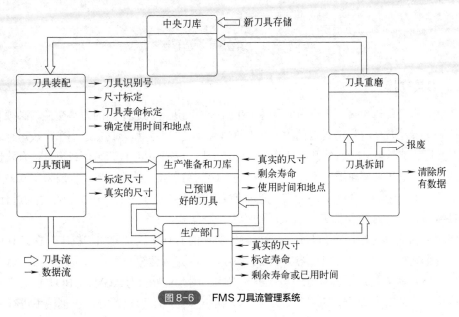

图 8-6　FMS 刀具流管理系统

（1）刀具管理系统构成

由于柔性制造系统加工的工件种类繁多，加工工艺及工序的集成度很高，不仅需要的刀具种类和数量很多，而且这些刀具频繁地在系统中各机床之间、机床和刀库之间进行交换，刀具磨损、破损换新造成的强制性或适应性换刀，使得刀具流的管理和刀具监控非常重要。

一个典型的刀具管理系统的硬件构成包括三部分：刀具准备车间（室）、刀具供给系统和刀具输送系统。刀具准备车间（室）包括：刀具附件库、条形码打印机、刀具预调仪、刀具装卸站及刀具刃磨设备等。刀具供给系统包括：条形码阅读器、刀具进出站和中央刀库等。刀具输送系统包括：装卸刀具的机械手、传送装置和运输小车等。

除了刀具管理服务之外，刀具管理系统还要向实时过程控制系统、生产调度系统、库存管理系统、物料采购和订货系统、刀具装配站、刀具维修站和校准站等部门提供服务，向程序员提供刀具的信息，这些都必须有软件系统支持。刀具管理系统软件构成如图 8-7 所示。

FMS 中的刀具信息分为动态信息和静态信息两种。动态信息是指加工过程中不断变化的一些刀具参数，如刀具寿命、刀具直径、工作长度及参与加工的其他几何参数，直接反映了刀具使用时间的长短、磨损量的大小，对工件加工精度和表面质量产生影响。静态信息是一些加工过程中固定不变的信息，如刀具的编码、类型、属性、几何形状及一些结构参数等。

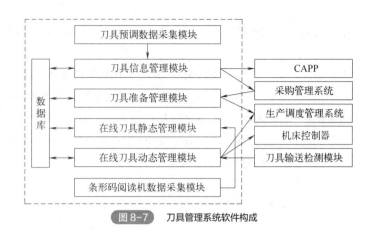

图 8-7　刀具管理系统软件构成

（2）刀具交换

在 FMS 的刀具装卸站、中央刀库及各加工机床之间进行的远距离的刀具交换，必须有刀具运载工具的支持。刀具运载工具常见的有换刀机器人（机械手）和刀具输送小车。按运行轨道的不同，刀具运载工具可分为有轨和无轨两种，实际应用中多采用有轨刀具运载工具。有轨运载工具又分为地面轨道和高架轨道两类，高架轨道的空间利用率高，结构紧凑，一般采用双列直线式导轨，平行于加工中心和中央刀库布置，便于换刀机器人在加工中心和中央刀库之间进行移动。

刀具装卸站是一种专用的刀具排架，结构多为框架式。

有些柔性制造系统是通过刀具运输小车将待交换的刀具输送到各加工机床，在刀具运输小车上放置一个装载刀架，该刀架可容纳 5~20 把刀具，由刀具运输小车将这个装载刀架运送到机床旁边，再将刀具从装载刀架上自动装入机床刀库。图 8-8 所示为 AGV-ROBOT 换刀方式。在刀具运输小车上装有专用换刀机械手，当刀具运输小车到达换刀位置时，由机械手进行刀具交换操作。

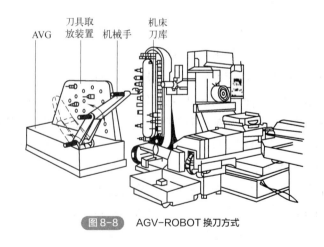

图 8-8　AGV-ROBOT 换刀方式

8.3　柔性制造的信息系统

为了使柔性制造中的各种设备与物料系统自动协调地工作，并能迅速响应系统内、外部的变化，及时调整系统的运行状态，关键是要准确规划信息流，使各个子系统之间的信息有效、合理地流动。柔性制造的信息系统包括五个层级，如图 8-9 所示。

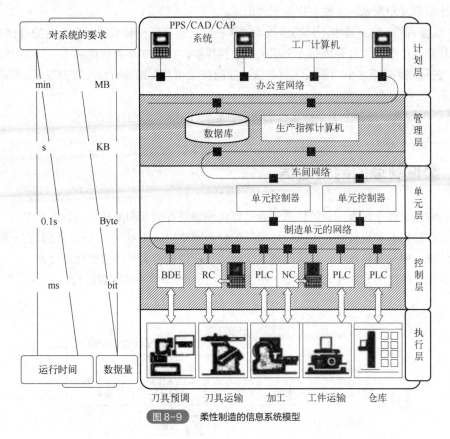

图 8-9　柔性制造的信息系统模型

图 8-9 中，计划层属于工厂级，包括产品设计、工艺设计、生产计划和库存管理等任务，规划的时间范围从几个月到几年；管理层属于车间或系统管理级，包括作业计划、工具管理、在制品及毛坯管理和工艺系统分析等任务，规划的时间范围从几周到几个月；单元层属于柔性制造系统控制级，担负分布式数控、输送单元与加工单元的协调、工况和机床数据采集等任务，规划的时间范围从几小时到几周；控制层属于设备控制级，包括机床数控、机器人控制、运输和仓库控制等任务，规划的时间范围从几分钟到几小时；执行层也称"设备级层"，通过伺服系统执行控制指令，或通过传感器采集数据和监控工况等，规划的时间范围从几毫秒到几分钟。所以信息由多级计算机进行处理和控制，比如管理层和单元层由高性能微机作为平台，控制层大多由具有通信功能的可编程控制器组成。

柔性制造系统中包含三种不同类型的数据：

① 基本数据：在柔性制造系统开始运行时建立，并在运行中逐渐补充，包括系统配置数据（机床编号、类型、存储工位号和数量等）和物料基本数据（刀具几何尺寸、类型、耐用度、托盘的基本规格、相匹配的夹具类型和尺寸等）。

② 控制数据：有关加工工件的数据，包括工艺规程、数控程序、刀具清单和加工任务单（加工任务类型、批量及完成期限）等。

③ 状态数据：描述资源利用情况，包括设备状态数据（加工中心、清洗机、测量机、装卸系统和输送系统等装置的运行时间、停机时间及故障原因等）、物料状态数据（随行夹具、刀具

的寿命、破损/断裂情况及地址识别等）和工件统计数据（工件实际加工进度、实际加工工位、加工时间、存放时间、输送时间及成品数和废品率等）。

上述数据互相联系，主要表现为三种形式：

① 数据联系：指系统中不同功能模块或不同任务需要同一种数据时而产生的数据联系，要求把各种必需的数据文件存放在一个相关的数据库中，以便共享数据资源。

② 决策联系：指各个功能模块对各自问题的决策相互有影响时而产生的联系，即逻辑和智能的联系。

③ 组织联系：指各个子系统运行的协调性，是 FMS 有效运行的前提。

8.4 柔性制造的网络通信

柔性制造中各个组成部分的信息依靠计算机网络进行交互和集成。信息涉及车间层、现场层（或工作站层）和设备层，与工业环境下的分级网络层次相对应。这种网络具有一般局域网的共同特征，但又有特殊性，显著的是在工业局域网中包含大量的智能化程度不一、来自不同厂商的设备，网络的开放性尤为重要。图 8-10 所示为网络的物理配置结构。

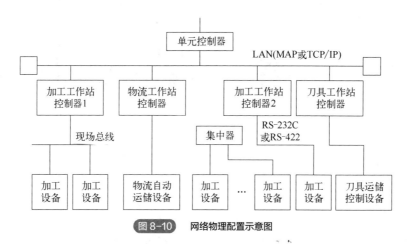

图 8-10　网络物理配置示意图

单元控制器与工作站控制器之间一般用 LAN 连接，选择的 LAN 应符合 ISO/OSI 参考模型，网络协议选用 MAP3.0，也可以选用 TCP/IP 与其他软件相结合的方式，如 Ethernet 标准。

工作站控制器与设备层之间的连接可采用几种方式：①直接采用 RS-232C 或 RS-422 异步通信接口；②采用现场总线；③使用集中器将几台设备连接在一起，再连接到工作站控制器上。

FMS 网络是支撑柔性制造功能目标的专用工业计算机局域网系统，覆盖了车间、单元、工作站和设备层，这些层次上信息的特征、交换形式和要求各不相同，选用的通信联网形式和网络技术也不相同。此外，还要考虑 FMS 同上层（主要是工厂主干网）系统的通信要求，以实现信息集成。但是由于局域网产品在通信协议、网络拓扑结构、访问存取控制方法及通信介质等方面都有差异，标准化程度不尽如人意，因此 FMS 网络在应用中面临着不同供应厂商提供的通信及联网产品的互联问题，"异构""异质"的通信接口的互联与集成是要解决的关键问题。

8.5　柔性制造的监控系统

柔性制造过程的监控内容主要涉及：刀具磨损和破损的监控；工件在机床工作空间的位置测量；工件质量的控制；各组成部分功能检验及故障诊断。具体监控功能如图8-11所示。

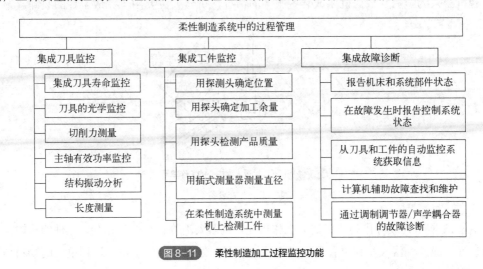

图 8-11　柔性制造加工过程监控功能

① 集成刀具监控。刀具监控的目标是在废品可能产生前检测出刀具的破损和有缺陷的刀具，以免造成机床、工件和夹具的损坏。为此刀具监控系统必须考虑到柔性制造技术的特殊要求，即提供某些在功能上相互补充的监控系统以满足应用需求。刀具状态监控方法分为直接和间接方法，目前采用的主要是间接方法，通过检测切削力参数或由其导致的其他物理量（如扭矩、功率、电流等）变化来检测刀具状态，包括：切削力监控方法、电机电流/功率检测方法、声发射监控方法、振动监控方法等。随着力测量传感器和超声传感器的应用，不仅可以测量极限值，而且还可测量破损特征力曲线，便于更可靠、更全面地监控刀具。

② 集成工件监控。工件监控是指工件的识别、具有零偏置的工件位置确定、加工过程中工件质量的检查等。工件的监控项目有：工序监控（是否为所要求的加工）、工件监控（是否是规定的加工件）、工件安装位置监控（是否位于正确安装的位置）、尺寸与形状误差监控、表面粗糙度监控等。工序监控、工件监控和工件安装位置监控多采用机器视觉或光视方法。

③ 集成故障诊断。对加工中心功能和所有系统部件进行持续监控，在系统控制单元的过程控制级进行。所有发生的故障均被记录在一个诊断文件中，对其进行评估后在控制面板上报警显示。利用专家诊断系统对故障进行模拟研究，实现快速故障诊断。

8.6　柔性制造的机器人工作单元

由开式运动链机构及并联机构组成的机器人和机械手，可在任意位置、任意方向和任意环境下独立地、协同地进行工作。相较于人工，机器人具有快速精准、自由灵活、工作空间需求低、工作范围广、成本低和效率高等优点，在柔性制造中起着不可替代的作用。

实际应用中，工业机器人还有一些配套的硬件，例如传送机构托盘、夹具、机床、工作站或装配站、检验站（或三坐标测量机）等，工业机器人常常与它们相互连接成工作单元。有时要求几台机器人集成为一个工作单元。现有的工作单元主要有四种：以机器人为中心的单元；成行排列的机器人单元；移动式机器人单元；以工件为中心的机器人单元。

图 8-12 所示为以机器人为中心的工作单元，其他设备或设施环绕布置。这种布置方案适用于一台机器人为一两台数控机床或装备服务的情况，机器人主要用于完成工件的装卸。

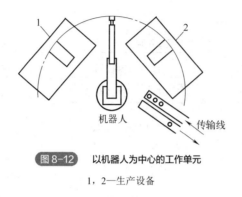

图 8-12　以机器人为中心的工作单元

1，2—生产设备

图 8-13 所示为成行排列的机器人工作单元，机器人沿物料传输线排列，工件的传输由物料传输装置完成，机器人在其位置上完成零件的装配、处理或加工工作。这种单元的物料传输有不同类型，如连续传输、间歇传输或异步传输等。

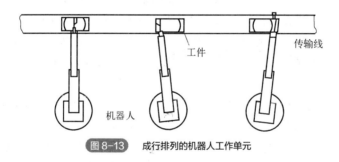

图 8-13　成行排列的机器人工作单元

在连续传输线上工作的工业机器人应该具有跟踪运动工（零）件的能力，即要求机器人的终端效应器必须能在工作循环中相对于运动件改变自己的形位。机器人在作业时，既能沿传输线运动，又能调整自己的手臂与手腕关节使终端效应器保持与工件相同的形位，以适应运动中的工件。为了具备跟踪工件的能力，机器人配置传感装置，以连续识（辨）别工件的形位，并按工件形位信息控制机器人的操作机和终端效应器。最常用的是间歇传输线，可以在规定时刻把工件以精密的形位要求放置在规定位置上。异步传输主要用于工件位置不变，而每个工位作业时间不同的场合，在机器人故障停机需要短时间修理时，这种传输线还可以继续工作。

图 8-14 所示为移动式机器人工作单元。单元中的机器人由轨道（落地式或架空式）传送机构提供运动，完成在不同位置上的作业任务。这种布置的一个重要考虑是它比以机器人为中心的方案节省生产面积。

图 8-15 所示为以工件为中心的机器人单元，常用于机器人装配检测任务中。

工作机

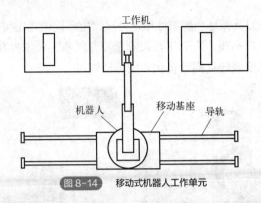

机器人　移动基座　导轨

图 8-14　移动式机器人工作单元

图 8-15　以工件为中心的机器人单元

　　机器人的结构是一个空间开链机构，其各个关节的运动是独立的，为了实现末端点的运动轨迹需要多关节的运动协调，因此，工业机器人最核心的价值体现在运动控制，其控制系统的好坏直接决定机器人的性能和功能。运动控制方面的主要技术是开放性模块化的控制系统体系结构，该结构采用了分布式的 CPU 计算机结构，大致分为运动控制器、机器人控制器、光电隔离 I/O 控制板、编程示教盒和传感器处理板等。其中，机器人控制器可以进行相关的运动规划，编程示教盒可以完成相关信息的显示和按键输入、插补和位置伺服及主控逻辑、数字 I/O 等工作。

8.7　柔性加工单元应用实例

　　北京精雕开发的 JDFMS 系列是以精雕高速加工中心为核心，将生产各环节纳入自动化体系，深度整合自动供料模块，适用于多品种、小批量产品加工的柔性生产系统，现已形成 JDFMS10、JDFMS30 等多个型号产品，可适配多款机床构成柔性制造单元。

　　JDFMS 包含四个子系统：加工系统、供料系统、装夹系统和软件控制系统。精雕在推广柔性制造模式的过程中，提出四个基本要求：能加工的内容多、现场人员能操作、物料循环运行可靠、信息数据准确可控。为了满足上述要求，精雕采取了一系列措施，为柔性制造模式的有效实施提供了全方位保障。

　　① 加工系统：以精雕高速加工中心为主体，搭载刀具检测系统、在机测量系统、关键附件

等，并完成物料循环中的刀具循环、废屑循环，为连续生产提供稳定可靠的保障（图8-16）。为了提高加工精度，稳定生产品质，它利用在机测量和智能修正技术提高产品品质的可控性，通过外设状态监测和生产调度系统提高设备状态的可控性。

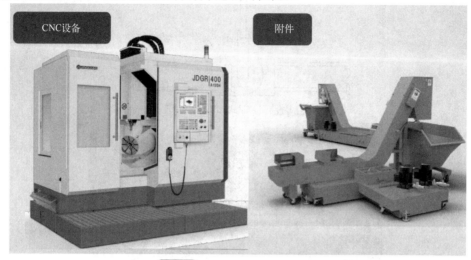

图 8-16　柔性制造单元的加工系统

　　② 供料系统：由搬运机械手、料仓和控制系统构成，主要实现物料循环，机械手配合适应生产节拍的料库容量，实现工件及时准确地自动上下料（图8-17）。为了使物料循环运行可靠，精雕对工件循环系统、刀具循环系统和废屑循环系统进行了优化升级。对于工件循环系统，采取下列措施：利用零点快换+标准工装夹具托盘进行工件装夹；优化柔性单元机外换料或在线换料，缩短换料带来的停机时间；优化工件的来料、加工、摆放位置和流转流程，缩短生产过程中的工件、人员移动距离。对于刀具循环系统，完善刀具、刀柄、夹头的管理，完善刀具寿命管理，规范刀具装夹标准、换刀流程标准，以促进刀具循环系统的顺畅。对于废屑循环系统，通过对切削液温度、流量和压力的监控，控制切削液过滤精度，改进废屑清理装置，升级油雾收集器等措施，保障废屑循环系统流畅。

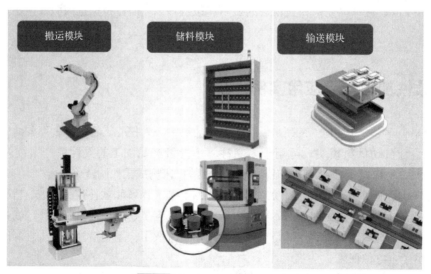

图 8-17　柔性制造单元的供料系统

③ 装夹系统：包括两部分，一部分是工件夹持系统，另一部分是工件抓取系统。为了使柔性单元能够加工更多类型的零件，对工装夹具系统进行了升级，采用零点快换+标准托盘夹具+料仓的模式，构建了柔性装夹系统（图 8-18），依靠机内快换夹具、标准托盘、搬运手爪等，适应多品种产品加工，并且通过工装接口标准化实现不同种类零件的快速换产换料（图 8-19）。

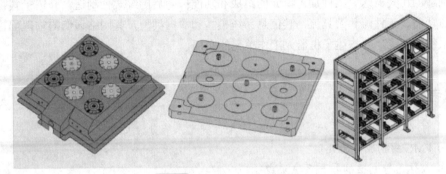

图 8-18　升级后的柔性装夹系统

图 8-19　柔性制造单元的装夹系统

④ 软件系统：提供生产信息统计、物料状态监控、设备状态监控、产品订单管理等功能，确保柔性制造系统运行稳定，同时结合 SurfMill 软件提供工艺开发和方案规划等功能，为产品加工提供全方位软件支持（图 8-20）。为了方便现场人员操作，它采用控制系统设计模块化的思路，将机器人控制、自动化控制、机床自身控制等功能进行模块化梳理和优化，使现场人员只需修改加工程序，即可完成不同类型工件的加工。

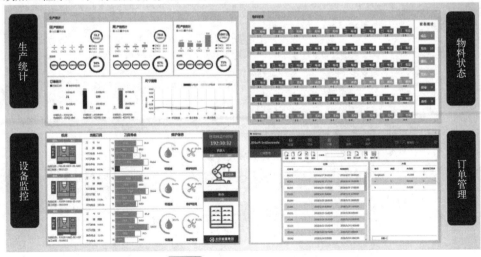

图 8-20　柔性制造单元的软件系统

本章小结

　　柔性制造属于智能制造范畴，是智能制造在生产中的应用模式和具体呈现。本章首先介绍了柔性制造的相关概念、柔性加工单元的组成和功能；随后围绕柔性制造，介绍了其物流系统的组成与功能、工件流和刀具流，其信息系统模型和数据类型，其网络通信的物理配置结构和其监控系统的功能，并描述了机器人工作单元的布局。

 思考题

　　（1）什么是柔性制造系统？按照规模，柔性制造系统分为几级？

　　（2）FMC 的构成分为几类？

　　（3）简述柔性制造的物流系统组成。

　　（4）柔性制造系统中，刀具交换是如何实现的？

　　（5）简述柔性制造的信息系统构成。

　　（6）柔性制造系统的监控内容主要有哪些？

　　（7）柔性制造的机器人工作单元有哪些布局？

参考文献

[1] 张曙. 机床产品创新与设计 [M]. 南京：东南大学出版社，2021.

[2] 谭建荣，刘振宇. 智能制造关键技术与企业应用 [M]. 北京：机械工业出版社，2017.

[3] 吴玉厚. 智能制造装备基础 [M]. 北京：清华大学出版社，2022.

[4] 陈吉红，杨建中，周会成. 新一代智能化数控系统 [M]. 北京：清华大学出版社，2022.

[5] 王柏村，臧冀原，屈贤明，等. 基于人–信息–物理系统（HCPS）的新一代智能制造研究 [J]. 中国工程科学，2018，20（4）：29-34.

[6] Zhou J，Li P G，Zhou Y H，et al. Toward new-generation intelligent manufacturing [J]. Engineering，2018，4（1）：11-20.

[7] 张曙. 智能制造与i5智能机床 [J]. 机械制造与自动化，2017，46（1）：1-8.

[8] 杨叔子，杨克冲，吴波. 机械工程控制基础 [M]. 武汉：华中科技大学出版社，2017.

[9] 史红卫，史慧，孙洁. 服务于智能制造的智能检测技术探索与应用 [J]. 计算机测量与控制，2017，25（1）：1-5.

[10] 杨建国，姚晓栋. 数控机床误差补偿技术现状与展望 [J]. 世界制造技术与装备市场，2012（5）：40-45.

[11] 杨建国，范开国，杜正春. 数控机床误差实时补偿技术 [M]. 北京：机械工业出版社，2013.

[12] 柯明利，梁永回，刘焕牢. 数控机床几何误差及其补偿方法研究 [J]. 装备制造技术，2007（3）：8-10.

[13] 傅建中，姚鑫骅，贺永. 数控机床热误差补偿技术的发展状况 [J]. 航空制造技术，2010（4）：64-66.

[14] 朱仕学. 数控机床振动的抑制与系统精度的优化调整 [J]. 制造技术与机床，2010（8）：168-171.

[15] 张定华，罗明，吴宝海，等. 航空复杂薄壁零件智能加工技术 [M]. 武汉：华中科技大学出版社，2020.

[16] 邓朝辉. 智能制造技术基础 [M]. 武汉：华中科技大学出版社，2017.

[17] 葛英飞. 智能制造技术基础 [M]. 北京：机械工业出版社，2020.

[18] 于杰，许光辉. 数控加工工艺与编程 [M]. 北京：国防工业出版社，2014.

[19] 陈吉红，胡涛，李民. 数控机床现代加工工艺 [M]. 武汉：华中科技大学出版社，2009.

[20] 赵科学，宋飞，陶林. 智能机床与编程 [M]. 北京：北京理工大学出版社，2020.

[21] 赵猛，姜海朋. i5智能车床加工工艺与编程 [M]. 北京：机械工业出版社，2018.

[22] 黄志坚. 机械设备振动故障监测与诊断 [M]. 北京：化学工业出版社，2017.

[23] 韩振宇，李茂月. 开放式智能数控系统 [M]. 哈尔滨：哈尔滨工业大学出版社，2017.

[24] 周晓宏. 数控铣床/加工中心编程100例 [M]. 北京：中国电力出版社，2018.

[25] 王芳，赵中宁. 智能制造基础与应用 [M]. 北京：机械工业出版社，2021.

[26] 翟瑞波. 图解数控铣/加工中心加工工艺与编程 [M]. 北京：化学工业出版社，2019.

[27] 王海龙. 机床颤振分析及抑制方法研究 [D]. 哈尔滨：哈尔滨工程大学，2013.

[28] 史中权. 基于数控系统的机床振动在线控制技术研究 [D]. 南京：南京航空航天大学，2017.

[29] 郑维明，张振亚，杜娟. 智能制造数字化数控编程与精密制造 [M]. 北京：机械工业出版社，2022.

[30] 李体仁. 数控手工编程技术及实例详解 [M]. 北京：化学工业出版社，2012.

[31] 徐衡. 跟我学西门子 [M]. 北京：化学工业出版社，2014.

[32] 陈先锋，蔡捷. SIEMENS数控技术应用工程师 [M]. 北京：人民邮电出版社，2011.

[33] 苏源. 数控车床加工工艺与编程 [M]. 北京：机械工业出版社，2012.

[34] 曹焕亚. SurfMill9.0基础教程 [M]. 北京：机械工业出版社，2020.

［35］ 罗振璧，朱耀祥，张书桥. 现代制造系统［M］. 北京：机械工业出版社，2004.

［36］ 庄品，杨春龙，欧阳林寒. 现代制造系统［M］. 北京：科学出版社，2017.

［37］ 李杨，王洪荣，邹军. 基于数字孪生技术的柔性制造系统［M］. 上海：上海科学技术出版社，2020.

［38］ 马履中，周建忠. 机器人与柔性制造系统［M］. 北京：化学工业出版社，2007.

［39］ 沈金华. 数控机床误差补偿关键技术及其应用［D］. 上海：上海交通大学，2008.

［40］ 陈瑜婷. 数控机床热误差补偿中测温点优化研究［D］. 武汉：武汉理工大学，2014.

［41］ 刘宏伟，向华，杨锐. 数控机床误差补偿技术研究［M］. 武汉：华中科技大学出版社，2018.

［42］ 龚仲华. FANUC-0iC数控系统完全应用手册［M］. 北京：人民邮电出版社，2009.

［43］ 王立平，张根保，张开富. 智能制造装备及系统［M］. 北京：清华大学出版社，2020.

［44］ 刘献礼，刘强，岳彩旭. 切削过程中的智能技术［J］. 机械工程学报，2018，54（16）：45-61.

［45］ 邓小雷，林欢，王建臣. 机床主轴热设计研究综述［J］. 光学精密工程，2018，26（6）：1415-1429.

［46］ 韩昊铮. 数控机床关键技术与发展趋势［J］. 中国战略新兴产业，2017（4）：118-124.

［47］ 张毅，姚锡凡. 加工过程的智能控制方法现状及展望［J］. 组合机床与自动化加工技术，2013（4）：3-8.

［48］ 王勃，杜宝瑞，王碧玲. 智能数控机床及其技术体系框架［J］. 航空制造技术，2013（4）：3-8.

［49］ 张曙. 智能制造及其实现途径［J］. 金属加工（冷加工），2016（17）：1-3.

［50］ 王立平，张根保，张开富. 智能制造装备及系统［M］. 北京：清华大学出版社，2020.

［51］ 卢胜利，王睿鹏，祝玲. 现代数控系统:原理、构成与实例［M］. 北京：机械工业出版社，2006.

［52］ 龚仲华，靳敏. 现代数控机床［M］. 北京：高等教育出版社，2012.

［53］ 昝华. SINUMERIK 828D铣削操作与编程轻松进阶［M］. 北京：机械工业出版社，2022.